教育部高职高专规划教材

设备状态监测与故障诊断

第二版

张碧波　主编
徐宝志　张　莹　副主编

化学工业出版社
·北京·

本书是依据全国化工高职高专教学指导委员会、过程装备及控制专业教材工作会议精神以及过程装备及控制专业教学基本要求编写的，突出高等职业教育的特点，融入最新的标准，强调了实用性、复合性和先进性，体现了现代技术水平。

本书将理论基础知识与企业应用技术有机地结合在一起，符合目前的教学改革要求。全书共分八章，包括绪论、振动理论概述、振动诊断技术、常用设备状态监测仪器、机器故障诊断实例、油液污染诊断技术、温度诊断技术、其他诊断技术等内容，各章配有一定数量的习题供学习时选用。

本书可作为高等职业学校、高等专科学校、成人学校及本科院校举办的二级职业技术学院机械类及近机械类专业的教学用书，还可用于工矿企业动力设备管理的岗位培训。

图书在版编目（CIP）数据

设备状态监测与故障诊断/张碧波主编．—2版．—北京：化学工业出版社，2011.4（2025.1重印）
教育部高职高专规划教材
ISBN 978-7-122-10619-3

Ⅰ．设…　Ⅱ．张…　Ⅲ．①机械设备-状态-监测-高等学校：技术学院-教材②机械设备-故障诊断-高等学校：技术学院-教材　Ⅳ．TH17

中国版本图书馆CIP数据核字（2011）第030265号

责任编辑：高　钰　　　　文字编辑：李　娜
责任校对：吴　静　　　　装帧设计：刘丽华

出版发行：化学工业出版社（北京市东城区青年湖南街13号　邮政编码100011）
印　　装：北京七彩京通数码快印有限公司
787mm×1092mm　1/16　印张11¾　字数288千字　2025年1月北京第2版第11次印刷

购书咨询：010-64518888　　　　售后服务：010-64518899
网　　址：http：//www.cip.com.cn
凡购买本书，如有缺损质量问题，本社销售中心负责调换。

定　　价：35.00元

第二版前言

本书是在第一版基础上，根据全国化工高职高专教学指导委员会过程装备及控制专业教材工作会议精神，吸取原教材在教学实践中所取得的经验修订而成。本书参考学时数仍为50学时。

编者听取了有关学校师生的意见，特别是有关企业一线工程技术人员的意见，审慎确定了修订方案，主要修订工作如下。

(1) 保持原书体系，增加了部分内容，拓宽了应用范围。

(2) 更新了部分内容，突出了应用性。

(3) 采用通用的、最新的国际标准和国家标准。

(4) 增加了习题，以利于教与学。

本书除用于学校的教学外，还可用于企业的岗位培训。

参加本书修订工作的有：徐宝志（第五章的第九节），张莹（第四章的第一节），张丰（第四章的第三节及第五节），董卫国（第六章、第八章），王蕴弢（第四章的第二节及第四节，第七章），张碧波（第一章、第二章、第三章及第五章的第一节～第七节），于风春（全书的习题及答案），左经刚（第五章的第八节），陆殿忠（附录），全书由张碧波任主编，负责全书的统稿，徐宝志、张莹任副主编。

李晓东教授及张玉刚高级工程师仔细地审阅了全部文稿和图稿，提出了很多宝贵意见和建议，在此表示衷心的感谢。

限于编者水平，书中缺点和不足之处，恳请广大读者批评指正。

编　者

2011年3月

第一版前言

本书是根据全国化工高职高专教学指导委员会过程装备及控制专业教材工作会议精神，按照过程装备及控制专业的教学基本要求并结合编者从事教学和生产实践的经验编写而成的。本书参考学时数为50学时。

本书具有如下的特点。

(1) 体现了新知识和新技术的应用。

(2) 以培养技术应用型人才为目标，贯彻基本理论以“必需、够用”为度的原则，删减了理论性较强的内容，突出了实用性强的教学内容。

(3) 采用通用的、最新的国际标准和国家标准。

(4) 每章配有小结和适量思考题，以加强应用理论知识解决实践问题能力的训练。

(5) 适用范围广。除用于学校的教学外，还可用于企业的岗位培训。

参加本书编写的有：董卫国（第六章、第八章），王蕴骏（第四章的第二节、第三节和第四节，第七章），张碧波（第一章、第二章、第三章及第五章），张莹（第四章的第一节），陆殿忠（附录），全书由张碧波任主编，负责全书的统稿。

丛文龙副教授仔细地审阅了全部文稿和图稿，提出了很多宝贵意见和建议，在此表示衷心的感谢。

限于编者水平，且编写时间仓促，书中缺点和错误难免，恳请广大读者批评指正。

编　者

2004年2月

目 录

第一章　绪　　论

在20世纪80年代初，世界上一些发达国家开发和创立了一种称为“设备诊断技术”的高新技术，它能在设备运行中或基本上不拆卸设备的情况下，通过监测掌握设备运行状态，判断产生故障的部位和原因，并能预测未来的技术状态。本章介绍设备状态监测和故障诊断技术的基本概念、基本原理和方法。

第一节　故障诊断的概念

一、设备技术状态及监测

设备从投入使用时开始，其工作状态和技术指标（即技术状态）就一直在发生变化，如果任其发展，就会产生故障，甚至造成严重后果。1986年4月27日前苏联切尔诺贝利核电站四号机组发生严重振动而造成核泄漏，致使2000多人死亡，经济损失达30亿美元，引起国际上普遍的关注。

类似这样的设备事故每年都有大量的报道，它反复提醒人们，为了避免设备事故，保障人身和设备安全，必须对设备进行监测，使人们随时掌握设备的技术状态，从而使设备维修和管理更趋科学化。

二、故障与维修

（一）故障的含义

所谓“故障”，指的是“一台装置在它应达到的功能上丧失了能力”，即机械设备运行功能的失常（Malfunction），并非纯指失效（Failure）或损坏（Breakdown）。设备一旦发生故障，往往给生产和产品质量乃至人们的生命安全造成严重的影响，为使设备保持正常运行状态，必须采用合适的方法进行维修。

（二）状态维修的概念

设备经过运行使用之后，性能将逐渐变差，为保证其正常工作，必须及时将劣化了的性能加以恢复，这就是设备维修。在设备技术发展史上，先后经历了三种维修方式。

1. 事后维修

按这种维修方式工作的设备，往往没有采用有效的监测手段，通常在设备损坏之后进行修理。这种维修制度只适用于造价低的设备，并且设备事故对人身不会造成伤害、对工艺没有大的影响的情况。对于现代化的生产，由于设备向大型化、高速化、自动化等方向发展，力学性能指标越来越高，设备组成和结构越来越复杂，一旦发生事故，造成的损失是非常巨大的。设备修复也很困难，要付出昂贵的修理费用。因此，这种维修方式已很少采用。

2. 定期预防维修

定期预防维修是设备按固定的周期进行维修，如定期地对设备进行清洁、润滑，有计划地更换配件等。这种维修方式，对保证设备安全运行，减少维修费用能起到一定的作用，但由于缺乏对设备故障规律的认识，没有有效的监测手段，检修周期基本上是凭人的经验加上某些统计资料来制定的，它很难预防许多由于随机因素引起的事故，而且会造成过剩维修。甚至由于维修不当，反而增加了故障率。

按照定期预防维修的观点，设备在新的时候或刚修理过时，其故障率是较低的，随着时间的推移，故障率会逐渐增大；当出现故障的设备数达到2%时，就应对全部设备进行修理，这会使98%的设备有剩余的寿命；但如不按期检修，在更短的时间内将又有2%的设备发生故障。

但事实并非如此。联合航空公司（United Airlines）和美国航空公司（American Airlines）对235套机械设备（包括电机、泵类、控制系统）作了一个普查，发现只有8%的设备的故障率随时间推移按照一定的规律增加，而其余92%的设备故障率近似为一常数。多数设备故障率并不随时间增加而变大，全部设备都定期进行检修是不科学的，无形中浪费了大量人力和物力，减少了设备可用运行时间，这就是所谓的过剩维修。况且人们并不知道其故障是怎样随时间变化的，采用这种方式对设备进行维修，对于预防设备事故的作用是有限度的。

3. 状态维修

状态维修是一种新的维修方式。顾名思义，使用这种维修方式，需要预先掌握设备的实际技术状态，据此决定维修工作。它的基本原则是只有当测量结果表明有必要检修的时候才进行检修，也就是说，它按“需”维修（见图1-1）。将定期维修变成定期检测设备的运行状态，跟踪故障的发展过程及推算设备状态超标发生的时间，就可根据设备状态劣化的程度，在故障发生前的某个时间内做好检修准备，有针对性地、有计划地安排停工修理。如果生产条件不容许，也可有安排地让设备坚持运行到出现故障时再停下检修（当然，故障后果严重或对人身安全有重大威胁的除外）。实行这种方式的维修制度，无论对减少备件库存量，缩短检修时间，提高检修质量还是对减少故障造成的人身事故，提高设备的有效利用率都是有好处的。

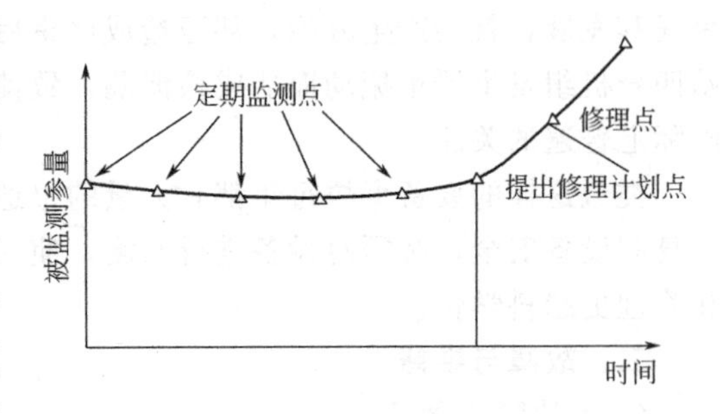

图1-1　状态维修方式

三、故障诊断的定义

“诊断”包括两方面内容：“诊”是对设备客观状态作检测；“断”则是确定故障的性质、故障的程度、故障的部位，说明故障产生的原因，提出对策等。现在所说的设备故障诊断技术，具有两个特点。

一个特点是应用了许多现代化的监测仪器和分析诊断系统。电子技术和计算机技术的迅速发展，快速傅里叶变换算法语言的出现，使信号分析技术从硬件到软件都达到了新的水平。设备、零件的可靠性研究以及对零件失效机理的研究，为设备诊断技术的发展提供了坚实的理论基础。现在可供使用的仪器和监测系统，从便携式仪器到成套设备，直到具有人工智能的专家系统均已出现，其性能指标、功能规格正在不断更新和扩大。这些应用现代科学理论和技术制造出来的电子仪器设备，具有许多主观监测无可比拟的优点，如灵敏度高，反应速度快，信号转换方便等，计算机还具有记忆和逻辑判断能力。因此，过去靠感官无法发现的微小状态变化，现在都可准确地及时地加以测定。

另一个显著特点是它强调的是动态诊断。设备只有在运行中才能产生物理的、化学的信号，信号超过一定指标就表示发生了故障。设备停止运行，信号消失，有的故障就难以发现。

综上所述，设备故障诊断就是在设备运行中或基本不拆卸设备的情况下，监测设备运行的状态量，预测故障的部位和原因以及其对设备未来运行的影响，从而找出对策的一门技术，设备故障诊断是一门很有应用前途的技术。

第二节　故障诊断技术的工作原理和工作方法

一、故障诊断技术的工作原理

在设备监测和故障诊断技术中，异常及故障的表现叫做征兆，征兆的特点叫模式。和医学诊断相似，为了进行机械故障诊断，要将故障征兆进行分类（如振动、噪声、变形、残留物、松动、斑点，凹坑，断裂等），弄清故障类别（磨损、裂纹、腐蚀、不平衡、不对中、泄漏），性质（渐发性、扩展性）和程度（局部故障、整机故障等），在掌握了故障具体类别之后，就可根据故障的机理预测其发展情况，提出相应对策。故障诊断技术一般有如下四个方面的工作内容。

（1）信号检测　就是正确选择测试仪器和测试方法，准确地测量出反映设备实际状态的各种信号（应力参数，设备故障劣化的征兆参数，运行性能强度参数等），由此建立起来的状态信号属于初始模式。

（2）特征提取　将初始模式的状态信号通过放大或压缩、形式变换、去除噪声干扰等处理，提取故障特征，形成待检模式。

（3）状态识别　根据理论分析结合故障案例，并采用数据库技术所建立起来的故障档案库为基准模式，把待检模式与基准模式进行比较和分类，即可区别设备的正常与异常。

（4）预报决策　经过判别，对属于正常状态的设备可继续监视，重复以上程序；对属于异常状态的设备则要查明故障情况，做出趋势分析，估计今后发展和可继续运行的时间以及根据问题所在提出控制措施和维修决策。

二、故障诊断技术的工作方法

故障诊断技术的工作方法和应用场合见表1-1。

表1-1　故障诊断技术的工作方法和应用场合

序号	故障征兆	工作方法	应用场合
1	振动	强度测定、频谱分析、SPM脉冲诊断	旋转机械、往复机械、流体机械、转轴、轴承、齿轮等
2	温度	红外测温、红外热像、热电偶	热工设备、工业炉窑、电动机、电器、电子设备等
3	油液	油品的理化性能、磨粒的铁谱分析及油液的光谱分析	设备润滑系统、有摩擦副的传动系统、电力变压器等
4	声学	噪声、声阻、超声波、声发射等	压力容器及管道、流体机械、工业阀门、断路开关等
5	强度	载荷、扭矩、应力、应变等	起重运输设备、锻压设备、各种工程结构等
6	压力	压力、压差、压力联动等	液压系统、流体机械、内燃机、液力耦合器等
7	点蚀和裂纹等	着色渗透、X射线、磁粉探伤、声发射等	设备及零件的表面损伤、交换器及管道内孔等

选用上述工作方法要根据对象不同而有所区别，其中以振动、油液、温度及声学的诊断方法应用最多。

第三节 故障诊断技术的层次

设备故障诊断在应用上分成简易诊断和精密诊断两类。状态监测与故障诊断是诊断技术的两个组成部分。

一、简易诊断技术

简易诊断技术是应用简单的方法，对设备技术状态快速作出概括性评价的技术。一般有以下几个特点。

① 由设备维护人员在生产现场进行。

② 使用的诊断仪器及检测仪表较简单和易于携带。

③ 只对装备有无故障、故障的严重程度及其发展趋势做出定性的初步判断。

④ 相关的技术知识和经验比较简单。

⑤ 采集的故障信号应该储存建档。

设备的简易诊断技术包括定期的或在线的状态监测，它能对设备技术状态的一些参数作出是否正常的判断。当参数存在异常或超过限值时，即报警或自动停机。

设备简易诊断适宜于安装调试阶段用以检查和排除运输过程及安装施工中的缺陷以及在使用维护阶段进行状态监测，发现事故隐患，掌握设备的劣化趋势。

二、精密诊断技术

精密诊断技术是使用精密的仪器，在简易诊断的基础上对设备技术状态作出详细评价的技术。一般包括以下几个特点。

① 诊断由具有一定经验的工程技术人员或专家在生产现场或诊断中心完成。

② 使用的诊断分析仪器比较复杂。

③ 对设备故障的存在部位、发生原因及故障类型进行识别和定量分析。

④ 相关的技术知识和经验比较复杂，需要较多的学科配合。

⑤ 对信号进行深入的处理，并根据需要预测设备寿命。

近年开发的人工智能与诊断专家系统和计算机辅助设备诊断系统等都属于精密诊断技术范畴，一般多用于关键机组和诊断比较复杂的故障原因。

精密诊断除用于设备的开发研制过程外，更多用于使用维修阶段，但由于它所需费用较高，只有当简易诊断难以确诊时才采用。

在推广应用诊断技术时，一定要结合实际情况，应该把重点放在普及简易诊断上，同时积极开发精密诊断技术，使之尽快达到实用水平。需要指出的是两种诊断体制的划分只是相对的，现在的所谓精密诊断，随着技术的进步就会划入简易诊断范围之内。设备故障诊断技术发展很快，状态维修技术将很快得到普遍推广。

小　　结

1. 故障是机械运行功能的失常。

2. 设备维修分事后维修、定期预防维修和状态维修三类。

3. 设备故障诊断就是在设备运行中或基本不拆卸设备的情况下，监测设备运行的状态量，预测异常故障的部位和原因，以及预知对设备未来运行的影响，从而找出对策的一门技术。

4. 设备故障诊断有简易诊断和精密诊断两个层次。

习　　题

一、单选题

1. 设备状态维修被誉为维修技术的一次重大革命，其优点和经济性不包括（　　）。

A. 避免失修　　B. 避免过剩维修　　C. 做好维修准备　　D. 零件实现最大寿命

2. 设备故障诊断应在（　　）进行。

A. 机器运行中　　B. 机器停止运行后　　C. 机器损坏后　　D. 装配过程中

3. 设备故障诊断未来发展方向是（　　）。

A. 事后诊断　　B. 量化诊断　　C. 经验诊断　　D. 人工智能和网络化

4.（　　）是目前应用最广泛也是最成功的诊断方法。

A. 振动诊断　　B. 温度诊断　　C. 油液污染诊断　　D. 超声波诊断

5. 定期预防维修特点，下列说法错误的是（　　）。

A. 设备运行中维修　　B. 会增加故障发生率　　C. 造成过剩维修　　D. 增加维修成本

二、判断题

（　　）**1.** 定期预防维修是最新的维修方式。

（　　）**2.** 状态维修具有显著的周期性特点。

（　　）**3.** “状态监测与故障诊断”的概念来源于仿生学。

（　　）**4.** 设备故障具有传播性。

三、思考题

1. 如何理解状态维修的概念？

2. 什么是故障诊断技术？

3. 故障诊断技术基本工作原理是什么？

4. 简述简易诊断技术与精密诊断技术的关系。

第二章　振动理论概述

机械振动状态监测和故障诊断技术在理论上和方法上都很成熟，它涉及很多学科知识。本章介绍机械振动的基本知识和信号分析的基本方法，这些是设备状态监测和故障诊断技术的理论基础。

第一节　振动的概念和分类

一、振动的概念

振动是物体运动的一种形式，它是指物体经过平衡位置而往复运动的过程。机械振动是物体（或其一部分）沿直线或曲线并经过其平衡位置所作的往复运动。图 2-1 所示的弹簧振动是简单机械振动的例子。

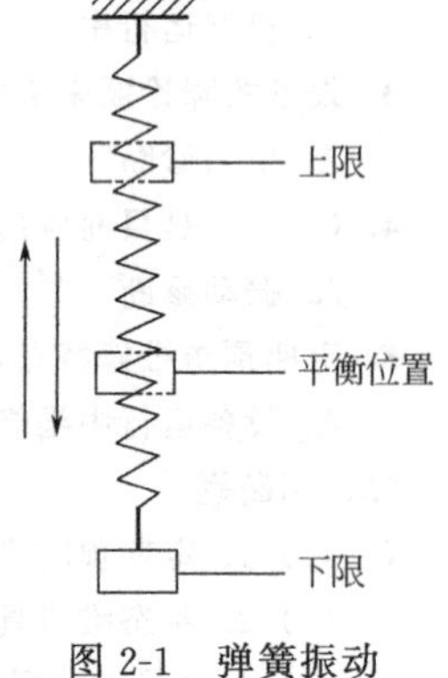

图 2-1　弹簧振动

振动的情况可用位移、速度和加速度三个参量来表征，这三个参量统称为振动参数。

(1) 位移　振动物体离开平衡位置的距离。常用微米（μm）或毫米（mm）作单位。

(2) 振动速度　就是振动物体位移的快慢，即位移对时间的变化率。以毫米/秒（mm/s）为单位。

(3) 振动加速度　即物体振动速度的变化率，也就是位移的二阶导数，一般用 g（重力加速度）表示其大小。

将振动参数随时间变化的状态画出来，可以得到相应曲线，此线叫做振动波形。简谐振动的波形如图 2-2 所示，它是一条正弦曲线（实线）。

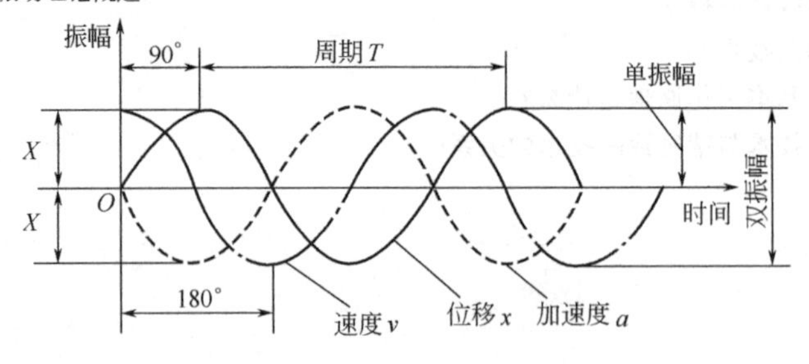

图 2-2　简谐振动的时域图像

每一个振动参量都具有三个基本要素，即振幅 X、频率 f 和相位 φ。现在就以简谐振动为例，来说明三要素的概念、它们之间的关系以及在振动诊断中的应用。

1. 振幅 X

简谐振动位移可以用下面的函数式表示

$$x = X\sin\left(\frac{2\pi}{T}t + \phi_0\right) \tag{2-1}$$

式中　X——位移振幅，指振动物体（或质点）在振动过程中偏离平衡位置的最大距离。（在振动参数中有时也称峰值或单峰值。$2X$ 称为峰峰值、双峰值或简称双幅），μm 或 mm；

t——时间，s；

T——周期，振动质点（或物体）完成一次全振动所需要的时间，s；

ϕ_0——初始相位，rad。

由于$\frac{2\pi}{T}$可以用角频率 ω 表示，即 $\omega=\frac{2\pi}{T}$，所以式（2-1）又可写成

$$x = X\sin(\omega t + \phi_0) \tag{2-2}$$

简谐振动的时域图像如图 2-2 所示。

振幅不仅用于表达位移，还可以用于表达速度 v 和加速度 a。将简谐振动的位移函数式（2-1）进行一次求导就得到了速度的函数式：

$$v = V\cos(\omega t + \phi) = V\sin\left(\omega t + \frac{\pi}{2} + \phi_0\right) \tag{2-3}$$

式中　V——速度最大幅值，mm/s。

再对速度函数式(2-3）进行一次求导，就得到了加速度的函数式：

$$a = A\sin(\omega t + \phi_0 + \pi) \tag{2-4}$$

式中　A——加速度最大幅值，mm/s²。

从式(2-2)、式(2-3)、式(2-4）可知，速度比位移的相位超前 90°；加速度比位移的相位超前 180°，见图 2-2。

这里介绍一个与振动幅值有关的物理量即速度有效值 V_{rms}，也叫速度均方根值，这是一个经常用到的振动测量参数。当前大多数振动标准都是采用 V_{rms} 作为判别参数。

对于简谐振动来说，速度的最大幅值 V_p（峰值）与速度有效值 V_{rms}、速度平均值 V_{av} 之间的关系如图 2-3 所示，速度有效值是介于幅值和平均值之间的一个参数值。用代数式表示，三者有如下关系

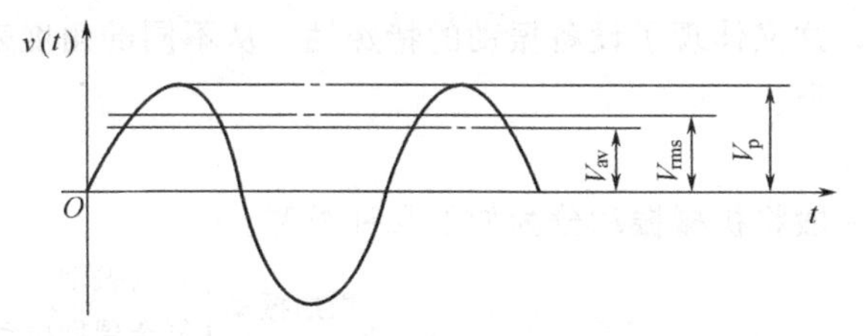

图 2-3　简谐振动速度有效值 V_{rms}，峰值 V_p 与平均值 V_{av} 之间的关系

$$V_{rms} = F_f V_{av} = \frac{1}{F_c} V_p \tag{2-5}$$

式中　F_f——波形系数；

F_c——波峰系数。

幅值反映振动的强度，振幅的平方与物质振动的能量成正比，振动诊断标准都是用振幅来表示的。

2. 频率 f

振动物体（或质点）一秒钟振动的次数称为频率，用 f 表示，单位为 Hz。振动频率与周期 T 是倒数关系，即

$$f=\frac{1}{T} \tag{2-6}$$

式中　T——周期，是振动体再现相同振动的最小时间间隔，s 或 ms。

频率如果用角频率 ω 来表示，则

$$\omega=2\pi f \tag{2-7}$$

我国交流电源的频率为 50Hz。如果一台机器的转速为 1500r/min，那么其转速频率（简称转频）$f_r=25$Hz。

频率是振动诊断中非常重要的参数，在确定诊断方案，实施状态识别，选用诊断标准时都要用到振动频率。对振动信号作频率分析是振动诊断最重要的内容，也是振动诊断的最大优势。

3. 相位 φ

在式(2-2) 中，令 $\varphi=\omega t+\phi_0$，则得

$$x=X\sin\varphi \tag{2-8}$$

式中　φ——振动物体的相位，rad。

相位是时间 t 的函数。振动信号的相位，表示振动质点的相对位置。不同振动源产生的振动信号都有各自的相位。相位相同的振动，会引起共振，产生严重的后果；相位相反的振动会使振动互相抵消，起到减振的作用。由几个谐波分量叠加而成的复杂波形，即使各谐波分量的振幅不变，仅改变相位角，也会使波形发生很大变化。

相位测量分析在故障诊断中亦有相当重要的地位，一般用于谐波分析、动平衡测量、振动类型和共振点识别等许多方面。

在图 2-2 中，标明了同一振动信号的位移、速度、加速度三者之间的相位关系。

二、振动的分类

各种机器设备在运行中，都不同程度地存在振动，这是机械运行的共性。然而，不同的机器，或同一台机器的不同部位，以及机器在不同的时刻或不同的状态下，其产生的振动形式又往往是有差别的，这又体现了设备振动的特殊性。从不同的角度来考察振动问题，可按如下方式将振动进行分类。

1. 按振动规律分类

按振动的规律，一般将机械振动分为如下几种类型。

- 机械振动
  - 确定性（规则）振动
    - 周期振动
      - 简谐振动
      - 复杂周期振动
    - 非周期振动
      - 准周期振动
      - 瞬态振动
  - 随机振动
    - 平稳随机振动
      - 窄频带随机振动
      - 宽频带随机振动
    - 非平稳随机振动

这种分类，主要是根据振动在时间历程内的变化特征来划分的。大多数机械设备的振动类型是周期振动、准周期振动、窄频带随机振动和宽频带随机振动以及几种不同类型振动的组合。一般在启动或停机过程中的振动信号是平稳的。设备在实际运行中，其表现的周期信

号往往淹没在随机振动信号之中。若设备故障程度加剧，则随机振动中的周期成分加强，从而整台设备振动增大。因此，从某种意义上讲，设备振动诊断的过程，就是从随机信号中提取周期成分的过程。

2. 按产生振动的原因分类

机器产生振动的根本原因，在于存在一个或几个力的激励。不同性质的力激起不同的振动类型。据此，可将机械振动分为三种类型。

(1) 自由振动　给系统一定的能量后，系统所产生的振动。若系统无阻尼，则系统维持等幅振动；若系统有阻尼，则系统为衰减振动。

(2) 受迫振动　元件或系统的振动是由周期变化的外力作用所引起的，如不平衡、不对中所引起的振动。

(3) 自激振动　在没有外力作用下，只是由于系统自身的原因所产生的激励而引起的振动，如油膜振荡、喘振等。

因机械故障而产生的振动，多属于受迫振动和自激振动。

3. 按振动频率分类

机械振动频率是设备振动诊断中一个十分重要的概念。在各处振动诊断中常常要分析频率与故障的关系，要分析不同频段振动的特点。因此了解振动频段的划分与振动诊断的关系很有实用意义。按频率的高低，通常把振动分为 3 种类型，见表 2-1。

表 2-1　振动频率大小分类

振动类型	频率范围	实例
低频振动	f<5 倍轴旋转频率	不平衡、不对中、轴弯曲松动、油膜振荡
中频振动	f=10～1000Hz	齿轮振动、流体振动
高频振动	f>1000Hz	滚动轴承伤痕引起的振动、摩擦振动

这里应当指出，目前对划分频段的界限，尚无严格的规定和统一的标准。不同的行业，或同一行业中对不同的诊断对象，其划分频段的标准都不尽一致，在各类文献中可见到多种不同的划分方法。在通常情况下进行现场振动诊断，可参照表 2-1 所介绍的分类方法。

第二节　自由振动

为了掌握各类振动的规律，首先要把实际的机械系统简化成为它的动力学模型，再讨论各类振动的特点。所谓自由振动，就是指系统在初始干扰的作用后，仅靠弹性恢复力来维持的振动形式。其中，系统中不存在阻尼的叫无阻尼自由振动，而有阻尼的则称之为有阻尼自由振动。

一、单自由度无阻尼线性系统的振动

单自由度系统的无阻尼自由振动的力学模型可用如图 2-4 所示的弹簧-质量系统来描述。其中，l_0 为弹簧的原长，δ_{st} 为弹簧在重物作用下的静伸长量，此时系统处于平衡状态，平衡位置处 x 的取值为 0，即独立坐标的坐标原点。由静平衡条件可得

$$K\delta_{st}=mg \tag{2-9}$$

式中 K——系统弹性（刚度）系数；

m——重物质量。

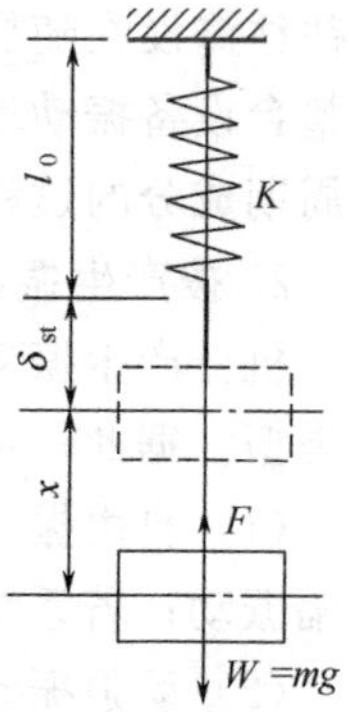

当系统受到外界的某种初始扰动时，系统的静平衡条件受到破坏，弹性力不再与重力平衡而产生弹性恢复力，在这个弹性恢复力的作用下，系统将围绕其静平衡位置作往复运动，亦即自由振动，其响应的一般形式为

$$x=A\sin(\omega_n t+\phi_0) \tag{2-10}$$

式中 ω_n——系统的固有频率，rad/s；

A——振幅，mm；

ϕ_0——初相位角，rad。

图 2-4　单自由度系统的振动模型

$$\omega_n=\sqrt{\frac{K}{m}}=\sqrt{\frac{g}{\delta_{st}}} \tag{2-11}$$

式中 g——重力加速度。

由此得出以下几点有用的结论。

① 单自由度系统的无阻尼自由振动是一简谐振动。

② 振动固有频率 ω_n，仅由系统的质量 m 和刚度 K 来决定，而与初始条件无关，是系统所固有的。

③ 常力只改变系统的静平衡位置，而不影响系统的固有频率、振幅和初相位，即不影响系统的振动。

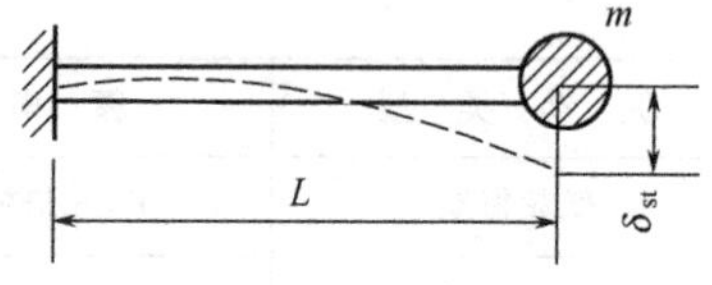

图 2-5　悬臂梁

【例 2-1】 设有一不计自身质量的悬臂梁（图 2-5），在自由端有一集中质量 m，抗弯刚度未知，试求这个系统的固有频率。

解：设测得悬臂梁在自由端质量块 m 处的静位移为 δ_{st}，则由式(2-11) 可得该系统的固有频率。

$$\omega_n=\sqrt{\frac{g}{\delta_{st}}}$$

$$f_n=\frac{\omega_n}{2\pi}=\frac{1}{2\pi}\sqrt{\frac{g}{\delta_{st}}}$$

二、单自由度有阻尼线性系统的振动

实际的结构在振动时，会受到种种阻尼力的作用。如材料内部由于材质不均而发生的微塑性变形产生的阻力，或由于存在大量细小的裂缝而产生摩擦力，以及外部空气阻力，元件接点的摩擦等。阻尼力消耗振动能量，使振动衰减，其大小和振动速度成正比时为线性阻尼。即

$$F=-cV \tag{2-12}$$

式中 F——空气阻力，N；

V——振动物体的速度，mm/s；

c——比例系数。

振动系统有两个重要参数，即是

阻尼系数 $$n=\frac{c}{2m} \tag{2-13}$$

阻尼比

$$\zeta=\frac{n}{\omega_{\mathrm{n}}} \tag{2-14}$$

n 或 ζ 越大，表示阻尼越大。

下面分三种情况对单自由度有阻尼线性系统的振动进行讨论。

1. 弱阻尼状态（$n<\omega_{\mathrm{n}}$，即 $\zeta<1$）

（1）系统的振动不再是等幅的简谐振动，而是振幅按 $A\mathrm{e}^{-nt}$ 规律衰减的振动，当 $t\to\infty$ 时，$x\to0$，振动最终将消失，n 越大，振幅衰减得越快。图 2-6 是这种衰减振动的响应曲线。

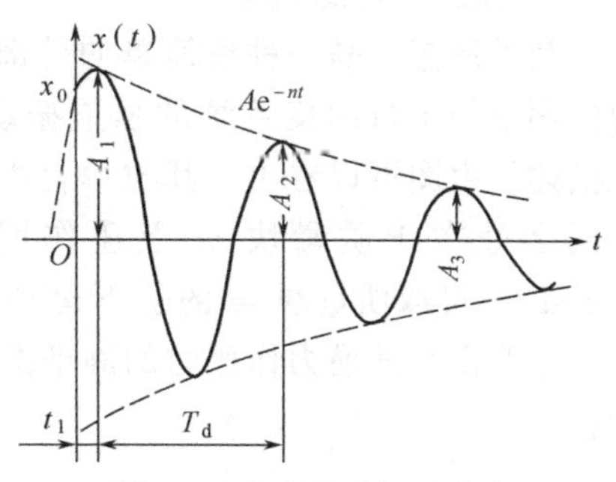

图 2-6　自由衰减振动曲线

（2）阻尼系统的振动名义周期略为增大。

衰减振动周期为

$$T_{\mathrm{d}}=\frac{2\pi}{\omega_{\mathrm{d}}}=\frac{2\pi}{\sqrt{\omega_{\mathrm{n}}^{2}-n^{2}}}>T_{\mathrm{n}} \tag{2-15}$$

式中　T_{n}——无阻尼自由振动的周期，$T_{\mathrm{n}}=\frac{2\pi}{\omega_{\mathrm{n}}}$。

（3）阻尼使系统振动的振幅按几何级数衰减。

相邻两个振幅之比为

$$\eta=\frac{A_i}{A_{i+1}}=\mathrm{e}^{nT_{\mathrm{d}}} \tag{2-16}$$

式中　η——减幅系数。

2. 强阻尼状态（$n>\omega_{\mathrm{n}}$，即 $\zeta>1$）

系统不再具有振动特性，其位移按指数规律衰减。运动的响应曲线如图 2-7 所示，即强阻尼可以抑制振动的发生。

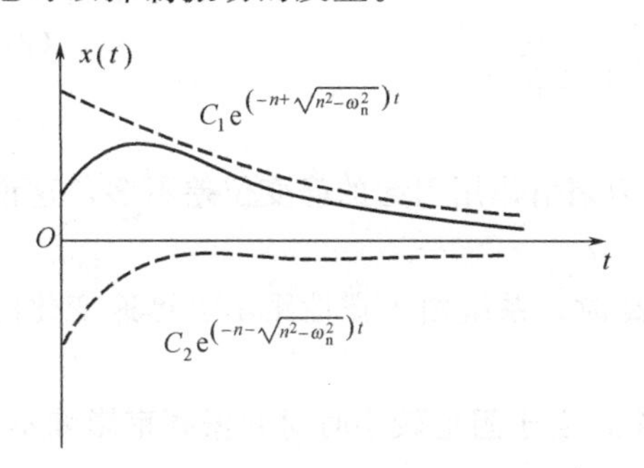

图 2-7　强阻尼状态下的响应曲线

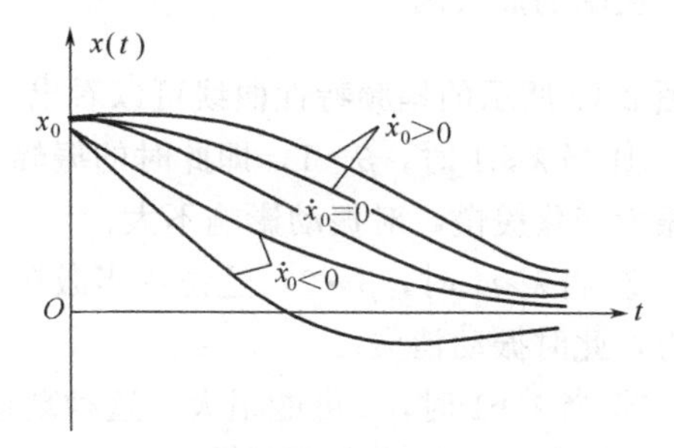

图 2-8　临界阻尼状态系统的响应曲线

3. 临界阻尼状态（$n=\omega_{\mathrm{n}}$，即 $\zeta=1$）

此时系统也不具有振动特性。图 2-8 是对应不同初始条件下的响应曲线。

第三节　强迫振动和自激振动

一、简谐力作用下单自由度系统的强迫振动

在工程实际中，广泛地存在着一种系统在持续外界激振作用下的振动，即强迫振动。强

迫振动由于有外界激振作用不断向系统补充能量，所以振动可无限持续下去而不会消失。

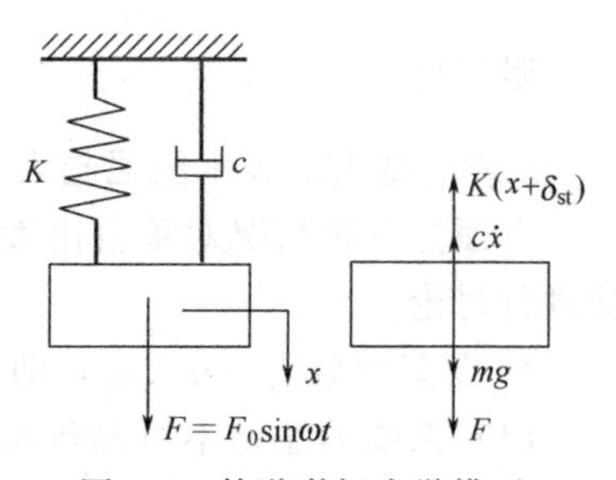

图 2-9 简谐激振力学模型

1. 强迫振动的响应

简谐激振力是一种最简单的外部激振形式，简谐激振力作用下的单自由度系统的强迫振动力学模型可用图 2-9 来描述。由图可以看出，其与单自由度系统的自由振动的不同之处在于质量块 m 上还作用了一个简谐力 $F=F_0\sin\omega t$。可取质量块 m 的上下运动轨迹为 x 轴，向下为正，并取没有简谐力作用时的静平衡位置为坐标原点，则由牛顿第二定律可得强迫振动响应方程

$$x(t)=B\sin(\omega t-\phi_0) \tag{2-17}$$

式中振幅

$$B=\frac{B_0}{\sqrt{(1-\lambda^2)^2+(2\zeta\lambda)^2}} \tag{2-18}$$

初相位角

$$\phi_0=\arctan\sqrt{\frac{2\zeta\lambda}{1-\lambda^2}} \tag{2-19}$$

其中，$B_0=\frac{F_0}{K}$称为静变位；$\lambda=\frac{\omega}{\omega_n}$称为频率比；$\zeta=\frac{n}{\omega_n}$称为阻尼比。

2. 强迫振动的一些普遍性结论

（1）振动频率　系统在简谐激振力作用下的强迫振动是与激振力同频率的简谐振动。

（2）激振力幅值的影响　当其他条件不变时，强迫振动的振幅与激振力的幅值成正比，即 $B\propto F_0$。

（3）频率比 λ 的影响　频率比 λ 对振幅的影响关系复杂，可用振幅频率特性曲线（简称幅频特性曲线）来描述，为此，引入一个新的变量

振幅的放大因子

$$\beta=\frac{B}{B_0}=\frac{1}{\sqrt{(1-\lambda^2)^2+(2\zeta\lambda)^2}} \tag{2-20}$$

由图 2-10 所示的幅频特性曲线可以看出：

① 当 $\lambda\ll1$ 时，$\beta\to1$，即此时的振幅 B 与激振力幅值作用引起的静变位差不多，这说明激振力变化缓慢，对振动影响不大；

② 当 $\lambda\gg1$ 时，$\beta\to0$，这说明当激振力频率很高时，系统由于惯性跟不上迅速变化的激振力，此时振动消失；

③ 当 $\lambda\to1$ 时，β 可能很大，这种现象称为共振，由于阻尼较小时对共振频率影响不大，所以一般称 $\omega=\omega_n$ 为共振频率。

（4）阻尼的影响　由图 2-10 可以看出，阻尼对振幅的影响只在共振区附近起作用，当 $0.7<\lambda<1.25$ 时，阻尼比 ζ 越大，共振振幅越小；当偏离共振区较远时，阻尼的影响不大。此外，阻尼的存在还使共振峰向左移动，即最大振幅不是发生在 $\lambda=1$ 处，而是发生在 $\lambda<1$ 的位置。

最大振幅处的频率为

$$\omega_{max}=\sqrt{\omega_n^2-2n^2} \tag{2-21}$$

最大振幅为

$$B_{max}=\frac{F_0}{2mn\sqrt{\omega_n^2-n^2}} \tag{2-22}$$

（5）相频特性　强迫振动的位移响应落后于激振力 $F=F_0\sin\omega t$，它们之间有一个相位

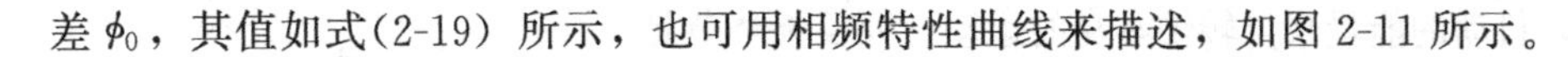

差 ϕ_0，其值如式(2-19) 所示，也可用相频特性曲线来描述，如图 2-11 所示。

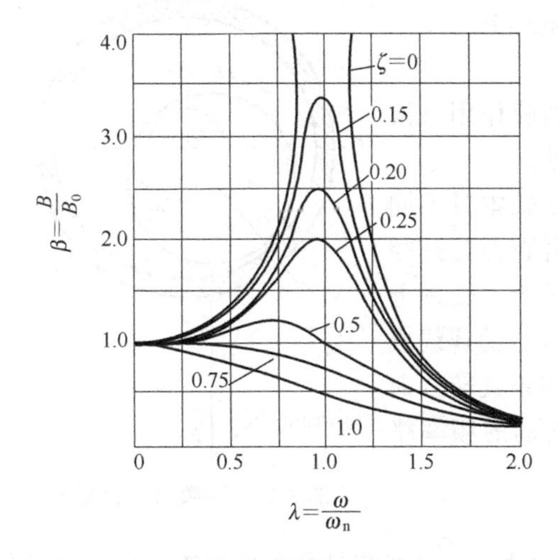

图 2-10　幅频特性曲线

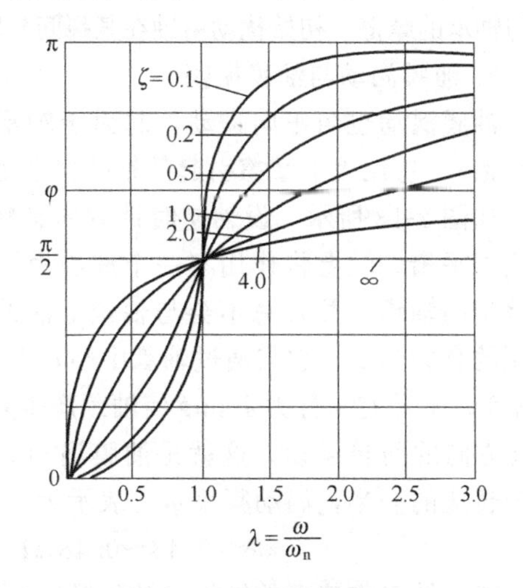

图 2-11　相频特性曲线

由图可以看出，所有曲线都过$\left(1,\ \frac{\pi}{2}\right)$点，即共振时的相位差为$\frac{\pi}{2}$，而与阻尼比 ζ 无关，这是共振的一个显著特点。

二、自激振动

在非线性机械系统内，由非振动性能量转变为振动激励所产生的振动称为自激振动。这种振动，常使设备运行失去稳定性，因此必须引起注意。

自激振动和强迫振动是有明显差别的，自激振动的能量来自内部，而强迫振动能量来自外部；另外，要引起自激振动必须存在初始扰动，而强迫振动没有初始扰动也会产生。

自激振动和阻尼自由振动也不同，它的振幅并不随着时间的推移而衰减，一旦出现自激振动，往往难以控制，如不及时处理，常因激烈振动而损坏设备。现以在旋转机械中经常遇到的涡动为例来说明自激振动发生的过程及其特点。

涡动是一种由于摩擦作用而引起的在转轴上发生的自激振动。它的特点是轴除绕轴心旋转外还沿轴承内表面作回转运动；轴心轨迹不稳定在一点上而是形成一个旋涡状。现已发现，涡动可由两种方式引起。

1. 轴的抖动

轴的抖动也叫反向进动，即回旋运动方向与轴的旋转方向相反。这种自激振动发生在轴承润滑不充分或轴与轴承间的间隙过大的情况下。如图 2-12 所示，当轴与轴承的间隙很大，轴心 O_1 与轴承中心 O 不同合，中心距 OO_1 较大，间隙中缺乏润滑，设在某一瞬间转动着的轴颈与轴承在 K 点接触，轴颈即受到轴承给它的切向作用力 P，方向与轴在该点的线速度方向相反，正是这个力的存在，使轴颈将沿轴承壁作纯滚动，形成与轴旋转方向相反的回旋运动。

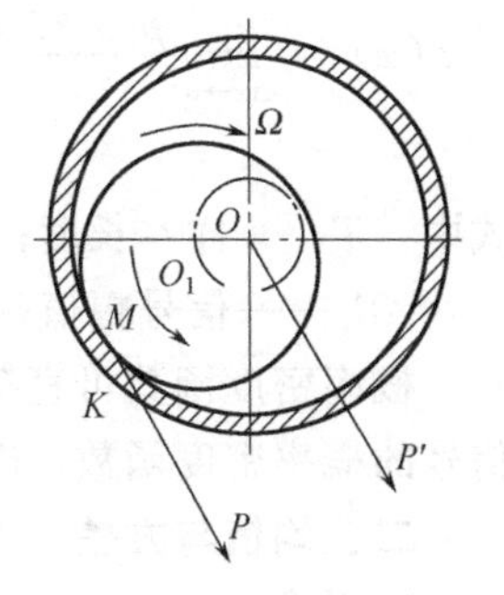

图 2-12　转轴抖动的发生图

将切向力 P 平移到轴心为 P'，P 的力学效应相当于一个逆时针方向的转矩 $M=PR$ 和一个作用在轴颈中心的力 P'。力 P'平行于轴承壁接触点的切线方向，使轴颈有下移的趋势，力矩 M 使轴颈绕轴承中心回转。轴心运动轨迹在图上以点划线表示。

轴抖动时，抖动的能量来自转轴本身的运动。而反馈环节是轴与轴承的摩擦，初始扰动由轴在某瞬间与轴承接触引起。

2. 油膜涡动与油膜振荡

油膜涡动也叫正向进动，起因于轴承内的油膜作用（液体摩擦）。它比因干摩擦引起的轴的抖动更为常见。

如图 2-13 所示，设轴逆时针方向旋转，由于轴本身不同心或不平衡，轴上将作用有一个离心力，这个离心力总是径向地指向轴承，并且总不会与轴颈上油的压力平衡。轴颈上油压的合力为 P，它与通过轴承中心 O 与轴中心 O_1 的连线成 ϕ 角度，于是有一分力 $P\sin\phi$ 使轴颈产生并维持与轴旋转方向 Ω 同方向的回转运动，这就是油膜涡动。油膜涡动的频率略小于转速的一半，涡动频率 ω 可表示为

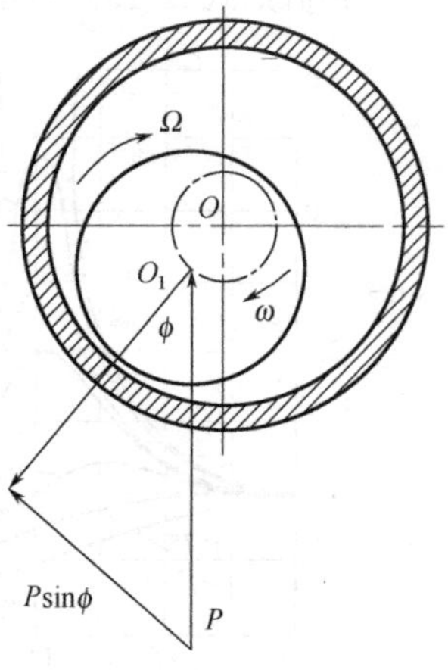

图 2-13　油膜涡动示意图

$$\omega \approx (0.43 \sim 0.48)\Omega$$

随着轴工作速度的增加，轴颈涡动速度也随之增大。油膜涡动产生后就不消失，对于高速旋转的机械如汽轮机、透平压缩机等，当转轴工作速度 $\Omega \geqslant 2\omega_n$（$\omega_n$ 为临界转速）时，涡动频率正好等于轴系的固有频率，从而激发整个轴系共振，这就是油膜振荡。

第四节　振动信号在幅值域中的描述

通常把可测量、记录、处理的物理量泛称为信号，它们一般是时间的函数。所谓动态信号是指随时间有较大变化的信号。在以后的几节中，将学习常用的信号分析与处理方面的知识。在故障诊断实际应用中，信号分析与处理的目的就是去伪存真，提取与设备运行状态有关的特征信息，通过各种分析处理手段使其凸现出来，从而提高状态识别与故障诊断的准确率。

在信号的幅值上进行各种处理，即对信号的时域进行统计分析称为幅域分析。常用的信号幅域参数包括均值、最大值、最小值、均方根值等。

一、概率密度函数

如图 2-14 所示，概率密度函数 $p(x)$ 定义为信号幅值为 x 的概率，其数学表达式为

$$p(x) = \lim_{\Delta x \to 0} \frac{p[x < x(t) \leqslant (x + \Delta x)]}{\Delta x} = \lim_{\Delta x \to 0} \frac{1}{\Delta x}\left(\lim_{T \to \infty} \frac{T_x}{T}\right) = \lim_{\Delta x \to 0} \frac{1}{\Delta x}\left(\lim_{T \to \infty} \frac{\sum_{i=1}^{k} \Delta t_i}{T}\right) \tag{2-23}$$

式中　T——样本长度；

T_x——信号幅值落在 x 和 $x+\Delta x$ 之间的时间和。

概率密度函数可直接用于机械设备的故障诊断。图 2-15 所示是新旧两个齿轮箱的振动信号的概率密度函数，图示直观地说明新旧两个齿轮箱的振动信号之间有明显的差异。

二、均值与方差

1. 均值

信号的均值 $\overline{X}$（图 2-16）又称一次矩，它描述了信号的平均变化情况，代表信号的静

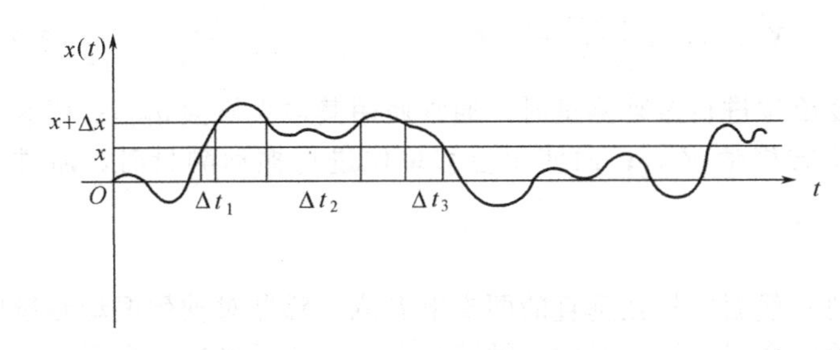

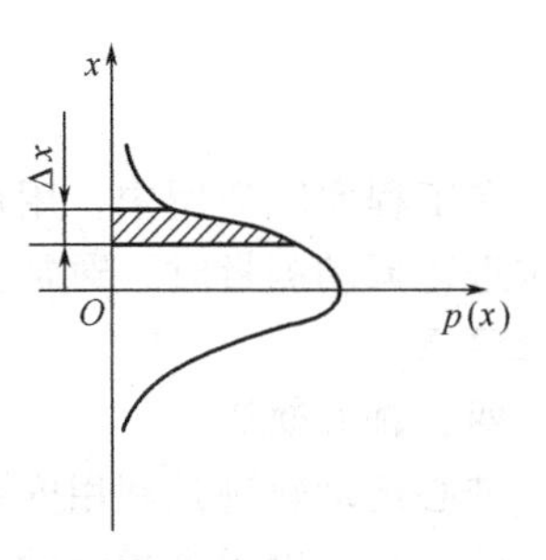

图 2-14　概率密度函数的定义

态部分或直流分量。其数学表达式为

$$\overline{X}=\lim_{T\to\infty}\frac{1}{T}\int_0^T x(t)\,\mathrm{d}t=\int_{-\infty}^{+\infty}xp(x)\,\mathrm{d}x \tag{2-24}$$

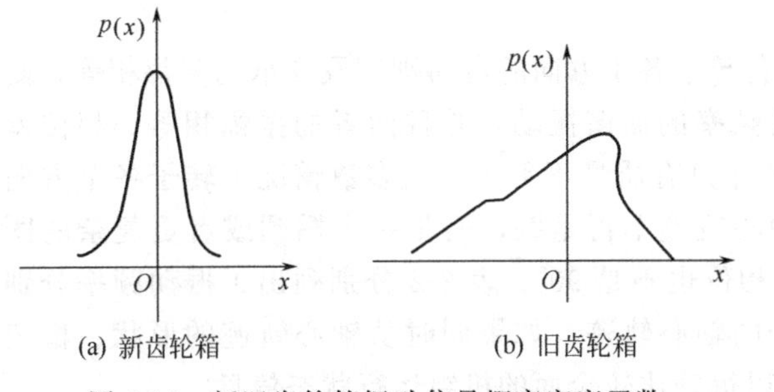

(a) 新齿轮箱　　(b) 旧齿轮箱

图 2-15　新旧齿轮箱振动信号概率密度函数

图 2-16　信号的均值

其离散化计算公式为

$$\overline{X}=\frac{1}{N}\sum_{i=1}^{N}x_i \tag{2-25}$$

2. 方差

方差 σ_x^2 用来描述信号 $x(t)$ 相对于其均值的波动情况，反映信号的动态分量，其数学表达式为

$$\sigma_x^2=\lim_{T\to\infty}\frac{1}{T}\int_0^T[x(t)-\overline{X}]^2\,\mathrm{d}t=\int_{-\infty}^{+\infty}(x-\overline{X})^2p(x)\,\mathrm{d}x \tag{2-26}$$

其离散化计算公式为

$$\sigma_x^2=\frac{1}{N}\sum_{i=1}^{N}[x_i-\overline{X}]^2 \tag{2-27}$$

方差分析用于机械设备的故障诊断主要是基于：当机械设备正常运转时，其输出信号一般较为平稳（即波动较小），因此信号的方差也较小，这样，根据方差的大小可判断机械设备的运行状况。

三、均方根值

X_{rms} 是一个应用广泛的统计参量，对振动速度而言，其均方根值与振动能量相对应，其数学表达式为

$$X_{\mathrm{rms}}=\sqrt{\frac{1}{T}\int_0^T x^2(t)\,\mathrm{d}t} \tag{2-28}$$

其离散化计算公式为

$$X_{\text{rms}} = \sqrt{\frac{1}{N}\sum_{i=1}^{N} x_i^2} \tag{2-29}$$

在工程实际应用中，用加速度单位进行振动测量时，通常使用其最大峰值 $a_{\max}$；用速度单位进行振动测量时，通常使用均方根值 V_{rms}；而使用位移单位进行振动测量时，通常使用峰值 X_{p}。

四、轴心轨迹

轴心运动轨迹是利用安装在同一截面内相互垂直的两支电涡流传感器对轴颈振动测量后得到的。它可以用来指示轴颈轴承的磨损、轴不对中、轴不平衡、液压动态轴承润滑失稳以及轴摩擦等。

传感器的前置放大器输出信号经滤波后将交流分量输入示波器的 x 轴和 y 轴或监测计算机，便可以得到转子的轴心轨迹。

轴心轨迹非常直观地显示了转子在轴承中的旋转和振动情况，是故障诊断中常用的非常重要的特征信息。

对仅由质量不平衡引起的转子振动，若转子各个方向的弯曲刚度及支承刚度都相等，则轴心轨迹为圆，在 x 和 y 方向为只有转动频率的简谐振动，并且两者的振幅相等，相位差为 90°。实际上，引起转子振动的原因也并非只有质量不平衡，大多数情况下转子各个方向的弯曲刚度和支承刚度并不相同，因此轴心轨迹不再是圆，而是一个椭圆或者更复杂的图形，反映在 x 和 y 方向的振幅并不相等，相位也不是 90°。表 2-2 分别列出了振动频率分别为 1 倍、1/2、1/3 和 1/4 转动频率下转子的轴心轨迹。如果同时从轴心轨迹的形状、稳定性和旋转方向等几方面进行综合分析，可以得到比较全面的机组运行状态信息。

表 2-2　典型的正反进动轴心轨迹

频 率 比	正 进 动	反 进 动
$\Omega=1\omega$		
$\Omega=\frac{1}{2}\omega$		
$\Omega=\frac{1}{3}\omega$	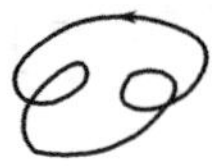	
$\Omega=\frac{1}{4}\omega$		

第五节　振动信号在时域中的描述

时域分析的主要特点是 根据信号的时间顺序，即数据产生的先后顺序，提取信号特征。本节主要讲相关分析的内容。

一、波形的相似性

设有四组波形，如图 2-17 所示，通过目测方法，可以粗略地判断其相似程度。如 $x_2(t)$

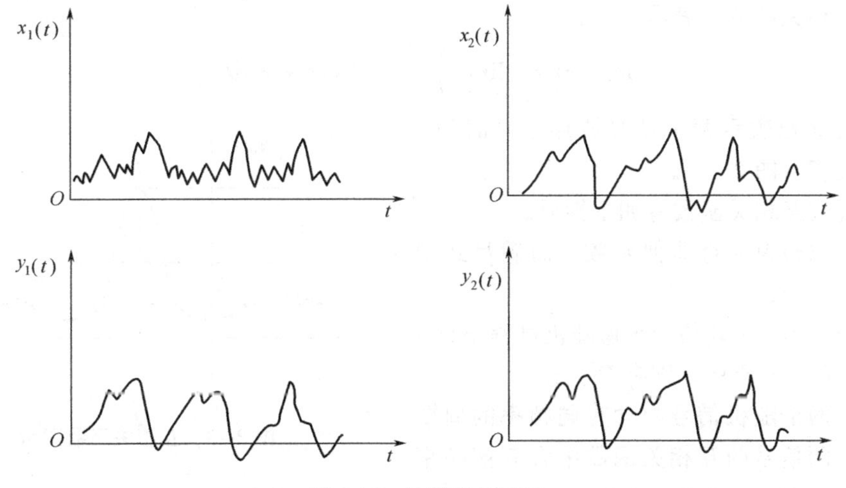

图 2-17　波形的相似性

与 $y_2(t)$很相像，$y_1(t)$与 $y_2(t)$有点相像，而 $x_1(t)$和 $x_2(t)$很不相像。

为定量描述波形的相似性，可作如下处理。如图 2-18 所示，将 $x(t)$，$y(t)$两波形等间隔地分成 N 个离散值并将同一坐标的相应值相减，而后求其平方之和并除以离散点数，得出的值称为统计均方差，记为

$$\alpha = \frac{\sum_{i=1}^{N}(x_i - y_i)^2}{N} \tag{2-30}$$

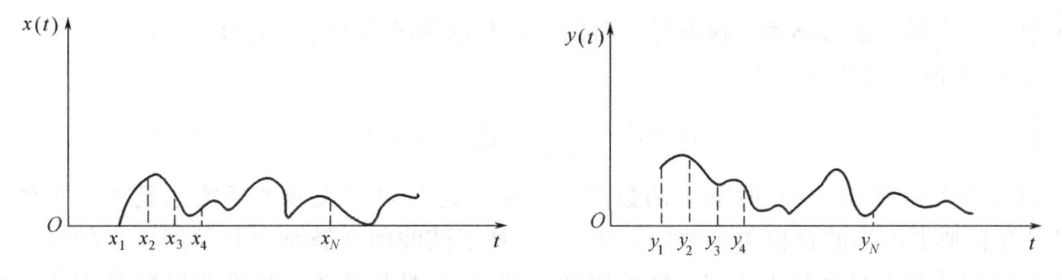

图 2-18　波形离散值比较

α 的大小反映了两振动波形间离散程度，也就是说可以用均方差来表示两波形间的相似性。

式（2-30）可展开成下面形式

$$\alpha = \frac{1}{N}\sum_{i=1}^{N}x_i^2 + \frac{1}{N}\sum_{i=1}^{N}y_i^2 - \frac{2}{N}\sum_{i=1}^{N}x_i y_i$$

式中头两项即波形的均方值，代表了振动总能量。在平稳随机振动中总能量是一个常量，两波形的相似程度完全取决于第三项的大小，故此以它作为两波形相似性的判据，并记为

$$R_{xy} = \frac{1}{N}\sum_{i=1}^{N}x_i y_i \tag{2-31}$$

二、互相关函数

信号 $x(t)$在时间为 t 时的值与另一信号 $y(t)$在时间为$(t+\tau)$时的值的乘积的平均值称为

两函数的互相关函数，表示为

$$R_{xy}(\tau)=\lim_{T\to\infty}\frac{1}{T}\int_0^T x(t)y(t+\tau)\mathrm{d}t \tag{2-32}$$

互相关函数表示两个信号波形相差时间 τ 时的相似程度（图 2-19）。

根据公式互相关函数有如下性质。

（1）$R_{xy}(\tau)$为非奇非偶函数，而满足式子 $R_{xy}(\tau)=R_{yx}(-\tau)$。

（2）两个具有零均值的平稳随机过程$\{x(t)\}$和$\{y(t)\}$是相互独立的，则有 $R_{xy}(\tau)=0$。

（3）若两个随机信号中含有同频率的周期成分，那么两信号的互相关函数中含有该频率的周期成分，利用这个性质可以检测隐藏在噪声中的有规律信号。

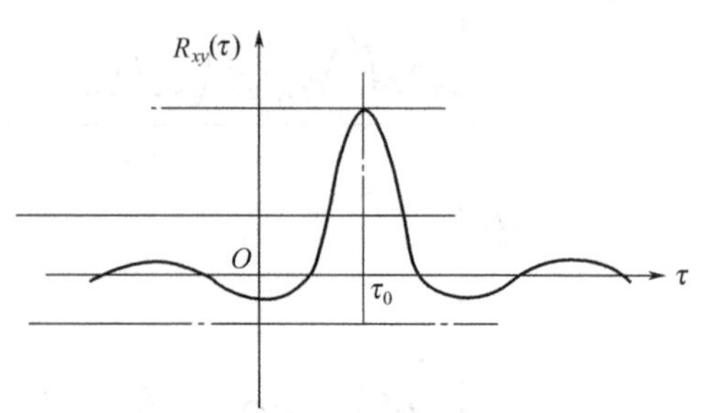

图 2-19　互相关函数图示

（4）若定义互相关系数 $\rho_{xy}=\dfrac{R_{xy}(\tau)}{\sqrt{R_x(0)R_y(0)}}$

则$|\rho_{xy}(\tau)|\leqslant 1$。

三、自相关函数

如果 $y(t)=x(t)$，式（2-32）可写成如下形式

$$R_x(\tau)=\lim_{T\to\infty}\frac{1}{T}\int_0^T x(t)x(t+\tau)\mathrm{d}t \tag{2-33}$$

此式为随机信号 $x(t)$在时间为 t 的值与时间为（$t+\tau$）的值的乘积的平均值，称为自相关函数。它表示一波形移动一段时延 τ 后的波形与原来波形的相似程度。

当 $\tau=0$ 时，式(2-33) 变为

$$R_x(0)=\lim_{T\to\infty}\frac{1}{T}\int_0^T x^2(t)\mathrm{d}t \tag{2-34}$$

即自相关函数在 $\tau=0$ 时等于函数的均方值，这是自相关函数所能达到的最大值。图 2-20是几种典型波形的自相关函数图。图（a）是正弦波的余弦型自相关图，它的特点是在所有的时间位移上具有与正弦波一样的周期。图（d）是均值为零的宽带随机数据典型自相关图，这种波形在时间坐标移动了极短的时间后，波形即很快失去了相像性，所以在$\tau=0$处是最大值。然后随 τ 的绝对值增大而迅速下降。图（b）是正弦波加随机噪声的自相关图，相当于图（a）和图（d）之和。图（c）是窄带随机噪声自相关图。

因窄带波与正弦波相近，其自相关图就很像有阻尼振动的衰减曲线，自相关函数在$\tau=0$处具有最大值，其变化频率与振动波形主频率接近，时移坐标移动很大值时，自相关函数值才趋于零。由此可见，自相关图从正弦波到宽带噪声有明显的变化趋势。

根据定义，自相关函数有以下性质。

（1）自相关函数是 τ 的偶函数，即 $R_x(\tau)=R_x(-\tau)$。

（2）当 $\tau=0$ 时，自相关函数具有最大值。

（3）若定义自相关系数 $\rho_x(\tau)=R_x(\tau)/R_x(0)$，则$|\rho_x(\tau)|\leqslant 1$。

（4）若$\lim\limits_{\tau\to\infty}R_x(\tau)$存在，有 $R_x(\infty)=\overline{X}^2$。式中，$\overline{X}$ 为信号 $x(t)$的均值。

（5）若 $x(t)$中有一周期分量，则 $R_x(\tau)$中有同样周期的周期分量，但相位角信息丢

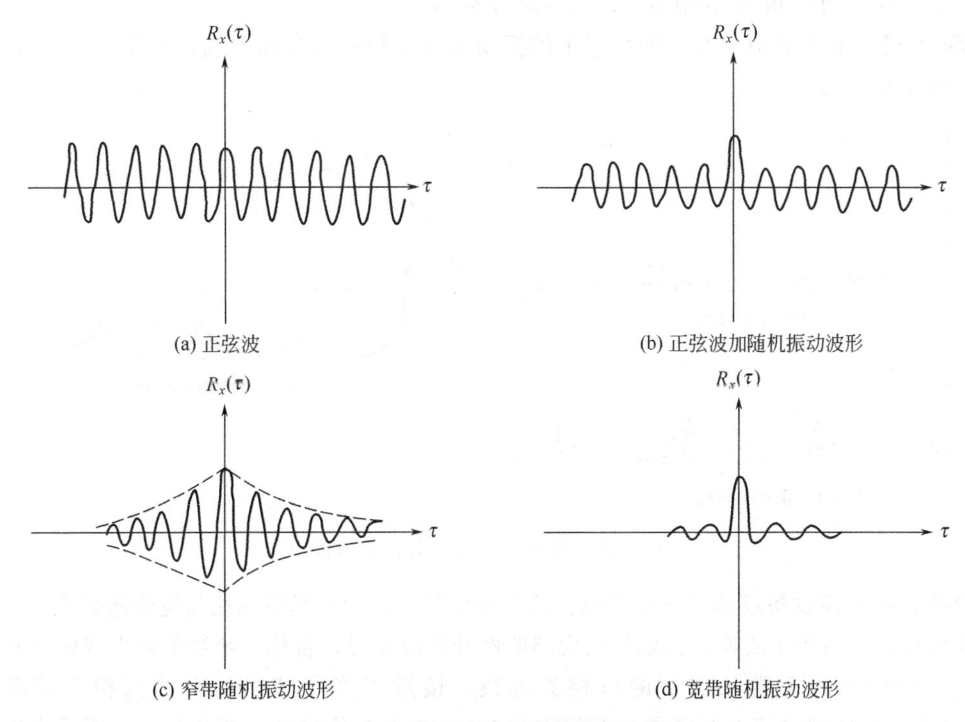

(a) 正弦波　(b) 正弦波加随机振动波形

(c) 窄带随机振动波形　(d) 宽带随机振动波形

图 2-20　典型波形的自相关函数图

失了。

四、相关分析的应用

相关理论是信息识别和信号处理的理论基础，它可为解决工程技术问题提供不少信息，在此仅举几例说明相关分析的应用。

【例 2-2】 应用互相关函数的滞后时间确定埋地管线漏损位置。在图 2-21 中，A 为管线漏损处，在 B、C 两点分别置传感器 1 和 2，现测得 B、C 间距离为 S，设 1 距 A 点为 S_1，传感器 2 距 A 点为 S_2，则可确定 A 点的位置。

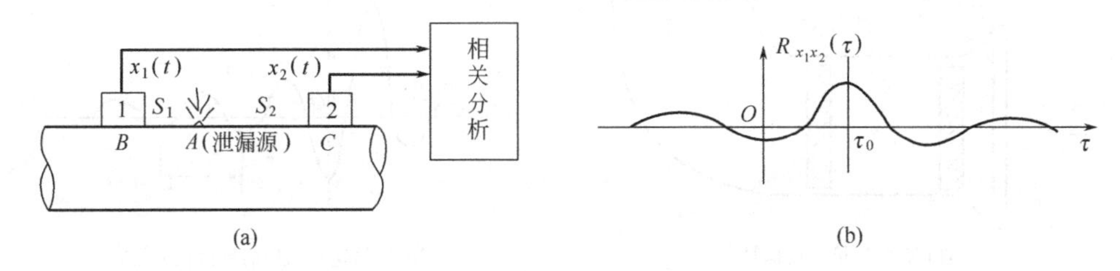

(a)　(b)

图 2-21　埋地管线漏损检测

解： 因传感器至漏损处距离不等，信号传到传感器即有时间差。作互相关函数图就可测出此时间差，也即相关值最大处的时移 τ_0（此时两波形最相似）。应用线性定位法即可算出漏损处到两传感器中点的距离

$$S_2-S_1=v\tau_0$$

$$S_2+S_1=S$$

式中　v——信号传播速度。

由上述两式可解得 A 点距 B、C 的距离分别为 S_1、S_2。

【例 2-3】 某滚动轴承在不同状态下的振动加速度信号的自相关函数如图 2-22 所示，判断轴承的工作状态。

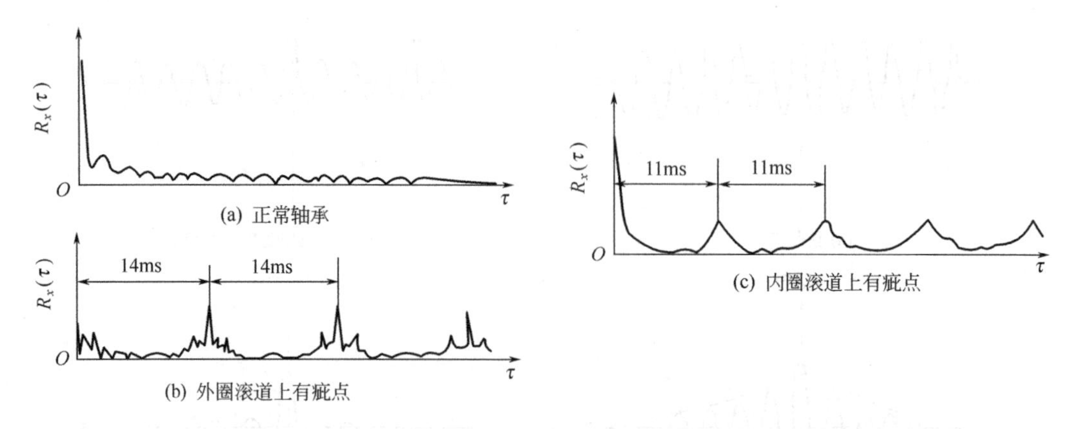

图 2-22　轴承振动信号自相关函数

分析： 由于新设备或运行正常的设备其振动信号的自相关函数往往与宽带随机噪声的自相关函数相近；而当产生故障，特别是出现周期性冲击故障时，自相关函数就会出现较大峰值。

图 2-22(a) 为正常状态下的自相关函数，接近于宽带随机噪声的自相关函数；图 2-22(b)所示为外圈滚道上有疵点，在间隔为 14ms 处有峰值出现；图 2-22(c) 所示为内圈滚道上有疵点，在间隔 11ms 处有峰值。

【例 2-4】 利用互相关分析从燃气轮机出口处的复杂信号中提取周期信号。

分析： 如图 2-23 所示，燃气轮机的压气机进口测点 A 的信号 $x(t)$ 中包含有压气机引起的叶频信号、机壳振动以及空气噪声等。叶频振动是近场测量，所以信号较强。在燃气轮机排气口处 B 的信号 $y(t)$ 中有转动信号、机壳振动、空气噪声以及叶频信号，但是叶频信号较弱，如果利用互相关分析就可以把叶频信号提取出来。其信号周期为 τ_p。

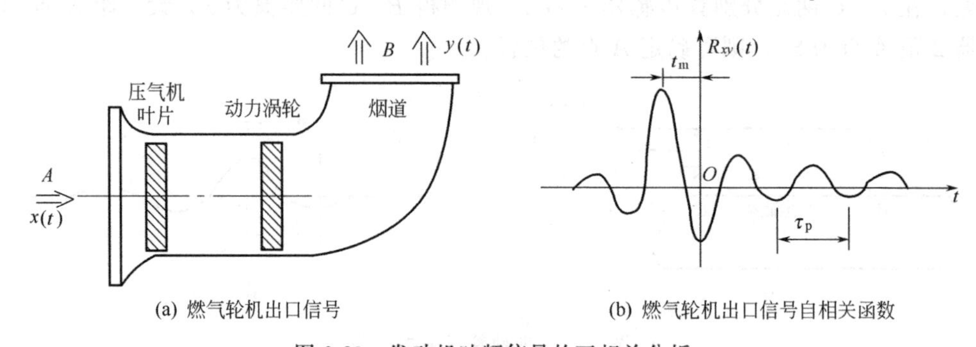

图 2-23　发动机叶频信号的互相关分析

第六节　振动信号在频率域中的描述

频域分析是机械故障诊断中使用最广泛的信号处理方法之一。信号的频域分析包括幅值谱分析、功率谱分析、倒频率谱分析和相位谱分析，本节只讲述前三种分析方法。

一、频谱分析

1. 频谱分析的意义

频谱分析（也称频率分析）是频率领域内信号分析的基础。大多数情况下工程上所测得的信号为时域信号，为了通过所测得的振动信号观测了解诊断对象的动态行为，往往需要频域信息。把时域信号变换至频域信号进行分析的方法称为频谱分析。

频谱分析方法，就是利用某种数学变换，将复杂的信号分解为简单信号的叠加，而最普遍使用的变换方法是傅里叶变换。通过傅里叶变换，可以将复杂信号分解为有限或无限个频率的简谐分量；也就是将一个组合振动分解为它的各个频率分量。把各次谐波按其频率大小从低到高排列起来就成了频谱。

2. 频谱分析的原理

按照傅里叶变换的原理，任何一个平稳信号（不管如何复杂），都可以分解成若干个谐波分量之和，即

$$x(t)=A_0+\sum_{k=1}^{\infty}A_k\cos(2\pi Kf_0t+\phi_k) \tag{2-35}$$

式中 A_0——直流分量，mm；

$A_k\cos(2\pi Kf_0t+\phi_k)$——谐波分量，mm；$K=1$，2…每个谐波称为 K 次谐波；

A_k——谐波分量振幅，mm；

ϕ_k——谐波分量初相角，rad；

f_0——基波频率，即一次谐波频率，Hz；

t——周期，s。

如果测得的振动信号 $x(t)$ 由 4 个谐波分量组成，那么，通过信号分析可将其分解成如图 2-24 所示的图像。

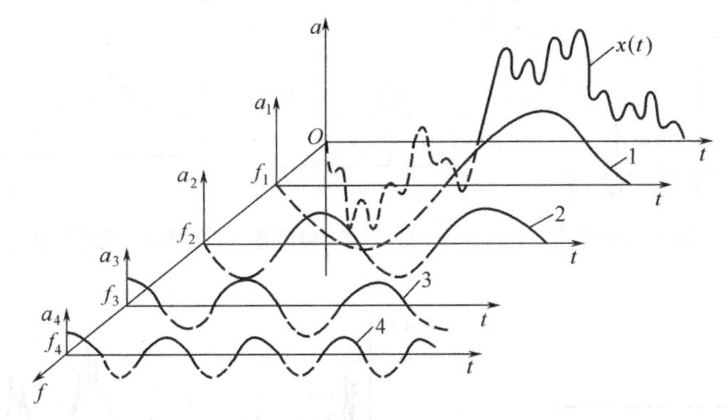

图 2-24 振动信号分析图示

$x(t)$—综合信号；1～4—谐波分量；f_1～f_4—谐波分量的频率；

a—综合信号幅值；a_1～a_4—谐波分量幅值

从图 2-24 可以看到，一个综合振动信号 $x(t)$ 分解后各个谐波在幅域、时域、频域和相域都得到清晰的反映。为了进一步说明频率分析的本质，再以图 2-25 来说明振动信号的合成和分解过程。

从图 2-25 可以清晰地看出两个简谐振动同其合成振动的关系，一个测得的综合信号［图（c）］，通过傅里叶变换，分解成两个简谐振动［图（a）和图（b）］，这两个谐波的频率分别为 f_1 和 f_2。以频率为横坐标，将各谐波的幅值画出来，即得到了该复合振动频谱图。

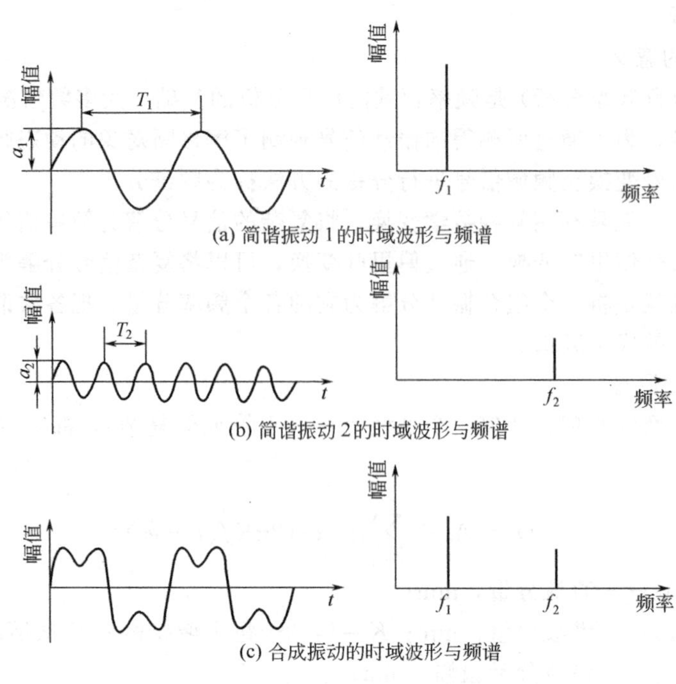

(a) 简谐振动 1 的时域波形与频谱

(b) 简谐振动 2 的时域波形与频谱

(c) 合成振动的时域波形与频谱

图 2-25 振动信号的合成与分解

当综合信号的频率结构清楚以后，分析设备产生异常振动的原因就容易了。

振动频谱由振动类型而定，一般分为离散谱和连续谱两种基本形式。几种常见振动信号的频谱见图 2-26。

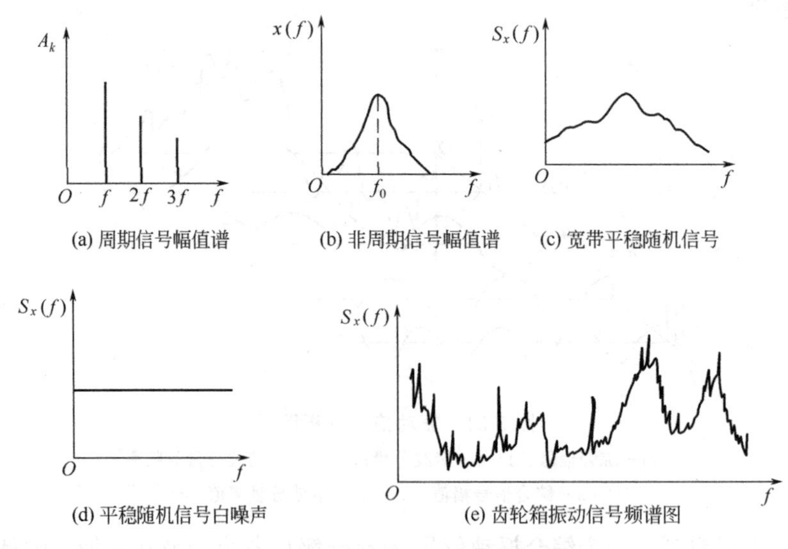

(a) 周期信号幅值谱 (b) 非周期信号幅值谱 (c) 宽带平稳随机信号

(d) 平稳随机信号白噪声 (e) 齿轮箱振动信号频谱图

图 2-26 几种常见的振动信号频谱图

周期信号和准周期信号产生离散谱，谱图上的频率结构由若干条谱线组成［图 2-26(a)］；非周期信号和随机信号的频谱形成连续谱，是一条曲线与坐标轴围成的一小块面积［图 2-26(b)、图 2-26(c)］。现场实际检测到的振动信号，往往是各种不同信号的组合，因此频谱分析所得到的频谱图是离散谱和连续谱的混合。如图 2-26(e) 所示齿轮箱振动频谱，其信号中包含有随机信号、周期信号或准周期信号。平稳随机信号的白噪声是一根不随时间变化的水平线，当然实际情况还是有起伏的。

机械故障诊断中用得最广泛的信号处理方法就是频谱分析。机器设备故障的发生、发展一般都会引起振动频率的变化，这种变化主要表现在两个方面：一是会产生新的频率成分，二是原有频率的幅值会增长。例如，旋转机械转子不对中、出现不平衡、齿轮存在严重磨损等故障时，都会引起频谱结构的变化。实际上，对振动信号作一次频谱分析，就相当于给机器作一次“心率”检查。通过频率分析，振动信号的频率成分的分布情况及其幅值大小都清晰地显示出来，许多在时域中看不清楚的问题在频谱图中就显得很清楚了。图 2-27 是一个振动信号的时域波形和它的幅值谱图，它的时域信号显得很乱，但变换到频率领域观察就很简明清晰。

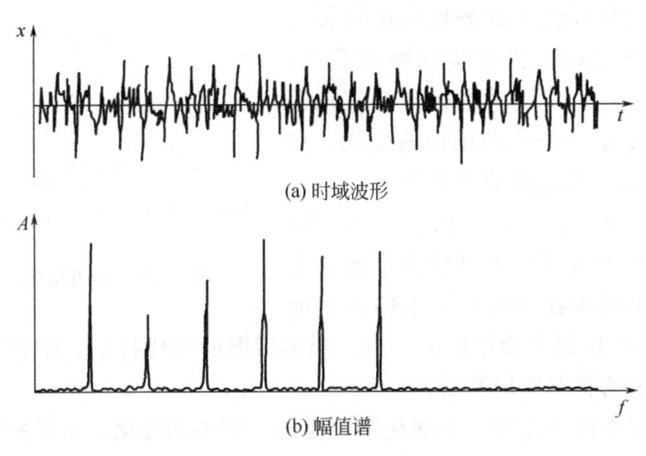

图 2-27　谐波信号的时域波形与幅值谱

二、幅值谱分析

把一个振动信号从时域变换到频域，是用有限个或无限个简谐函数表示振动信号的一种方法。简谐函数是有限还是无限要由振动信号 $x(t)$ 的频率成分来决定。每个简谐函数都有一个确定的频率与之对应，一个频率代表一个简谐函数。

幅值谱 x 反映振动信号 $x(t)$ 中各个简谐分量的幅值与其频率的关系，它提示了信号在不同频率上的幅值特性。利用幅值谱就可以用频率的观点去分析信号的变化特征，可以及时对设备的状态作出比较可靠的判断。图 2-28 是一台旋转机械转子不平衡的时域波形［图 (a)］和幅值谱［图 (b)］，从波形看是一个准周期信号，在频谱图上显示出多个频率成分，但其中以 1 次谐波幅值突出，表明转子不平衡是主要问题，此外还存在一些非线性问题。从频率结

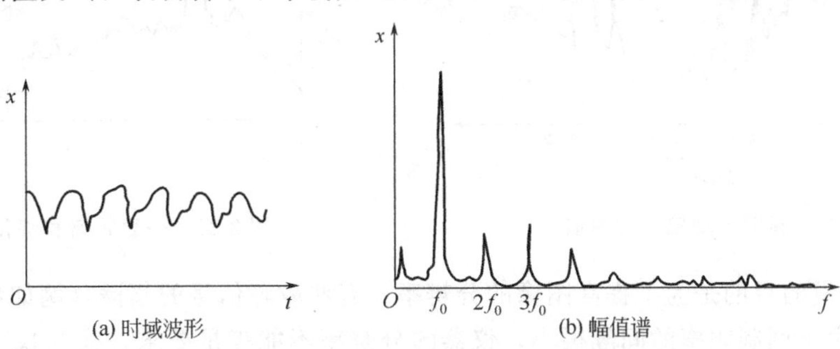

图 2-28　汽轮机不平衡振动的波形和幅值谱

构的成分比较各个频率的幅值大小，可以对设备状态作出初步判断，并找到发生故障的主要原因。

三、功率谱分析

在信号分析处理中，除了需要了解信号的幅值谱外，还需要用功率密度来描述信号的频率结构。功率谱分析是目前故障诊断中使用最多的分析方法之一，应用非常广泛和有效。功率谱密度包括自功率谱密度（简称功率谱）和互功率谱密度，也称交叉功率谱（简称互谱）。下面只介绍自功率谱密度。

自功率谱密度表示振动信号 $x(t)$ 中各谐波分量的频率与其能量的关系，在机械故障诊断中常用它来分析振动信号的频率成分和结构关系，以及频率成分的能量大小。自功率谱的定义有两种形式，一种称为双边谱 $S_x(f)$，即定义在$(-\infty, +\infty)$范围内，在正负频率轴上都有谱图。这种定义给理论上的分析与运算带来方便，但是负频率在工程上没有实际物理意义；另一种称为单边谱 $G_x(f)$，仅考虑频率在正轴上的变化，即定义在 $(0, +\infty)$ 范围内的变化。如图 2-29 所示，单边谱与双边谱的关系为

$$G_x(f)=2S_x(f) \quad (f\geqslant 0) \tag{2-36}$$

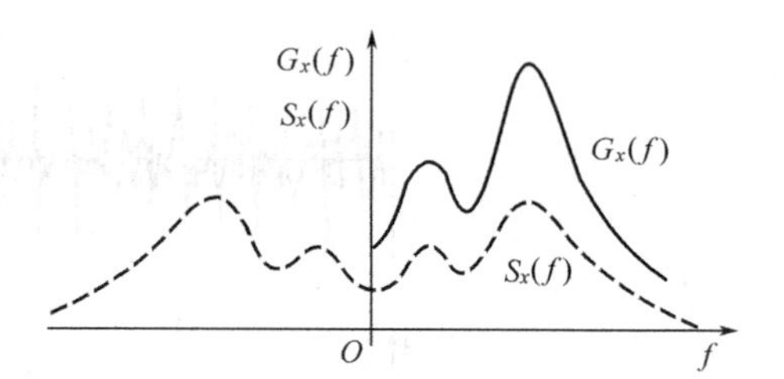

图 2-29 单边功率谱与双边功率谱

图 2-30 是滚动轴承在新旧两种状态下的功率谱图。可以看出，旧轴承在所有频率上的振动能量都增大了，在 1000Hz 以上增幅更大一些。根据谱图的变化特征，结合滚动轴承动态特性分析，即可对旧轴承的状态作出判断。

另外，在这里还要简单介绍一下细化谱的概念。所谓细化谱，就是把一般频谱图上的某部分频段，沿频率轴进行放大后所得到的频谱，如图 2-31 所示，上图为一般频谱图，下图为细化谱图。

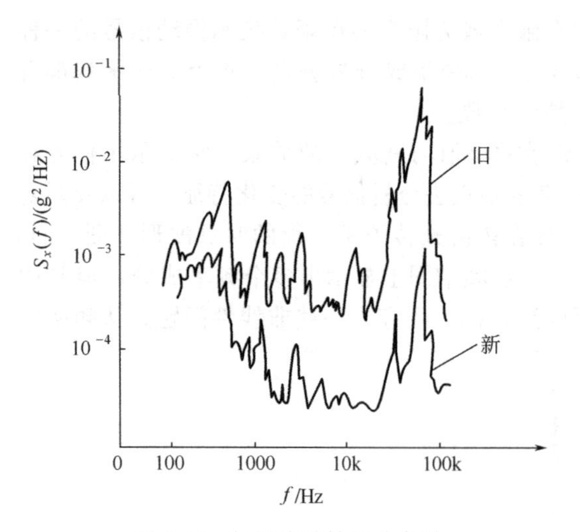

图 2-30 新旧滚动轴承功率谱

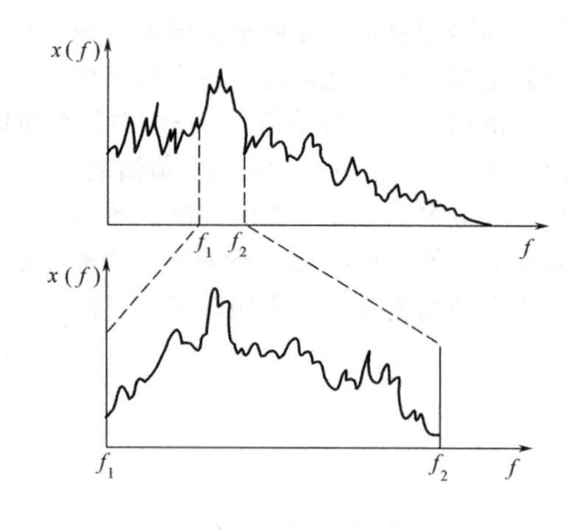

图 2-31 一般频谱和细化谱

采用细化谱的目的是为了提高图像的分辨率。有些故障信号的频谱（例如齿轮磨损后出现的边频），由于调制频率的间隔很小，仪器的分辨率不能满足要求，往往找不出这些间隔频率，这时如果采用细化谱分析，就使所分析的频段具有很高的分辨率。从它的功能看，细

化谱的作用类似于机械制图中的“局部放大图”。使用细化谱分析操作很简单，现在有些简易诊断仪器设有细化谱分析功能，只需按一下操作键即可。

四、倒频率谱分析

倒频率谱 C_x 也称逆谱，或称功率谱的功率谱。它是对自功率谱取对数后再进行傅里叶变换得到的，因而又回到了时域，所以倒频谱又称作时谱，时间单位常用 ms（毫秒）（1s=1000ms）。

在倒频谱上更加突出主要频率成分，谱线更加清晰，更容易识别信号的各个组成分量。当功率谱的成分比较复杂时，尤其在混有同族谐频、异族谐频、多成分边频的情况下，在功率谱上难以辨认，而应用倒频谱则方便多了，因此倒频谱在振动诊断中很有实用价值，特别是当信号的频率成分比较复杂时，如带有故障的齿轮、滚动轴承的振动信号，对它作一次倒谱分析，对故障诊断特别有效。图 2-32 是一个齿轮箱修理前后的功率谱和倒谱比较。

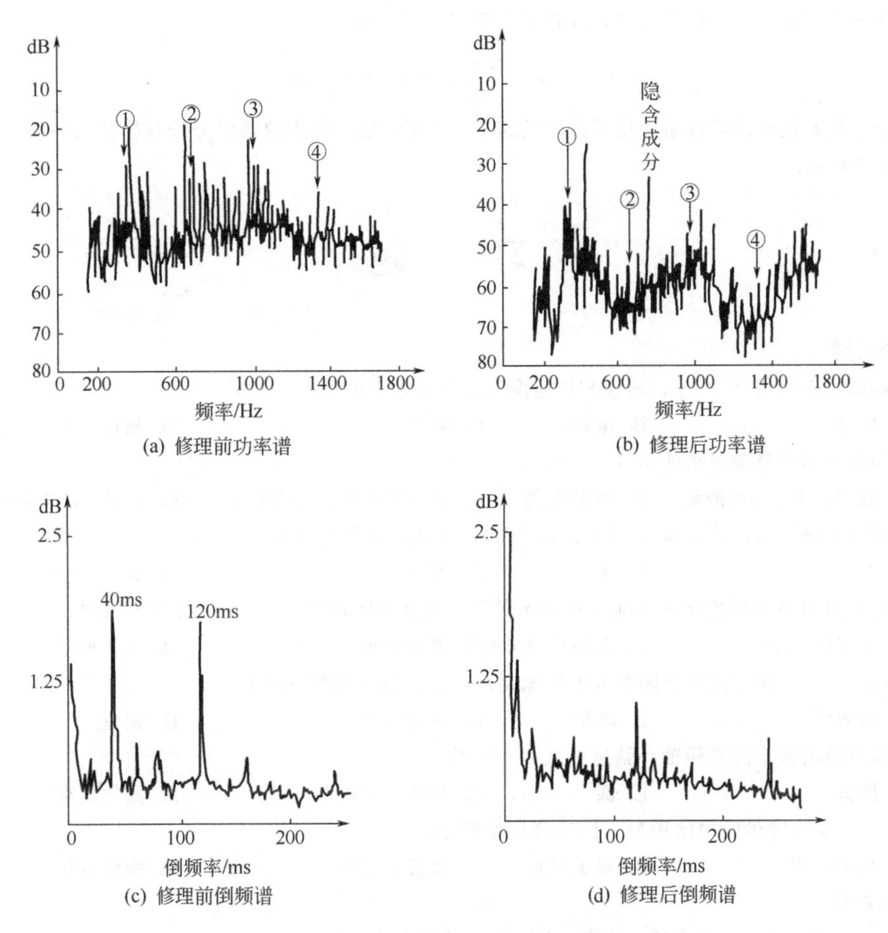

图 2-32　齿轮振动信号功率谱与倒频谱比较

显然，倒频谱图上的谱线与功率谱图上的相比，要简洁清晰得多。比较齿轮修理前后的倒谱图［图 2-32(c) 和图 2-32(d)］，可非常清晰地看到故障频率（40ms 和 120ms）的衰减变化；再比较齿轮修理前后的功率谱图［见图 2-32(a) 和图 2-32(b)］，谱线很乱，令人很难辨识。

小　　结

1. 振动的状态可用位移、速度和加速度三个参量表征，每个参量有三个基本要素：即振幅、频率和相位。

2. 自由振动是机械振动的最简单形式，而因机械故障而产生的振动多属于受迫振动和自激振动。

3. 随着故障的产生和发展，均方根值与方差均会逐渐增大；均值反映信号的静态部分，对计算振动状态参数有很大影响；在计算时应从原始数据中扣除其均值，即作零均值处理，以突出对故障诊断有用的动态信号部分。

4. 幅值概率密度增加，说明存在故障。

5. 出现周期性冲击故障时，自相关函数会出现较大峰值。

6. 互相关分析可从复杂信号中提取周期信号。

7. 任何一个平稳信号，都可以分解成若干个谐波之和，即

$$x(t)=A_0+\sum_{k=1}^{\infty}A_k\cos(2\pi Kf_0t+\phi_k)$$

8. 频谱分析是机械故障诊断中用得最广泛的信号处理方法。常用的频谱分析有幅值谱分析，功率谱分析和倒频率谱分析。

习　　题

一、单选题

1. 振动的状态可用（　　）、速度和加速度三个参量来表征。

A. 位移　　B. 振幅　　C. 频率　　D. 相位

2. 下列振动属于自激振动的是（　　）。

A. 旋转失速引起的振动　　B. 油膜震荡　　C. 转子不平衡引起的振动　　D. 转子不对中引起的振动

3. 若有一简谐振动，其位移 $x=X\sin(\omega t+\phi_0)$，则其速度的幅值为（　　）。

A. X　　B. $X\omega$　　C. $X\omega^2$　　D. ω

4. 振动信号频谱分析的数学基础是傅里叶变换，频谱仪是运用（　　）的原理制成的。

A. 傅里叶变换　　B. 有限傅里叶变换　　C. 离散傅里叶变换　　D. 快速傅里叶变换

5. 利用（　　）作为故障诊断的判断依据是最简单、最常用的一种方法。

A. 有效值　　B. 峰值　　C. 平均幅值　　D. 相位

6. 高速旋转的转子的实际轴心轨迹是（　　）形。

A. 椭圆　　B. 圆　　C. 非圆、非椭圆　　D. 抛物线形

7.（　　）是故障诊断中使用最广泛的信号处理方法。

A. 相关分析　　B. 频谱分析　　C. 幅值域分析　　D. 相位分析

二、判断题

（　　）**1.** 同一简谐振动位移、速度、加速度都是同频率的简谐波。

（　　）**2.** 傅里叶变换是由频域变换为时域。

（　　）**3.** 从某种意义上讲，设备振动诊断的过程，就是从信号中提取简谐信号的过程。

（　　）**4.** 振动烈度即振动速度的有效值，也即振动速度的均方根幅值。

（　　）**5.** 相关函数诊断法可用于诊断管道的泄漏故障。

（　　）**6.** 倒频谱是信号在频域内的描述。

（　　）**7.** 轴心轨迹不属于振动诊断方法。

（　　）**8.** 自激振动和阻尼振动相同，振幅随时间的推移而衰减。

（　　）**9.** 油膜涡动产生后，随工作转速的提高会减弱。

（　　）**10.** 频谱分析法可用于监测设备的振动情况。

（　　）**11.** 油膜涡动频率略小于转速的一半，约为转速的 42%～46%。

三、思考题

1. 强迫振动时，阻尼是如何影响共振频率的？

2. 强迫振动与自激振动的本质区别是什么？

3. 什么是油膜涡动和油膜振荡？

4. 什么叫频谱图？

5. 若一旋转机械转子不平衡，则其振动信号中哪一谐波振幅大？为什么？

6. 为什么功率谱比幅值谱应用广泛？为什么采用细化谱或倒频率谱？

7. 根据概率密度函数定义，如图 2-33 所示，说明两振动信号中哪一个为故障信号？

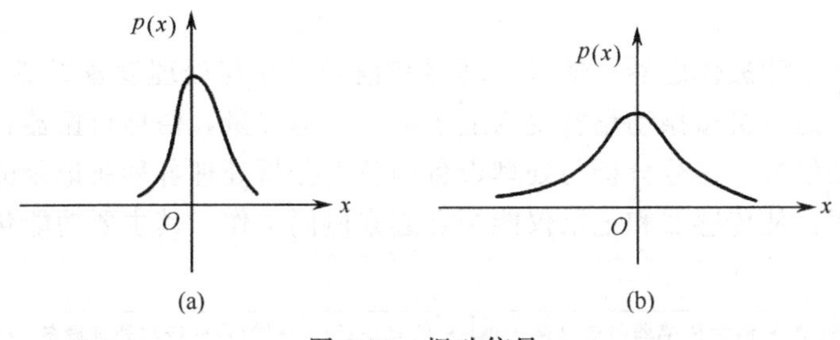

图 2-33　振动信号

8. 轴心轨迹图如图 2-34 所示，分析对应此图的轴承系统哪个方向刚度大？

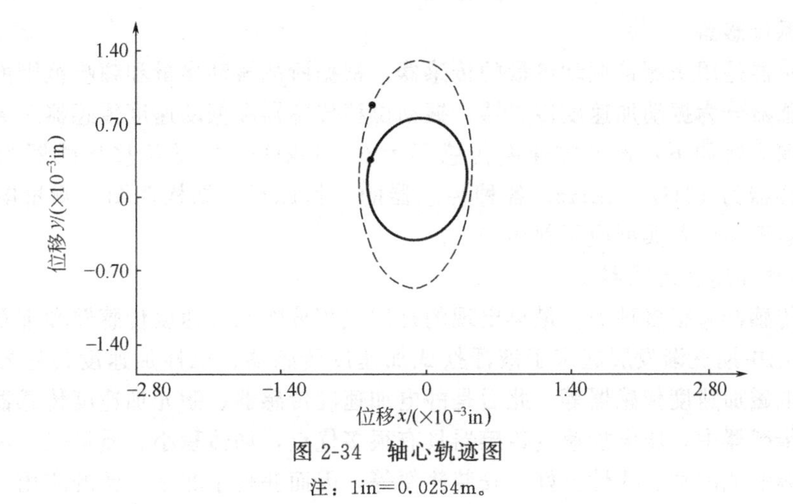

图 2-34　轴心轨迹图

注：1in=0.0254m。

第三章 振动诊断技术

本章将围绕如何获取及分析机械设备的振动信号这一中心问题展开讨论，介绍与振动测试有关的典型仪器设备及其相关技术，重点讲述振动诊断技术的实施过程，讨论振动诊断工作的开展方法（主要是简易诊断方法）。

第一节 振动监测系统的组成

振动监测系统由测振传感器、信号调理器和信号记录与处理设备组成（图 3-1）。其中，测振传感器的作用是将机械振动量转变为适于电测的电参量，俗称拾振器；信号记录仪的功能是存储所测振动信号；信号分析与处理设备则负责分析处理各种所记录的信号；而信号调理器则起协调作用，使传感器和记录仪能配合起来协同工作，其主要功能包括信号放大、阻抗变换等。

观测对象→[测振传感器与信号调理器]→[信号记录仪]→[信号分析与处理设备]→结果

图 3-1 振动测试系统组成

一、测振传感器

测振传感器是用来测量振动参量的传感器，根据所测振动参量和频响范围的不同，习惯上将测振传感器分为振动加速度传感器、振动位移传感器和振动速度传感器三大类，各自典型的频响范围大致如下：振动加速度传感器为 0～50kHz、振动位移传感器为 0～10kHz、振动速度传感器为 10Hz～2kHz。各种传感器的工作原理、结构简图、测量电路、性能特点、使用注意事项以及典型应用叙述如下。

（一）振动加速度传感器

加速度传感器有很多种类，最早出现的是摆式积分陀螺加速度传感器和宝石轴承式加速度计，20 世纪中期逐渐发展起来了液浮摆式加速度传感器、挠性加速度传感器、压电加速度传感器、电磁加速度传感器等，此后是静电加速度传感器、激光加速度传感器。在种类众多的加速度传感器中，压电加速度传感器具有很多优点，如体积小、质量轻、灵敏度高、测量范围大、频响范围宽、线性度好、安装简便等，因而获得了非常广泛的应用，是目前机械故障的振动诊断测试中最为常用的一种传感器，下面将对这种传感器予以重点介绍。

1. 压电加速度传感器的工作原理

（1）压电效应 自然界中某些电介质，如石英、钛酸钡等，当沿着一定的方向对其施力而使之变形时，其内部发生极化现象，同时在它的两个表面上产生符号相反的电荷；当外力去除后，电介质又重新恢复到不带电的状态，介质的这种机械能转换为电能的现象即为压电效应。介质的压电效应是可逆的，即在电介质的极化方向施加电场，这些电介质也会产生变形，这种由电能转换为机械能的现象称为逆压电效应。

研究结果表明，电介质在外力作用下产生压电效应时，其表面上的电荷量与压电材料的种类及其所受的压强的大小和表面积有关，即有如下的关系式

$$q=\alpha\sigma A=\alpha F \tag{3-1}$$

式中　q——压电元件表面的电荷量，C；

F——压电元件表面上所受的压力，N；

σ——压电元件表面的压强，N/m^2；

A——压电元件的工作表面积，m^2；

α——压电材料的压电系数，C/N。

(2) 压电材料　具有压电效应的材料称为压电材料。目前，用于制造压电加速度传感器的压电材料主要有两大类，即压电晶体（如石英）和压电陶瓷（如钛酸钡），其中石英晶体的应用较早，因其稳定性最好、但压电系数最小且价格昂贵，通常用作标准加速度传感器的敏感材料；而钛酸钡、锆钛酸铅，特别是后者则是目前应用最广泛的压电陶瓷。通常情况下，压电材料应具有如下性能。

① 机械性能：因为压电元件是受力元件，因而它应有机械强度高、刚度大的特点，以期获得较宽的线性范围和较高的固有频率。

② 转换性能：压电常数应较大。

③ 电性能：应具有较高电阻率和较大介电常数，以减弱外部环境的影响并获得良好的低频特性。

④ 时间稳定性：要求压电性能具有一定的稳定性。

⑤ 环境适应性：要求温度、湿度稳定性好，以获得较宽的工作温度范围。

常用压电材料的性能如表 3-1 所示。

表 3-1　常用压电材料的性能指标

压电材料	形状	压电系数 /($\times10^{-12}$C/N)	相对压电系数 ε_r	居里点温度/℃	密　度 /($\times10^3$kg/m^3)	机械品质因数
石英 α-SiO_2	单晶	$d_{11}=2.3$(电轴) $d_{14}=0.727$	4.6	573	2.65	10^5
钛酸钡 $BaTiO_3$	陶瓷	$d_{33}=190$ $d_{31}=-78$	1700	约 120	5.7	300
锆钛酸铅 PZT	陶瓷	$d_{33}=71\sim590$ $d_{31}=-100\sim-230$	460～3400	180～350	7.5～7.6	65～1300
钛酸锶铋	陶瓷	16	165	500	—	—
铌镁酸铅	陶瓷	800	—	570	—	—
硫化镉 CdS	单晶	$d_{33}=10.3$ $d_{31}=-5.2$ $d_{15}=-14$	10.3 9.35	—	4.82	—
氧化锌 ZnO	单晶	$d_{33}=12.4$ $d_{31}=-5.0$ $d_{15}=-8.3$	11.0 9.26	—	5.68	—
聚二氟烯 PVF	延伸薄膜	$d_{31}=6.7$	5	约 120	1.8	—
复合材料 PVF_2-PZT	薄膜	$d_{31}=15\sim25$	100～120	—	5.5～6	—

(3) 压电加速度传感器的工作原理　压电加速度传感器的结构一般有纵效应型、横效应型和剪切效应型三种，其中纵效应型是最常见的一种，其结构原理和力学模型见图 3-2。

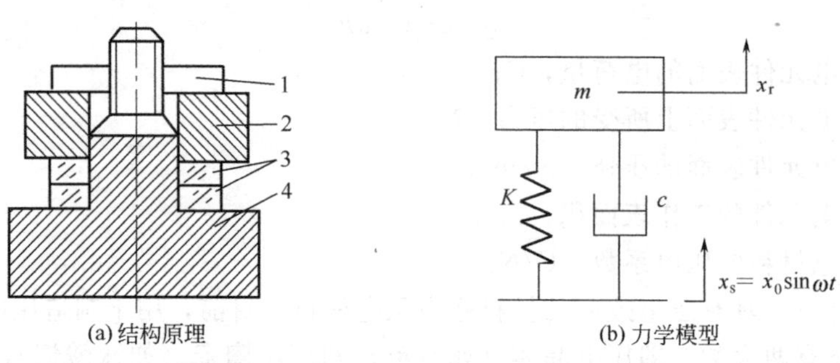

图 3-2　纵效应型压电加速度传感器的结构原理及其力学模型

1—螺母；2—质量块；3—压电元件；4—基座

在图 3-2(b) 中，设质量块的上下运动轨迹为坐标 x 的方向，静平衡位置为坐标原点，壳体运动为 x_s，并取质量块相对于传感器壳体的运动为 x_r。

可求得 $x_r = A\sin(\omega t - \phi)$，则压电元件表面上的电荷量为

$$q=\alpha F=\frac{\alpha K_y}{\omega_n^2}\times\frac{a}{\sqrt{(1-\lambda^2)^2+4\zeta^2\lambda^2}}\sin(\omega t-\phi)$$

$$=S_q a\frac{1}{\sqrt{(1-\lambda^2)^2+4\zeta^2\lambda^2}}\sin(\omega t-\phi) \tag{3-2}$$

式中　ω_n——系统固有频率，rad/s；

λ——频率比；

ζ——阻尼比；

K_y——压电元件的弹性系数；

a——传感器壳体运动的加速度幅值，mm/s^2。

此即为压电加速度传感器的动态响应，其中 $S_q = \alpha K_y/\omega_n^2$ 为其电荷灵敏度，只取决于传感器本身的结构参数。

当 $\lambda \ll 1$，即 $\frac{\omega}{\omega_n} \ll 1$ 时，$\frac{1}{\sqrt{(1-\lambda^2)^2+4\zeta^2\lambda^2}} \rightarrow 1$，此时有

$$q=S_q a\sin(\omega t-\phi) \tag{3-3}$$

从上式看出，当被测振动体的运动频率远低于传感器的固有频率时，压电元件表面的电荷量与传感器壳体（被测物体）的振动加速度幅值成正比，这就是压电加速度传感器的工作原理。

由式(3-2) 可作出压电加速度传感器的动态响应特性曲线，如图 3-3 所示，当阻尼比 $\zeta=0.6\sim0.7$时，在 $\lambda=0\sim0.4$ 的范围内，加速度传感器的相对灵敏度为 1，其相频特性近似一直线，从而保证了测试结果不发生波形畸变，因此，$\zeta=0.6\sim0.7$ 是加速度传感器所要求的理想阻尼系数。

压电加速度传感器的固有频率很大，理论上其幅频特性没有下限，但实际上，由于受前置放大电路以及后续测试仪表的限制，其低频响应极限不能为 0Hz，而一般为 2～10Hz。

2. 测量电路

压电式传感器的测量电路（即前置放大器）有两个作用：一是把压电式传感器的高阻抗

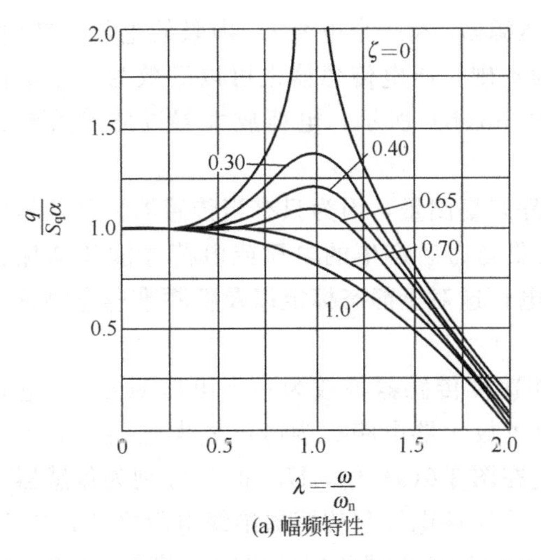

(a) 幅频特性

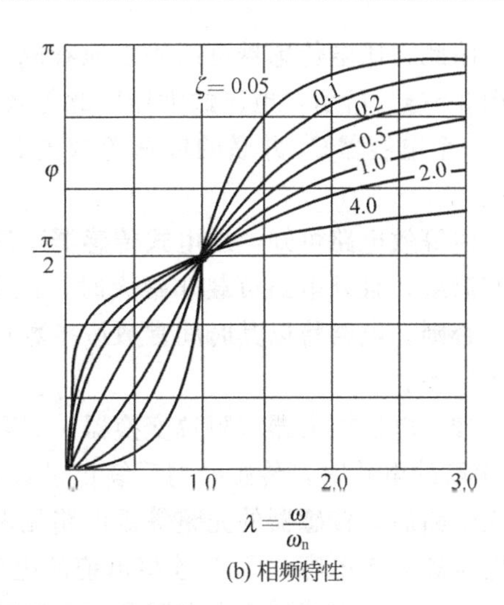

(b) 相频特性

图 3-3　传感器的动态响应特性曲线

输出变换为低阻抗输出，即进行阻抗变换；二是把压电式传感器输出的微弱信号放大。目前，用于压电式传感器的测量电路有两种形式，一种是用电阻反馈的电压放大器，其输出电压与传感器的输出电压成正比。另一种是带电容反馈的电荷放大器，其输出电压与传感器的输出电荷成正比。下面分析这两种前置放大器电路。

(1) 传感器的等效电路　把压电传感器看成一个静电荷发生器，当传感器中的压电晶体因受力而变形时，在它的两个极面上就会产生电量相等、极性相反的电荷，如图 3-4(a) 所示。另外，也可以把它看成是两极板上聚集异性电荷、中间为绝缘体的电容器，如图 3-4 (b) 所示。电容器的电容可表示为

$$C_a=\frac{\varepsilon_r\varepsilon_0 A}{\delta} \tag{3-4}$$

式中　C_a——传感器的等效电容，F；

ε_r——压电材料的相对介电常数；

ε_0——空气的介电常数，$\varepsilon_0=8.85\times10^{-12}$ F/m；

A——电极板面积，m^2；

δ——压电材料的厚度，m。

一旦压电元件两极板上存在异性电荷时，两极板上就呈现出一定的电压，可表示为

$$U_a=\frac{q}{C_a} \tag{3-5}$$

式中　q——极板上存在的电荷量，C；

U_a——两极板间的电压，V。

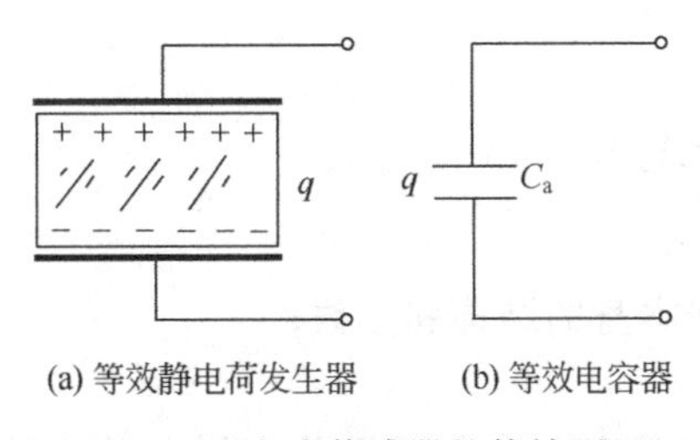

(a) 等效静电荷发生器　(b) 等效电容器

图 3-4　压电式传感器的等效原理

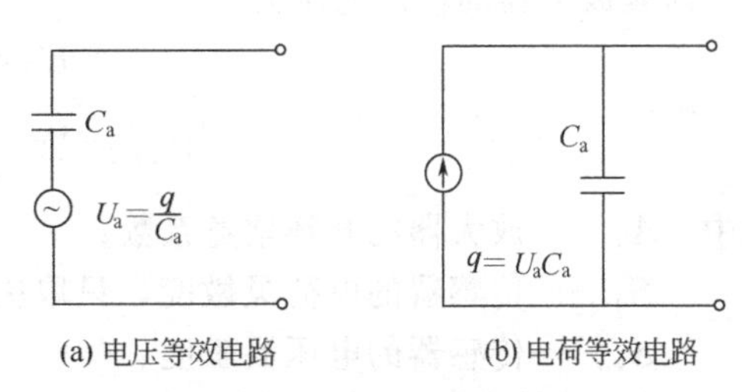

(a) 电压等效电路　(b) 电荷等效电路

图 3-5　压电式传感器的等效电路

因此，压电传感器可以等效地看成一个电压源 U_a 和一个电容 C_a 串联的电压等效电路，如图 3-5(a) 所示，电压放大器以此等效电路为基础；压电传感器也可以等效为一个电荷源 q 和一个电容器 C_a 并联的电荷等效电路，如图 3-5(b) 所示，电荷放大器以此等效电路为基础。

由等效电路可知，压电式传感器不适合于静态量测量，因为只有当传感器内部信号电荷没有泄漏，且外电路负载非常大时，压电传感器受力后产生的电压或电荷才能长期保存下来，否则，电路将以其时间常数按指数规律放电，这对于静态标定以及低频准静态测量必然产生误差。

(2) 电压放大器（阻抗变换器） 当压电加速度传感器等效为一个电压源 U_a 与电容器 C_a 串联的电路时，传感器与后续记录设备的前置放大器电路称为电压放大电路，引入电压放大电路后，传感器的完整等效电路见图 3-6。在图 3-6(a) 中，U_a 和 C_a 分别为传感器的等效电压和等效电容，C_c 为连接电缆的电容，R_c 为连接电缆与传感器绝缘电阻之和，R_i 和 C_i 分别为电压放大器的输入电阻和输入电容，R_f 为电压放大器的反馈电阻。将 R_c 和 R_i 合并，C_c 与 C_i 合并，可将图 3-6(a) 所示的等效电路进一步简化为图 3-6(b)，电压放大器的输入电压为

$$U_i=\frac{jR\omega q}{jR\omega(C_a+C)+1} \tag{3-6}$$

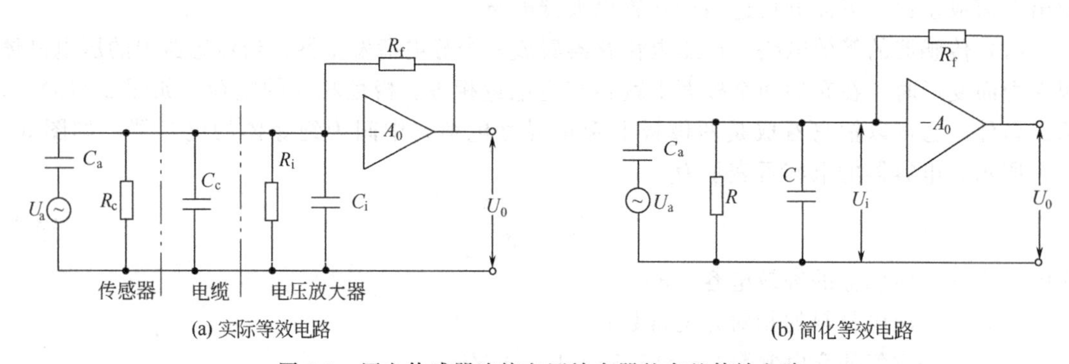

(a) 实际等效电路　　(b) 简化等效电路

图 3-6 压电传感器连接电压放大器的完整等效电路

则 U_i 与 U_a 间有如下关系

$$|U_i|=\frac{R\omega C_a}{\sqrt{1+\omega^2R^2(C_a+C)^2}}|U_a| \tag{3-7}$$

而 U_i 超前于 U_a 为

$$\varphi=\arctan\frac{1}{\omega R(C_a+C)} \tag{3-8}$$

前置放大器的输出电压为

$$U_0=-A_0U_i$$

故

$$|U_0|=A_0\frac{S_q}{C_a+C}a=A_0S_va \tag{3-9}$$

式中 A_0——放大器的开环增益系数；

S_q——传感器的电荷灵敏度，只取决于传感器本身的结构和参数；

S_v——传感器的电压灵敏度。

(3) 电荷放大器 电荷放大器实际上是一个具有深度电容负反馈的高增益放大器，它

将高内阻的电荷源转换为低内阻的电压源，输出电压与输入电荷成正比，其输入阻抗很高，而输出阻抗很低，一般小于 100Ω。电荷放大器与压电传感器联接后的完整等效电路见图 3-7。

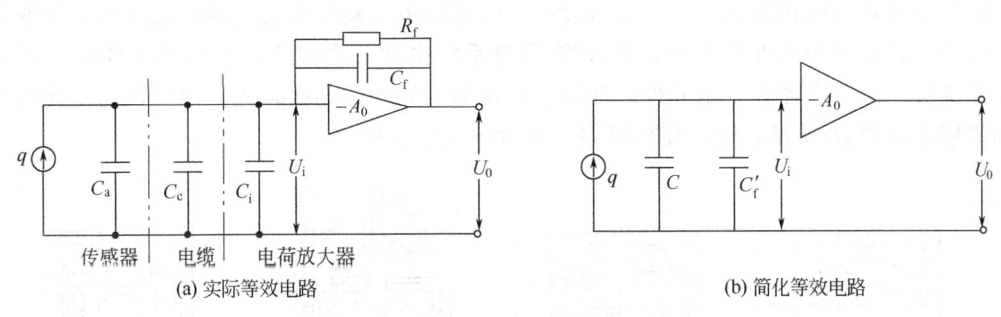

图 3-7　压电传感器与电荷放大器联接后的完整等效电路

将图 3-7(a) 所示的实际等效电路进一步简化为图 3-7(b)，由此可得放大器的输入端电压 U_i 为

$$U_i=\frac{q}{(C_a+C_c+C_i)+(1+A_0)C_f} \tag{3-10}$$

放大器的输出电压 U_0 为

$$U_0\approx-\frac{q}{C_f} \tag{3-11}$$

此时，放大器的输出电压与输入电荷成正比，与反馈电容成反比，而与传感器的等效电容 C_a、电缆电容 C_c 以及放大器的输出电容无关。正是因为这个显著特点，使电荷放大器获得了比电压放大器更为广泛的应用。

(4) 两种前置放大器的比较　电压放大器和电荷放大器这两种前置放大器，它们各有优缺点。电压放大器具有电路简单、元件少、价格便宜、工作可靠等优点，但不足之处是电缆长度对传感器测量精度的影响较大，这对压电式传感器的应用具有一定程度的限制；而电荷放大器在一定条件下其放大倍数不受电缆电容的影响，它克服了电压放大器上述的缺点，因而当采用电荷放大器进行放大时，连接电缆可以长达数百米，甚至更长而不必重新标定。因此，在绝大多数情况下都优先选用电荷放大器。但电荷放大器也有它的缺点，比如价格较贵，电路较复杂，调整也比较困难。

3. 压电加速度传感器的结构

压电元件大致有厚度变形、长度变形、体积变形和厚度剪切变形四种，它们受力和变形方式的不同见图 3-8。与此四种变形方式相对应，理论上应有四种结构的传感器，但实际最常见的是基于厚度变形的压缩式和基于剪切变形的剪切式两种，其中压缩式压电传感器最为

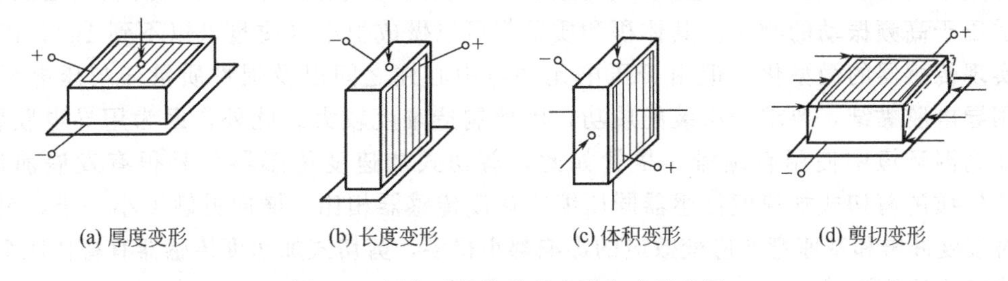

图 3-8　压电元件的受力变形方式示意图

常用。

图 3-9 是四种压缩式加速度传感器的典型结构。

图 3-9(a) 为周边压缩式加速度传感器，它通过硬弹簧对压电元件施加预压力。这种形式的传感器优点是结构简单，而且灵敏度高，但对噪声、基座应变、瞬时温度冲击等的影响比较敏感，这是因为其外壳本身就是弹簧-质量系统中的一个弹簧，它与具有弹性的压电元件并联连接。由于壳体和压电元件之间的这种机械上的并联连接，壳体内的任何变化都将影响到传感器的弹簧-质量系统，使传感器的灵敏度发生变化。

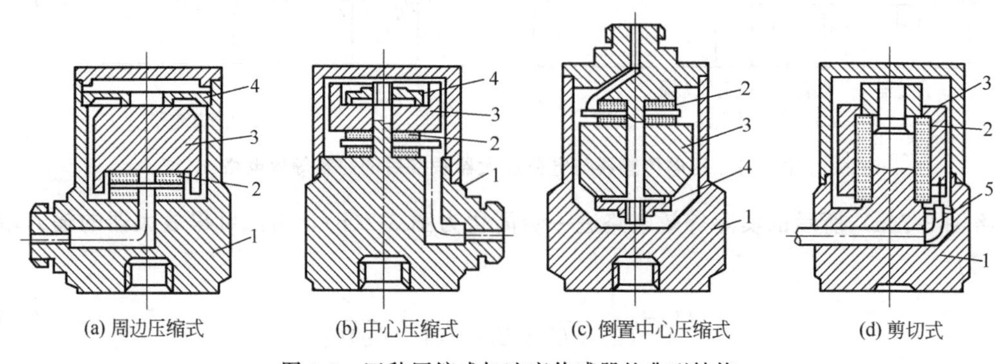

图 3-9 四种压缩式加速度传感器的典型结构

1—基座；2—压电元件；3—质量块；4—预紧弹簧；5—输出引线

图 3-9(b) 所示为中心压缩式加速度传感器，因为弹簧、质量块和压电元件用一根中心柱牢固地固定在基座上，而不与外壳直接接触（此处外壳仅起保护作用），因此它不仅具有周边压缩式灵敏度高、频响宽的优点，而且克服了其对环境敏感的缺点。但它也受安装表面应变的影响。

图 3-9(c) 是倒置中心压缩式加速度传感器，它避免了基座应变引起的误差，这是由于中心柱离开了基座。但壳体的谐振会使传感器的谐振频率有所下降，从而降低了传感器的频响范围。此外，这种形式的传感器加工装配也比较困难。

图 3-9(d) 是剪切式加速度传感器，它的底座如同一根圆柱向上延伸，管式压电元件（极化方向平行于轴线）套在这根圆柱上，压电元件上再套上惯性质量环。剪切式加速度传感器的工作原理是：当传感器感受到向上的振动时，由于惯性的作用使质量环保持滞后，这样会在压电元件中出现剪应力而发生剪切变形，从而在压电元件的内外表面上产生电荷，其电场方向垂直于极化方向。如果某瞬时传感器感受到向下的运动，则压电元件的内外表面上的电荷极性将与前次相反。这种结构形式的传感器灵敏度大、横向灵敏度小，且能减小基座应变的影响。又由于弹簧-质量系统与其外壳分离，因此，噪声和温度冲击等环境因素对其影响也较小。此外，剪切式传感器具有较高的固有频率，所以其频响范围很宽，特别适用于高频振动的测量。其体积和质量都可以做成很小（质量可以不到 1g），因此有助于实现传感器的微型化。但由于压电元件与中心柱之间以及惯性质量环与压电元件之间要用导电胶黏结，要求一次装配成功，因此制造难度较大。此外，因为用导电胶黏结，所以在高温环境中使用有困难。尽管如此，剪切式加速度传感器仍是很有发展前途的。目前，优质的剪切式加速度传感器同压缩式速度传感器相比，横向灵敏度小一半，灵敏度受瞬时温度冲击和基座弯曲应变效应的影响都小得多，剪切式加速度传感器有替代压缩式加速度传感器的趋势。

4. 压电加速度传感器的性能指标

压电加速度传感器主要性能指标有以下几点。

(1) 频响范围　是指传感器的幅频特性为水平线的频率范围，一般测量的上限频率取传感器固有频率的 1/3。频响范围越宽越好，它是加速度传感器的一个最重要的指标。

(2) 灵敏度　分电荷灵敏度 (S_q) 和电压灵敏度 (S_v) 两种。电荷灵敏度 S_q 是传感器输出电荷与所承受的加速度之比 (C/g)。电压灵敏度 S_v 则是传感器输出电压与所承受的加速度之比 (mV/g)，它们之间有如下的关系式：$S_q=S_vC_a$。传感器的灵敏度越高，越便于检测微小信号。

(3) 温度范围　传感器的一个重要指标，要求越宽越好。

(4) 最大横向灵敏度　是指传感器的最大灵敏度在垂直于主轴的水平面的投影值，以主轴方向的灵敏度的百分比表示，要求越小越好。

(5) 测量范围　是指传感器所能测量的加速度大小，要求越大越好。

此外，使用时还需要考虑传感器的质量、尺寸以及输出阻抗等因素，一般越轻、越小越好。表 3-2 是部分压电加速度传感器的性能指标。

5. 加速度传感器使用注意事项

使用压电加速度传感器时，测量结果的真实性会受到很多因素的影响，产生测量误差，这些因素有环境因素、安装因素以及传感器本身的特性。下面分析这些因素及使用加速度传感器时需要注意的问题。

(1) 湿度的影响　环境湿度会对压电式传感器性能产生很大影响，因为环境湿度增大，会使传感器的绝缘电阻 (泄漏电阻) 减小，从而使传感器的低频响应特性变坏。因此，传感器的有关部分的绝缘一定要有保证，要选用聚四氟乙烯、聚苯乙烯、陶瓷等绝缘性能好的材料。此外，零件表面粗糙度 Ra 值要低，在装配前要用酒精清洗所有的零件并烘干，传感器的输出端要保持清洁干燥，以免尘土积落受潮后降低绝缘电阻。对那些长期在潮湿环境或水下工作的传感器，应采取防潮密封措施，在容易漏气或进水的输出引线接头处用聚氟塑料加以密封。

(2) 温度的影响　周围环境温度的变化将影响压电材料的压电系数、介电常数，会使传感器的灵敏度发生变化。但不同的压电材料，其受温度变化的影响程度不同，石英常用于标准传感器是因为石英晶体对温度不敏感，在常温范围内，甚至温度变至 200℃时，石英的压电系数和介电常数几乎不变，在 200～400℃的范围内也变化不大。而温度对压电陶瓷的压电系数和介电常数的影响则大得多，为了提高压电陶瓷的温度稳定性和长期稳定性，一般要进行人工老化处理。

温度还会影响压电材料的电阻率以及电路元件、连接电缆的耐温特性的测量结果等。

(3) 电缆噪声　压电式传感器信号电缆一般多采用柔软的具有良好挠性的小型同轴导线，电缆受到突然的扰动或振动时，自身会产生噪声。由于压电式传感器是电容性的，所以在低频 (小于等于 20Hz) 时其内阻抗极高 (上百兆欧)，这样，电缆里产生的噪声不会很快消失，以致进入前置放大器，成为一种干扰信号。

电缆噪声是由电缆自身产生的。普通的同轴电缆是由多股绞线组成的，聚乙烯或聚四氟乙烯材料作绝缘保护层，由一个编织的多股镀银金属套套在绝缘材料上形成外部屏蔽，如图 3-10 所示。当机器扰动电缆使其弯曲振动时，电缆芯线和绝缘体之间以及绝缘体和金属屏蔽套之间就可能发生相对移动，以致它们彼此之间形成了空隙。由于相对移动，空隙中将因摩擦而产生静电感应，静电荷放电时将直接送到放大器中，形成电缆噪声。

表 3-2　部分压电加速度传感器的性能指标

传感器型号	灵敏度		最大横向灵敏度/%	频响范围(±3dB)	测量范围/g	使用温度/℃	质量/g
	S_v/(mV/g)	S_q/(C/g)					
501FS	0.7	—	5	0.3Hz～50kHz	±1000	−54～120	0.6～0.7
501	10±10%	—	5	2Hz～40kHz	±212	−54～120	1.8
501ER	2±15%	—	5	0.3Hz～45kHz	±1000	−54～120	2.0
505	10±10%	—	5	2Hz～25kHz	±212	−54～120	10
507	100±5%	—	5	2Hz～12kHz	±21	−54～120	35
507LF	10±5%	—	5	0.2Hz～12kHz	±212	−54～120	35
508B	10±5%	—	5	2Hz～30kHz	±212	−54～120	12
508S	0.1±5%	—	5	2Hz～20kHz	±10000	−54～120	12
601	—	3±20%	5	2Hz～15kHz	±10000	−20～80	约 2.7
607	—	100±10%	5	2Hz～5kHz	±1000	−20～140	43
608	—	50±10%	5	2Hz～7kHz	±1600	−20～140	35
608CF	—	50±20%	5	0.2Hz～7kHz	±500	−20～120	23
620HT	—	50±20%	5	2Hz～7kHz	±800	−20～250	32
707	100±15%	—	5	3Hz～10kHz	±15	−40～110	46
707IS	100±15%	—	5	3Hz～10kHz	±15	−40～110	49
707LF	100±20%	—	5	0.2Hz～5kHz	±15	−20～110	约 42
707Z	100±10%	—	5	3Hz～5kHz	±15	−20～100	约 160
708	10±15%	—	5	3Hz～12kHz	±150	−40～110	21
AS-020,AS-021,AS-022,ASA-020,ASA-021,ASA-022	100±5%	—	≤7	4Hz～10kHz(±0.5dB),1.5Hz～15kHz(±3dB)	±80	−22～120	70
AS-013	100±5%	—	≤7	1.5Hz～15kHz	—	—	380
4321	约 0.8	1±2%	—	0.1Hz～12kHz	—	—	55
4326	约 0.3	0.3	—	0.1Hz～13kHz	—	—	10
4370/81	约 8	10±2%	—	0.1Hz～4.8kHz	—	—	54/43
4371/84	约 0.8	1±2%	—	0.1Hz～12.6kHz	—	—	11
4374	约 0.18	约 0.11	—	1Hz～26kHz	—	—	0.65
4375	约 0.48	0.316±2%	—	0.1Hz～16.5kHz	—	—	2.4
4378/79	约 26	31.6±2%	—	0.1Hz～3.9kHz	—	—	175
4382/83	约 2.6	3.16±2%	—	0.1Hz～8.4kHz	—	—	17
4390	—	3.16±2%	—	0.3Hz～8.4kHz	—	—	17
4391	约 0.8	1±2%	—	0.1Hz～12kHz	—	—	16
4393	约 0.48	0.316±2%	—	0.1Hz～16.5kHz	—	—	2.4
8309	约 0.04	约 0.004	—	1Hz～54kHz	—	—	3
8315	约 2.5	10±2%	—	0.1Hz～8.1kHz	—	约 250	102
8317	—	3.16±2%	—	0.2Hz～7.5kHz	—	约 120	112
8318	—	316±2%	—	0.1Hz～1kHz	—	—	470
8319	—	1±2%	—	0.16Hz～11kHz	—	—	30
8324	约 0.55	1±2%	—	1Hz～9kHz	—	约 400	100

为减小电缆噪声常采用下述方法：一是选用特制的低噪声电缆，二是在测量过程中将电缆固定以避免相对运动（图 3-11）。

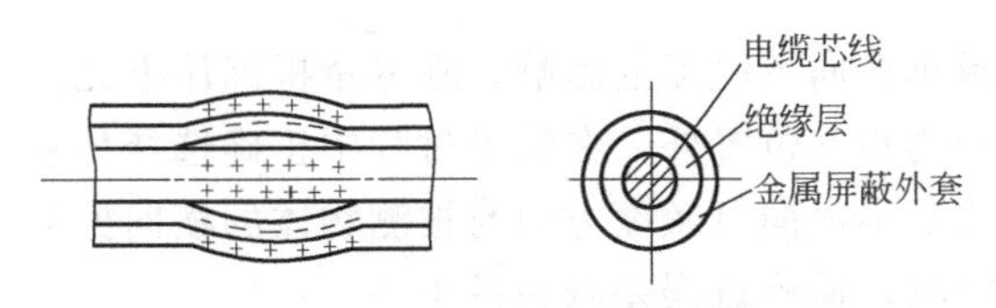

图 3-10　同轴电缆结构及电缆噪声的产生机理

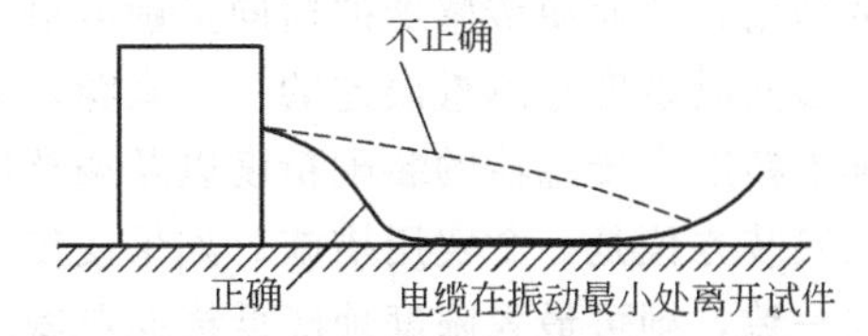

图 3-11　传感器连接电缆的正确固定

（4）接地回路噪声　在振动测试中，往往同时使用几台测量仪器，各仪器和传感器都应有接地线，如果接地点不同，如图 3-12(a) 所示，不同接地点之间易存在电位差 ΔU，该电位差会在接地回路中形成回路电流，这样在测量系统中就产生了噪声信号。防止接地回路中产生噪声信号的办法是整个测量系统在一点接地，见图 3-12(b)。此时由于没有接地回路，也就消除了回路电流和噪声信号。

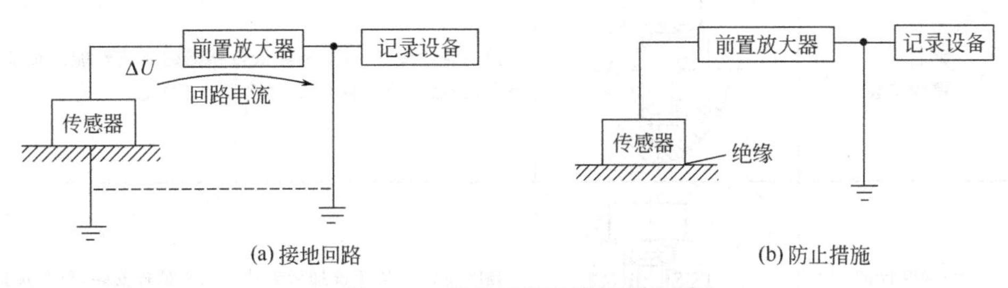

图 3-12　接地回路及防止措施

接地点最好选在记录设备的输入端。安装时要将传感器和放大器对地隔离，电气绝缘是传感器的简单隔离方法，应用绝缘螺栓和云母垫片将传感器与它所安装的构件绝缘。

（5）传感器横向灵敏度的影响　横向灵敏度是指传感器受到垂直于主轴方向的横向加速度作用时的灵敏度。加速度传感器只有当振动沿其主轴方向发生时才会有信号输出，这是最理想的工作状态。也就是说，传感器最大灵敏度的方向应该与传感器的主轴重合，而垂直于主轴方向的振动不应使传感器产生信号输出。但是，任何加速度传感器都做不到这一点，这主要有以下几个方面的原因：①压电材料性能的非均匀性；②压电片表面粗糙或两个表面不平行；③压电片表面有杂质或接触不良；④传感器安装不对称或安装基础不平。因此，传感器的最大灵敏度方向就不可能与主轴线完全重合。人们将传感器最大灵敏度在主轴线方向的投影称为主轴灵敏度，或基本灵敏度，简称灵敏度，而将最大灵敏度在垂直于主轴线方向的投影称为横向灵敏度，见图 3-13。

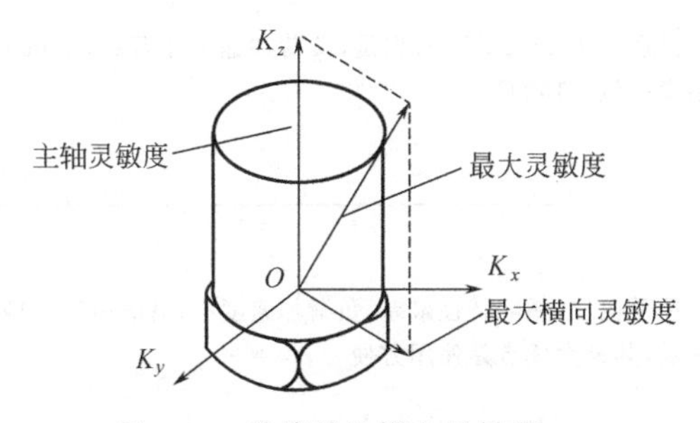

图 3-13　传感器的横向灵敏度

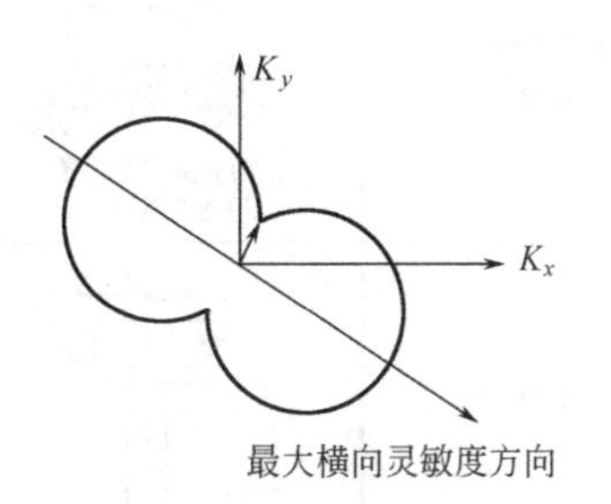

图 3-14　横向灵敏度的方向性

传感器的横向灵敏度是有方向性的，不同的方向，其横向灵敏度系数不同，见图 3-14。根据这一特点，在装配传感器时，只要精细地调整两片压电片的相互位置，就可以起互相补偿的作用，从而使传感器的横向灵敏度最小。

横向灵敏度是测量误差的一个来源，为了减小横向灵敏度的影响，除尽量提高压电元件的加工精度和传感器的装配精度以及调整压电片的相互位置外，在测量过程中正确选择传感器的安装方位是一个实用措施。如果使传感器的最小横向灵敏度方向与被测物体的横向振动方向一致，则可最大限度地降低横向灵敏度的影响，使测量误差减为最小。

（6）传感器安装方式的影响　安装方式是影响测量结果的重要因素，因为不同的安装方式对传感器频响特性的影响是不同的。表 3-3 给出了加速度传感器的几种常见的安装方式及各自的特点，以便安装时参考。

表 3-3　压电加速度传感器的安装方式及其特点

序号	安装方式	安装示意图	特　点
①	钢制双头螺栓安装	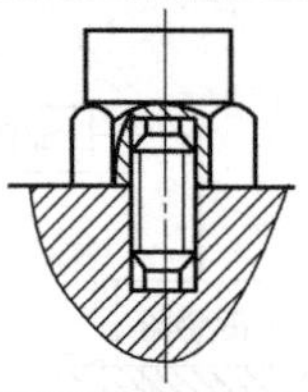	频响特性最好，基本不降低传感器的频响性能。负荷加速度最大，是最好的安装方法，适合于冲击测量
②	绝缘螺栓加云母垫片	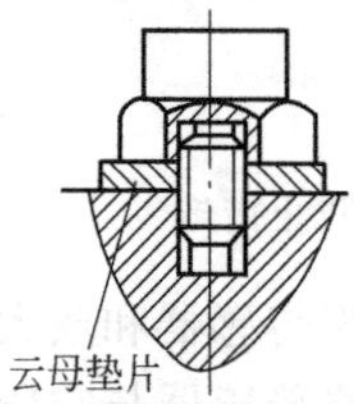 云母垫片	频响特性近似于没加云母片的双头螺栓安装，负荷加速度大，适合于需要电气绝缘的场合
③	用胶黏剂固定	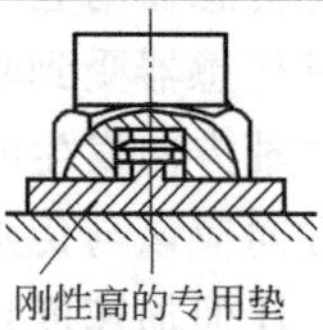 刚性高的专用垫	用胶黏剂固定，和绝缘法一样，频率特性良好，可达 10Hz
④	用刚性高的蜡固定	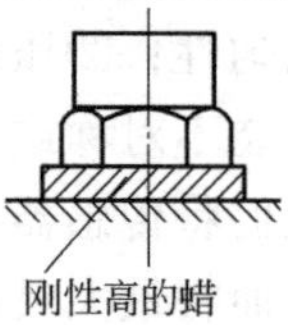 刚性高的蜡	频率特性好，但不耐温
⑤	永久磁铁安装	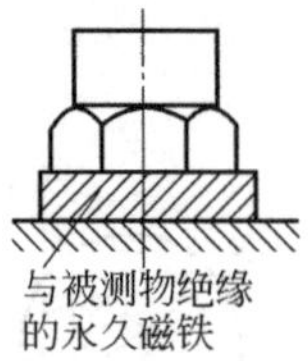 与被测物绝缘的永久磁铁	只适用于 1～2kHz 的测量，负荷加速度中等（＜200g），使用温度一般＜150℃
⑥	手持	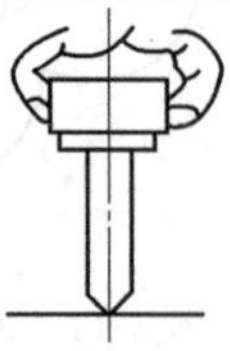	用手按住，频响特性最差，负荷加速度小，只适用于＜1kHz 的测量，其最大优点是使用方便

（二）振动位移传感器

电涡流传感器是20世纪中期研制成功的振动位移传感器，它利用导体在交变磁场作用下的电涡流效应，将变形、位移与压力等物理参量的改变转化为阻抗、电感、品质因素等电磁参量的变化。电涡流传感器的优点是灵敏度高、频响范围宽、测量范围大、抗干扰能力强、不受介质影响、结构简单以及非接触测量等，当今在各工业领域都得到了广泛的应用，如在汽轮发电机组、透平机、压缩机、离心机等大型旋转机械的轴振动、轴端窜动以及轴心轨迹监测中都有应用。此外，电涡流传感器还可用于测厚、测表面粗糙度、无损探伤、测流体压力、转速等一切可转化为位移的物理参量。

1. 电涡流传感器的工作原理

如图3-15所示，把一块金属导体放置在一个由通有高频电流的线圈所产生的交变磁场中，由于电磁感应的作用，导体内将产生一个闭合的电流环，此即“电涡流”。电涡流将产生一个与交变磁场相反的涡流磁场 H_2 来阻碍原交变磁场 H_1 的变化，从而使原线圈的阻抗、电感和品质因素都发生变化，且它们的变化量与线圈到金属导体之间的距离 x 的变化量有关，于是就把位移量转化成了电量，这就是电涡流传感器的工作原理。

2. 系统组成与传感器结构

如图3-16所示，典型的电涡流传感器系统主要包括传感器（又称探头）、延伸电缆和前置放大器三部分。根据使用场合不同，可将延伸电缆与探头做成一体（不带中间接头）；随着微电子技术水平的提高，也有将前置放大器直接放在传感器内部的。目前使用的传感器系统，仍以由三部分组成的情况为最多。配置一套测量系统时，可选探头的型号较多，而延伸电缆和前置放大器是根据探头来配套的，型号变化较少。

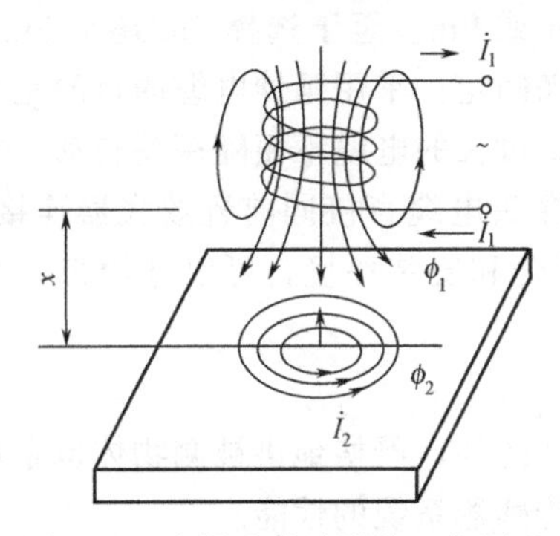

图3-15　电涡流传感器的工作原理

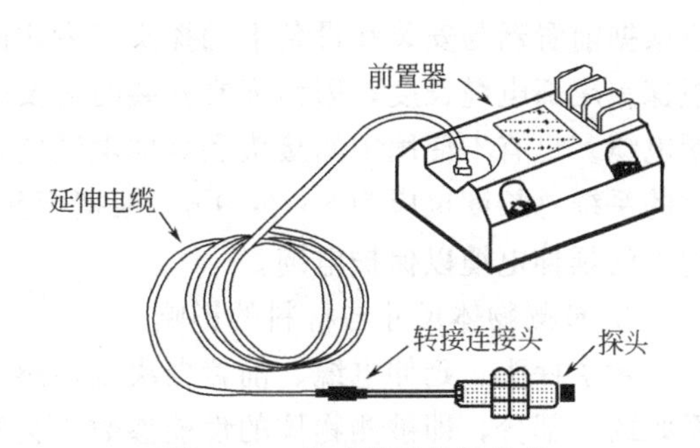

图3-16　传感器系统的组成

（1）探头如图3-17所示，一套典型的探头通常由线圈、头部、壳体、高频电缆、高频接头组成。线圈是探头的核心，在整个传感器系统中它是最敏感的元件，线圈的物理尺寸和电气参数决定传感器系统的线性量程以及探头的电气参数稳定性。

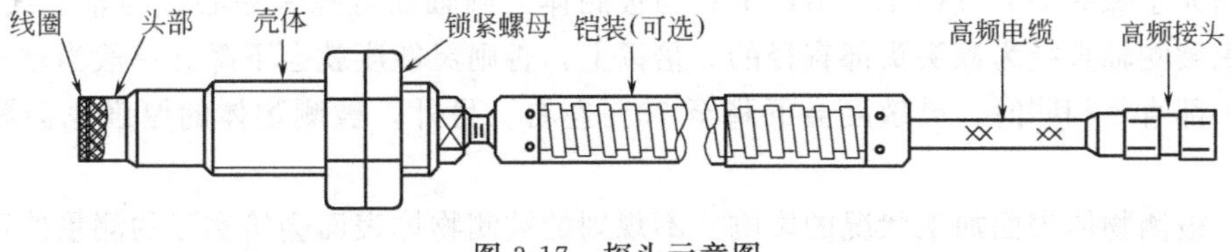

图3-17　探头示意图

国产传感器头部一般采用耐高低温的PPS工程塑料，进口传感器（如Bently公司）则采用经过特殊处理的聚亚苯基硫，通过“二次注塑”工艺将线圈密封在其中。这种工艺增强了探头头部的强度和密封性，在恶劣环境中可以保障头部线圈可靠工作。头部直径取决于其内部线圈直径，由于线圈直径决定传感器系统的基本性能——线性量程，因此通常用头部直径来分类和表征各种型号探头，一般情况下传感器系统的线性量程大致是探头头部直径的1/4～1/2 。常用传感器的头部直径有ϕ5mm、ϕ8mm、ϕ11mm、ϕ25mm几种。探头壳体用于支撑探头头部并作为探头安装时的装夹结构。壳体采用不锈钢制成，一般上面加工有螺纹，并配有锁紧螺母。螺纹分公制螺纹（如ϕ8mm传感器的螺纹为M10×1）和英制螺纹（如ϕ5mm传感器的螺纹为1/4″-28牙），以适应不同的应用和安装场合。

传感器尾部电缆是用氟塑料绝缘的射频同轴电缆，它通过特制的中间接头连接到延伸电缆，再通过延伸电缆与前置放大器相连。一般传感器总长（包括尾部电缆）有0.5m、0.8m、1m等。

(2) 前置放大器　简称前置器，它是一个电子信号处理器：一方面前置器为探头线圈提供高频交流电源，早期产品通常为－24VDC，近几年的新产品通常为－18VDC；另一方面，前置器感受探头前端由于金属导体靠近引起的探头参数变化，经过处理，产生随探头端面与被测金属导体间隙线性变化的输出电压或电流信号。目前前置放大器的输出有两种方式：一种是未经进一步处理的、在直流电压上叠加交流信号的“原始信号”，这是进行状态监测与故障诊断所需要的信号；另一种是经过进一步处理得到的4～20mA或1～5V的标准信号。前置放大器要求具有容错性，即电源端、公共端（信号地）、输出端任意接线错误不会损坏前置器；同时具有电源极性错误保护、输出短路保护。

(3) 延伸电缆　用聚氟塑料绝缘的射频同轴电缆，用于连接探头和前置放大器，长度需要根据传感器的总长度配置以保证系统总的长度为5m或9m。至于选择5m还是9m系统，应根据前置器与安装在设备上的探头二者之间的距离来确定。采用延伸电缆的目的是为了缩短探头尾部电缆长度，因为通常安装时需要转动探头，过长的电缆不便随探头转动，容易扭断电缆。也有不使用中间接头和延伸电缆的情况（即探头电缆直接同前置放大器连接），这时的系统总长度也应为5m或9m。根据探头的使用场合和安装环境，可以选用带有不锈钢铠甲的延伸电缆以保护电缆。

3. 被测物体尺寸与材料的影响

除了探头、延伸电缆、前置器决定传感器系统的性能外，严格地讲被测物体也是传感器系统的一部分，即被测物体的性能参数也会影响整个传感器系统的性能。

(1) 被测物体性能的影响　被测物体的厚度也会影响测量结果。在被测物体中电涡流场作用的深度由频率、材料电导率及磁导率决定。

(2) 被测物体尺寸的影响　探头线圈产生的磁场范围是一定的，在被测物体表面形成的涡流场也是一定的。试验表明，当被测面为平面时，以正对探头中心线的点为中心，被测面直径应当大于探头头部直径1.5倍以上；当被测体为圆轴而且探头中心线与轴心线正交时，一般要求被测轴直径为探头头部直径的3倍以上，否则灵敏度就会下降。一般当被测面大小与探头头部直径相同时，灵敏度会下降至70%左右。另外，被测物体的厚度也会影响测量结果。

(3) 被测物体表面加工状况的影响　不规则的被测物体表面会给实际的测量值造成附加误差，特别是对于振动测量，这个附加误差信号与实际的振动信号叠加在一起，往往很难进行分离，因此被测物体表面应该光洁。通常对于振动测量表面粗糙度Ra要求在0.4～

0.8μm 之间，一般需要对被测面进行珩磨或抛光；对于位移测量，由于指示仪表的滤波效应或平均效应，可稍放宽，一般表面粗糙度 Ra 不超过 0.8～1.6μm。

(4) 被测物体材料的影响　传感器特性与被测物体的电导率和磁导率有关，当被测物体为导磁材料（如普通钢、结构钢等）时，由于磁效应和涡流效应同时存在，而且磁效应与涡流效应产生的磁场方向相反，要抵消部分涡流效应，使得传感器感应灵敏度降低；而当被测物体为非导磁或弱导磁材料（如铜、铝、合金钢等）时，由于磁效应弱，相对来说涡流效应要强，因此传感器感应灵敏度要高。

因为大多数的汽轮机、鼓风机等设备的转轴都是用 40CrMo 材料或者与之相近的材料制造，因此传感器系统一般都用 40CrMo 材料做出厂校准，当被测物体的材料与 40CrMo 成分相差很大时，则需重新进行校准，否则可能造成较大的测量误差。

(5) 被测物体表面镀层的影响　被测物体表面的镀层对传感器测量的影响，相当于改变了被测物体材料，镀层的材质不同，传感器灵敏度会发生变化。如果镀层均匀，且厚度大于涡流渗透深度，则将传感器按镀层材料重新校准，不会影响使用，否则应考虑镀层的影响。

(6) 被测物体表面残磁效应的影响　电涡流效应主要集中在被测物体表面，由于加工过程中形成的残磁效应，以及淬火不均匀、硬度不均匀、结晶结构不均匀等都会影响传感器性能，API670 标准推荐被测物体表面残磁不超过 0.5μT。当需要更高的测量精度时，应该用实际被测物体进行校准。

4. 探头的安装

安装探头时，应注意以下问题。

(1) 各探头间距离　探头头部线圈中的电流会在头部周围产生磁场，因此在安装时要注意两个探头的安装距离不能太近，否则两探头之间会互相干扰（图 3-18），在输出信号上叠加两探头的差频信号，造成测量结果的失真，这种情况称之为相邻干扰。

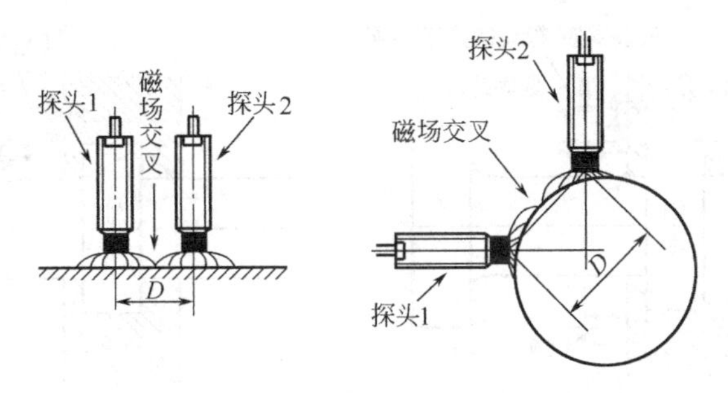

图 3-18　各探头间的距离

相邻干扰与被测物体的形状，探头的头部直径以及安装方式等有关。通常情况下探头之间的最小距离见表 3-4。

表 3-4　各种型号探头之间最小距离　单位：mm

探头头部直径 ϕ	两探头平行安装距离 D	两探头垂直安装距离 D
5	40.6	35.6
8	40.6	35.6
11	80	70
25	150	120
50	200	180

（2）探头与安装面之间的距离　探头头部发射的磁场在径向和轴向上都有一定的扩散。因此在安装时，就必须考虑安装面金属导体材料的影响，应保证探头的头部与安装面之间不小于一定的距离，工程塑料头部要完全露出安装面，否则应将安装面加工成平底孔或倒角，其具体要求见图 3-19。

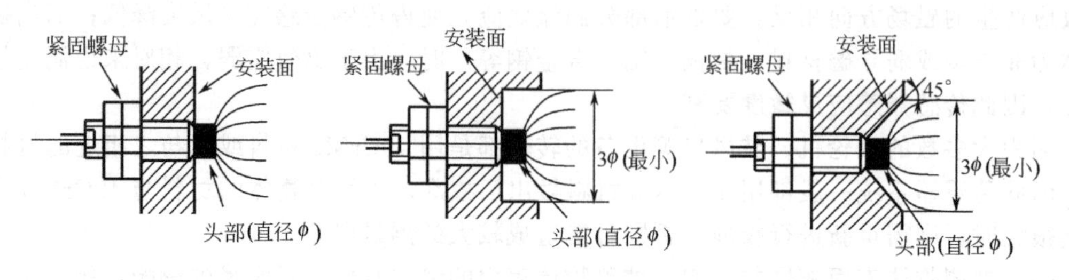

图 3-19　探头头部与安装面的距离

（3）探头安装支架选择　实际的测量值是被测物体相对于探头的相对值，而需要的测量结果是被测体相对于其基座的，因此探头必须牢固地安装在基座上，通常需要用安装支架来固定探头。对于不同的测量要求和不同的结构，安装支架的形状和尺寸多种多样，常用的有机器内部探头安装支架和机器外部探头安装支架。

① 机器内部探头安装支架　在机器内部安装探头，对规格要求比较灵活。内部安装探头时通常采用角型支架，但在设计加工角型支架时，应保证支架的刚度，否则会由于支架的振动造成附加误差（图 3-20）。另一种常见的机器内部探头安装支架如图 3-21 所示。这种支架的结构便于调整探头安装间隙：当探头与被测面间隙调整到合适位置时，拧紧固定螺栓，即可将探头安装间隙锁定。这种安装支架还可有效地防止由于振动而造成的探头松动。

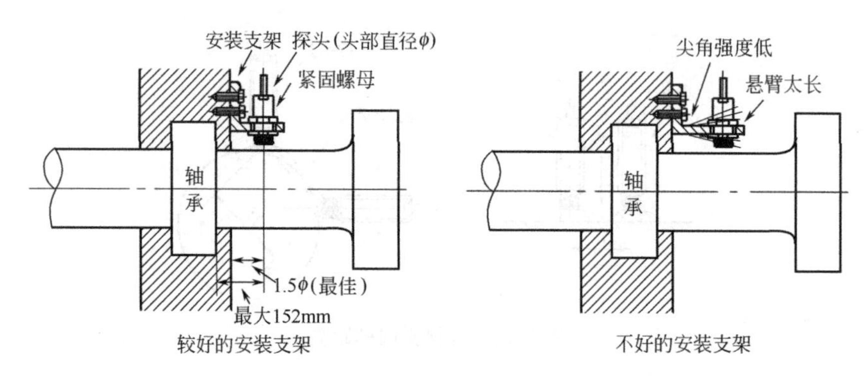

图 3-20　探头安装支架的影响

② 机器外部探头安装支架如图 3-22 所示，采用专用的安装支架组件通过机器的外壳（如轴承盖）将探头固定，这种安装的好处是不必打开机壳就可以调整探头安装间隙、拆卸或者更换探头，另外这种专用的安装支架可以起到电缆密封保护作用，不需另外的电缆密封装置。轴向位移通常采用双探头同时测量，当两探头并列测量同一轴端面时，可以采用类似于图 3-22 的双探头安装支架组件通过机器的外壳将探头固定。这种支架组件的结构可以在机器外面分别调整每个探头的安装间隙、拆卸或者更换探头，这种装置同样也能起到电缆密封保护作用，不需另外的电缆密封装置。

（三）振动速度传感器

在机械故障的振动诊断方法中，振动速度也是一个经常需要观测的物理参量，因为振动速度与振动能量直接对应，而振动能量常常是造成振动体破坏的根本原因。

压紧槽
探头安装螺纹孔(螺纹规格同探头)
固定螺栓孔
图 3-21　内部探头安装支架

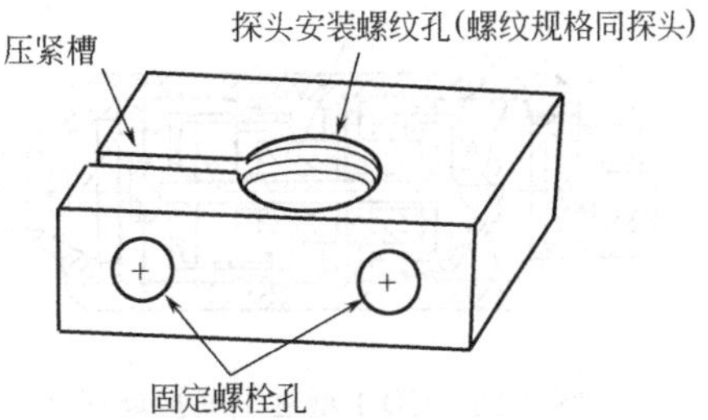

磁电式速度传感器是典型的振动速度传感器，但由于该类型的传感器在结构上一般都大而笨重，给使用带来了许多不便；其频响范围又很有限，加之振动速度可由振动位移微分或由振动加速度积分而得到，因此，用磁电式速度传感器进行振动速度的直接测量在实际工作中并不多见。

1. 磁电式速度传感器的工作原理

接头密封保护
电缆密封组件
接线盒
机壳
支撑杆
(螺纹可选)
安装支架
电缆固定架
探头
被测轴
图 3-22　机器外部双探头安装支架

磁电式速度传感器的工作原理见图 3-23。测试时，将传感器与被测物体固接，传感器因被测物体振动激振而作强迫振动，质量块带动导体在磁场中运动，因切割磁力线而产生感生电动势，感生电动势的大小可根据电磁感应定律求得

$$E=-Blv \tag{3-12}$$

式中　E——感生电动势，V；

B——磁场强度，T；

v——导体切割磁力线的速度，m/s。

负号表示感生电动势的作用是阻碍原始磁通的变化。由上式可知，感生电动势的大小与导体切割磁力线的速度成正比。

在图 3-23 中，取传感器质量块 m 相对于被测振动体的相对运动 x_r 为广义坐标，并取静平衡位置为坐标原点。假定被测振动体的运动为 $x=x_0\sin\omega t$，由此可得质量块相对运动方程为

$$x_r=A\sin(\omega t-\varphi) \tag{3-13}$$

当 $\lambda\gg1$，即 $\frac{\omega}{\omega_n}\gg1$ 时

$$x_r=A\sin(\omega t-\varphi)\approx x_0\sin\omega t=x_s$$

K
C
m
x_r
$x_s=x_0\sin\omega t$
S N S N
图 3-23　磁电式速度传感器模型

灵敏度S_q
2
10
1k
f/Hz
图 3-24　磁电式振动速度传感器的典型响应曲线

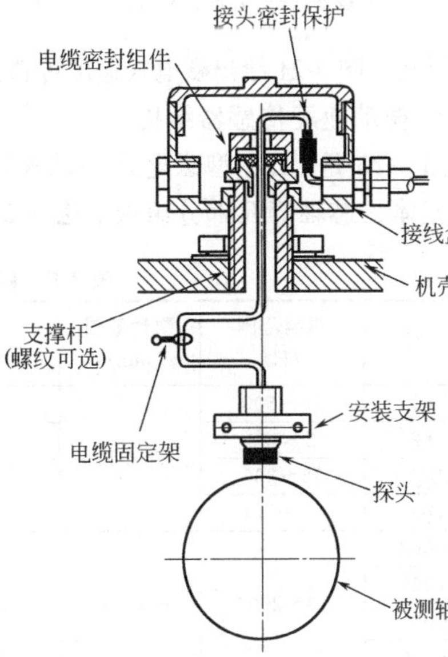

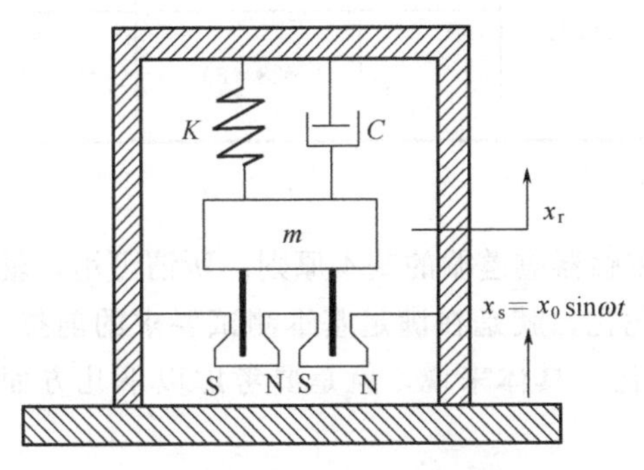

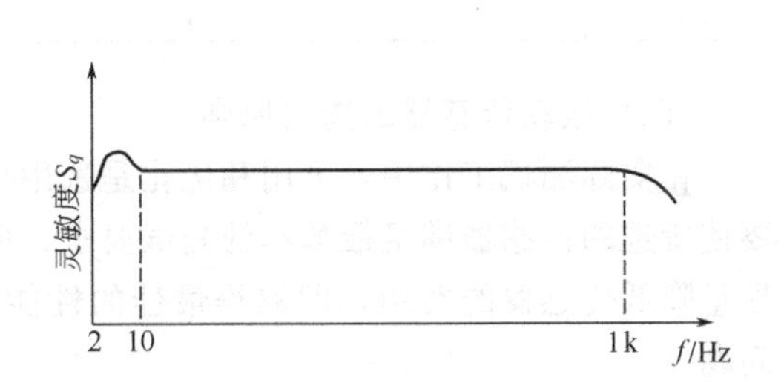

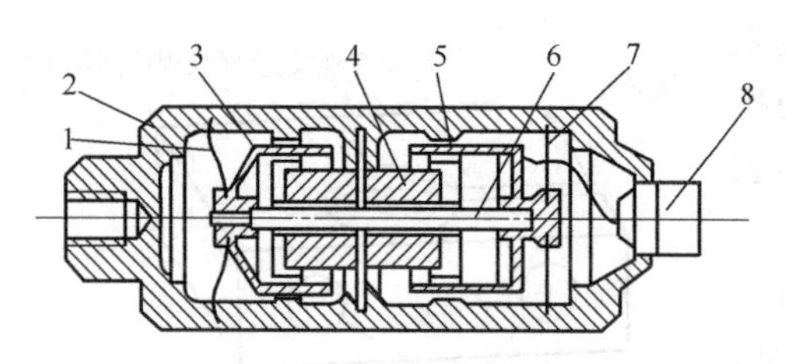

图 3-25　CD-1 型磁电式振动速度传感器的结构原理图

1,7—簧片；2—壳体；3—阻尼环；4—磁钢；5—线圈；6—芯轴；8—输出接线座

即 $v_r = x_0\omega\cos(\omega t-\varphi)=v_s$，说明传感器中质量块的相对振动与传感器基座即被测振动体的运动同步，两者的速度相同，而传感器质量块相对于传感器基座的相对运动速度即是导体切割磁力线的速度，因此，传感器中感生电动势的大小也与被测振动体的运动速度成正比，这就是磁电式速度传感器的工作原理。

磁电式速度传感器是一个低固有频率的传感器。理论上，这种形式的传感器只有频响下限，而实际上，磁电式速度传感器的频响上限也同样受到限制。图 3-24 给出磁电式速度传感器的典型响应曲线，其频响范围一般为 10Hz～2kHz。

2. 振动速度传感器结构

图 3-25 是 CD-1 型磁电式振动速度传感器结构原理图，传感器由弹簧片、阻尼环、线圈、壳体、芯轴等几部分组成。表 3-5 是常用磁电式振动速度传感器及其性能指标参数。

表 3-5　磁电式速度传感器及性能指标

型　号	频响范围/Hz	测量范围/(mm/s)	灵敏度/(mm/s)	振幅范围/mm	精度/%	尺寸/(mm×mm)	质量/kg
CD-1	10～500	7～310	60.4	±1	≤10	ϕ45×160	0.7
CD-2	2～500		30.2	±1.5	≤10	ϕ50×160	0.8
CD-3	15～300		16～32	0.01～1	≤10	ϕ37×65	0.35
CD-3	—		—		约 15	—	—
VS-068	10～2000	—	100%±5%	±0.45	—	ϕ38×75	约 0.5
VS-069							
VS-071		—			—		—
VS-070		—	75%±2%		—		—
VS-077	20～2000	—	75%±2%	±1	—	ϕ38×75	约 0.5
VS-078		—			—		—
T-78		—			—	ϕ38×69	—
VS-079		—	70%±6%		—	ϕ38×80	约 0.5
VS-80		—	75%±2%		—	ϕ38×70	约 0.33
VS-177	10～2000	—			—	ϕ38×85	约 0.5
VS-168	10～2000	—	100%±5%	±0.45	—	ϕ38×75	约 0.33
VS-169		—			—		约 0.5
T-68		—			—	ϕ38×69	约 0.33
T-70H							
T-70V							

（四）振动传感器的选用原则

在实际测试工作中，可用和优化是选用振动传感器应遵循的基本原则。所谓可用，就是要使所选的传感器满足最基本的测试要求；所谓优化，就是在满足基本测试要求的前提下，尽量降低传感器的费用，即取得最佳的性能价格比。具体来说，就是要考虑以下几方面的问题。

1. 线性范围

任何传感器都有一定的线性工作范围，线性范围越宽，则表明传感器的工作量程越大。

量程是保证传感器有用的首要指标，因为超量程测量不仅意味着测量结果的不可靠，而且有时还会造成传感器的永久损坏。因此，必须保证传感器在线性范围内工作，即不超出其测量量程。

2. 频响范围

一个机械振动信号往往是由许多频率不同的信号叠加而成，其频率分布可能很宽，因此要求用于振动测试的传感器的频响特性（指在所测频率范围内，传感器的输出能够真正反映被测参数而不失真）要好，也就是要求其幅频特性的水平范围尽可能宽，相频特性为线性。同时还要求其频率下限应尽可能地低，以检测缓变的机械振动信号；其频率上限应尽可能地高，以检测高频冲击信号。一个传感器往往很难同时满足这两个要求，因此，在选用传感器前，应该对被测振动信号的频率构成情况有个初步的估计，并结合振动测试的目的，确定出优先要求的指标是低下限频率，还是高上限频率。所选传感器的工作频响范围应覆盖整个需要测试的信号频段并略有超出，但也不要选用频响范围过宽的传感器，因为这样会增加传感器的费用，同时无用频率信号的引入还会增加后续信号分析处理工作的难度，甚至得出错误的结论。

3. 灵敏度

一般而言，传感器的灵敏度越高越好，以便检测微小信号。但还要考虑以下几个问题：首先灵敏度越高，传感器混入外界噪声也会变得越容易，这就要求传感器要有高的信噪比，以有效地抑制噪声信号；再者，在确定传感器的灵敏度时，还要与其测量范围结合起来考虑，应使传感器工作在线性区。

4. 稳定性

传感器的稳定性表示经过长期使用以后，其输出特性不发生变化的性能，它有两方面的含义，即时间稳定性和环境稳定性，其中环境（温度、湿度、灰尘、电磁场等因素）稳定性是任何传感器都要考虑的问题，要保证传感器工作在其允许的环境条件下以避免降低传感器的性能。对于那些用于水下、高温、易爆等特殊工况的传感器，还要考虑其相应的技术性能以免发生危险。至于时间稳定性，则是用于长期工况监测的传感器所要重点考虑的问题。

5. 精确度

传感器的精确度是影响测试结果真实性的主要指标，它表示其输出与被测物理量的对应程度。传感器能否真实地反映被测量值，对整个测试系统具有直接影响。但也并不是要求精度愈高愈好，这主要是因为传感器的精度与其价格对应，精度提高一级，传感器的价格将成倍增长，因此，应从实际需要出发来选用。首先应该明确测试工作的目的是定性分析还是定量分析，如果是属于比较性的定性研究，由于只需得到相对比较值，而无需得到高精度的绝对值，此时可选择低精度的传感器；而对于那些需要精确地测量振动参量绝对值的场合，则要选用高精度的传感器。此外，确定传感器的精度时还要与整个的测试系统综合起来考虑，对于同一测试系统中的设备，应尽量使它们属同一精度等级，以优化测试成本。

6. 测量方式与使用场合

传感器的测量方式也是选用传感器时应考虑的重要因素。对运动部件的测量一般应采用非接触测量方式。因为对运动部件的接触测量有许多实际困难，诸如测量头的磨损、接触状态的变动、信号的采集等问题都不易妥善解决，也容易造成测量误差。这种情况下采用电容式、电涡流式等非接触传感器比较方便。

另外，采用的传感器也应随测试对象的不同与使用场合的不同而有变化。例如对大型设备、高精度设备、价值高的设备和关键设备，测试时往往选用精度高，稳定性好的传感器；对一旦工作失灵会造成重大影响的监测系统和长期连续工作的监测系统，应重点考虑传感器的稳定性；高温场合应重点考虑传感器的耐温性能；强电磁干扰场合，不应选用磁电式或霍尔元件传感器等。

7. 其他因素

传感器的外形尺寸、质量、可换性等也是选用传感器时需要考虑的因素。

二、磁带机

用于记录振动信号的仪器有很多，如光线示波器、电子示波器、笔式记录仪、磁带机以及数据采集器等。目前在机械故障诊断领域获得广泛应用的主要是磁带机和数据采集器两种，它们各有其特点和应用场合。

磁带记录技术具有可回放性，其记录方式也灵活多样，另外能记录较长时间的过程，记录频响范围较宽（可达 20kHz 以上），因而在振动测试领域得到了广泛的应用。磁带记录器（俗称磁带机）按其记录方式的不同，可分为模拟式和数字式两大类，其中，模拟式磁带机具有结构简单、成本较低、连续工作时间相对较长、频响范围较宽等优点，在中国应用较多。

与普通家用录音机、录像机一样，磁带机记录信号是基于电磁转换原理。记录时，来自各种变换器的电信号经放大器放大后，送入记录磁头线圈，使运动中的磁带磁化，并以剩磁的形式储存在磁带上；重放时，由重放磁头将磁能转换为磁头线圈中的电信号，再经放大处理后输出。

1. 磁性记录的简单原理

如图 3-26 所示，磁性记录是利用铁磁性物质在外磁场作用下磁化后的剩磁来记录信号的。图 3-26(a) 所示是起始磁化曲线和剩余磁化曲线，从中可以看出，在外磁场撤销后，铁磁性物质因其磁化过程的不可逆性，其磁化强度不能回零而有剩磁。剩余磁化强度与原始磁场强度之间有一对应关系，故可用剩磁来表征原始磁场强度，这就是磁性记录的简单原理。

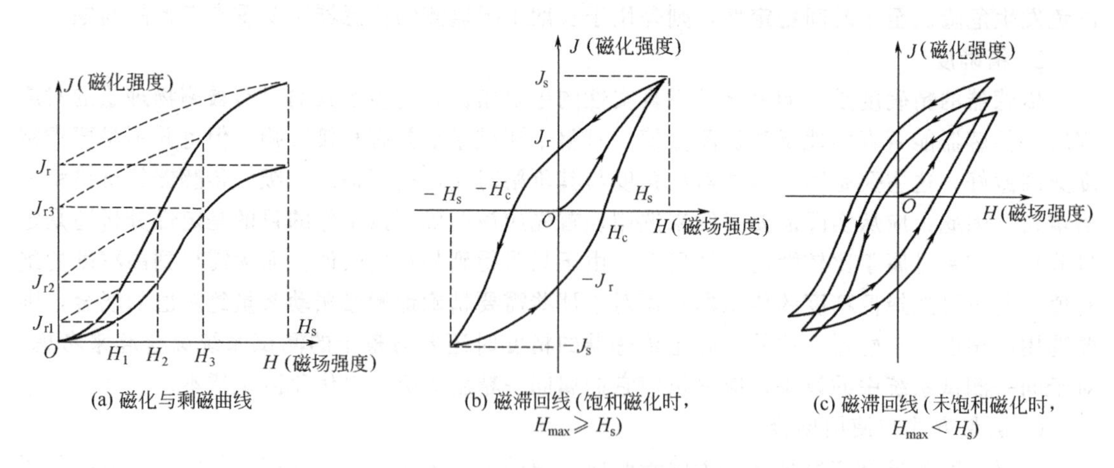

(a) 磁化与剩磁曲线　(b) 磁滞回线（饱和磁化时，$H_{max} \geqslant H_s$）　(c) 磁滞回线（未饱和磁化时，$H_{max} < H_s$）

图 3-26　磁化曲线与磁滞回线

而图 3-26(b) 和图（c）所示则是铁磁性物质在外磁场的交变作用下的磁化与剩磁曲线，即磁滞回线。图（b）是因饱和磁化而形成的一个封闭曲线，图（c）是因未饱和磁化而形成的一个开放曲线。下面是与磁性记录有关的几个名词。

(1) 矫顽力　矫顽力是使剩余磁化强度归零所需要的外磁场强度数值，其值越大，剩余磁化强度越不易归零，因此，矫顽力的大小表征了使物质消除剩磁的难易程度。故根据矫顽力可将物质分为硬磁性物质和软磁性物质。

(2) 饱和磁化和未饱和磁化　如图 3-26(b) 所示，饱和磁化是指外磁场强度增大到使物质进入技术饱和状态（即 $H_{max} \geqslant H_s$）而形成一个封闭的磁滞回线的磁化现象；如图 3-26(c) 所示，未饱和磁化是指外磁场强度尚未增大到使物质进入技术饱和状态的一种磁化现象，此时的磁滞回线是一未封闭曲线。

2. 磁带机的基本组成

不同型号的模拟式磁带机，在具体结构及性能指标上都有所不同，但它们的组成原理基本相同，即都是由磁头、放大器、运带系统三部分组成，其结构原理框图见图 3-27。

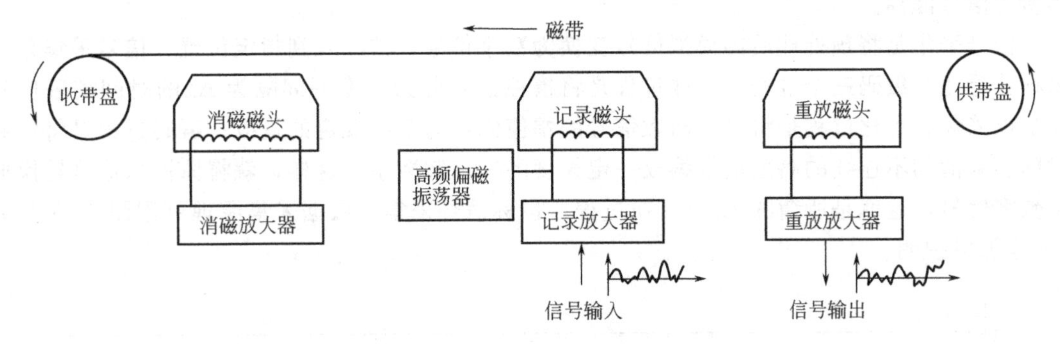

图 3-27　模拟式磁带机的基本构造原理框图

磁头是磁带机的磁电转换器，担负着将输入电信号转化为磁信号（记录磁头）或将磁带的磁信息转换为输出电信号（重放磁头）的任务，是磁带机的关键部件，其性能的好坏对整机性能影响极大；运带系统是实现磁带相对于磁头作恒速稳定运动的重要部件，也是决定磁带机总体性能指标的关键性部件之一；模拟式磁带机的放大器因机型的不同而不同。

3. 模拟式磁带机的性能指标

在实际工作中，人们主要关心如何来选用一台合适的磁带机为实际测试服务，所以对模拟式磁带机性能指标的了解非常必要。不同的制造商对产品的表征参数有所不同，甚至对磁带机的同一性能也会有不同的名称。因此，在实际选用时可能会碰到一些含义不明的参量，但要选到合适的磁带机，只要掌握了以下几个主要指标就可以了。

(1) 通道数　是指可供同时记录的信道数目，目前已知的产品有 4、7、8、9、14、28 道不等。

(2) 频响范围　是指磁带机记录的信号上限频率与下限频率之差值，各种模拟式磁带机的频响范围一般有很大差别。

(3) 信噪比 (S/N)　又称动态范围，是指记录给定信号时的重放信号有效值与输入端开路时重放输出噪声电压有效值的比值，以分贝 (dB) 表示。

(4) 极限频率　磁带机的极限频率是非常重要的性能指标，在很多情况下，磁带机是否适用往往取决于极限频率，包括下限频率和上限频率。其中下限频率决定了磁带机适于记录的最低信号频率，一般要求越低越好；而上限频率则决定了磁带机可记录的最高信号频率，同样，一般也要求越高越好。

此外，供电电源及体积、质量等也是经常需要考虑的。

三、数据采集器

现代信号处理技术中有一个必不可少的环节就是数据采集，不论采用什么方法记录下来的信号，都必须先经过 A/D 转换，将模拟信号转换为数字信号后，才能对其进行分析处理，当今高性能的数据采集器能在测试现场将输入模拟信号直接转换为数字信号并存储起来。数据采集器配上信号分析处理软件组成数据采集处理系统后，其性能价格比更高，在装备监测和故障诊断领域得到了更广泛的应用。

1. 数据采集的基本原理

数据采集包括信号预处理和信号采集两个过程，它将监测模拟信号转换成数字信号并送入分析仪器中，其核心是 A/D 转换器。

信号预处理是将模拟信号中有用的、能反映设备故障部位的症状信号留下，而将不是诊断所需信号滤掉。

信号采集是将预处理后的模拟信号变换为数字信号，并存入到指定位置。信号采集包括采样、量化与编码三个过程，采样过程是将模拟信号分为一系列间隔为 Δt 的时间离散信号并加以采集；量化过程是将这些离散信号的幅值修约为某些规定的量级；编码过程是将这些时间和幅值均不连续的离散信号编成一定长度的二进制数字。这样，就将原模拟信号转换成了数字信号，这就是所谓的 A/D 转换过程，也称信号采集。数据采集原理可用图 3-28 和表 3-6 来加以说明。

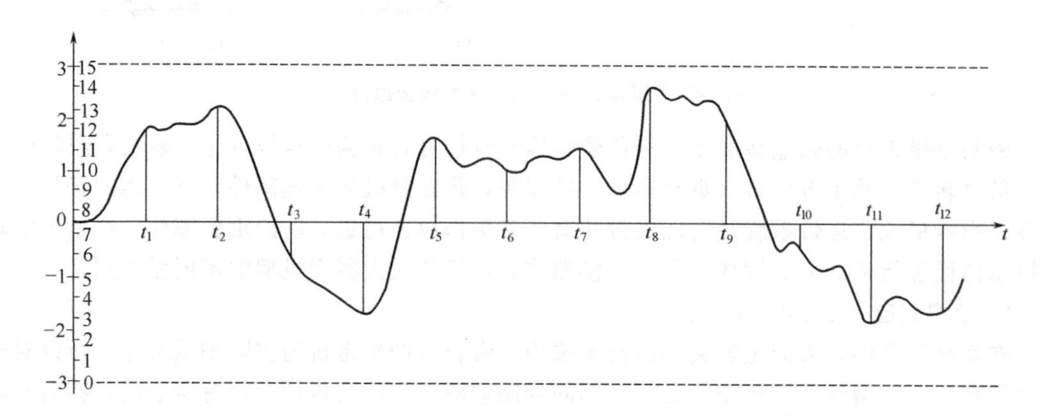

图 3-28 采样示意图

表 3-6 图 3-28 中信号的采样、量化与编码

序号	t_1	t_2	t_3	t_4	t_5	t_6	t_7	t_8	t_9	t_{10}	t_{11}	t_{12}
采样值	1.75	2.34	−0.65	−1.66	1.68	1.05	1.40	2.55	2.05	−0.5	−1.95	−1.73
量化值	1.80	2.20	−0.6	−1.80	1.80	1.0	1.40	2.60	2.20	−0.6	−1.80	−1.80
量化误差	0.05	−0.14	0.05	−0.14	0.12	−0.05	0	0.05	0.15	0.1	0.15	−0.07
编码值	12	13	6	3	12	10	11	14	13	6	3	3
二进制	1100	1101	0110	0101	1100	1010	1011	1110	1101	0110	0101	0101

2. 采样间隔和频率混淆

采样的基本问题是如何确定合理的采样时间间隔 Δt 以及采样长度，以保证采样所得的数字信号能真实地代表原来的连续信号。由图 3-28 可以看出，时间间隔 Δt 越小，离散化后的信号越能代表原模拟信号，当 $\Delta t \to 0$ 时，时间离散信号与原模拟信号几乎没有差别。因此，从减小采样误差的角度出发，希望 Δt 越小越好。然而，Δt 取得越小，相同时间长度段内取样个数越多，所需的计算机存储量和计算量就越大，后续信号分析工作量相应地也越大，即希望 Δt 越大越好；但反过来若 Δt 取得过大，会发生所谓的“频率混淆效应”。

下面从时域和频域两个方面来说明频率混淆效应。如图 3-29 所示，从时域上看，采样信号是由频率和振幅均不同的两个信号 $x_1(t)$ 和 $x_2(t)$ 组合而成，如果只在 t_1，t_2，t_3，t_4…点进行采样，就不能把 $x_1(t)$ 和 $x_2(t)$ 区别开来，这就是频率混淆效应。如图 3-30 所示从频域上看，假定组成信号的最高频率成分为 f_{max}，则由于有限长采样造成的能量泄漏，会使本该是单一谱线的频率成分分散开来，形成连续谱。该连续谱以采样频率 f_s 为周期构成周期谱，其中图 (a) 因 $f_s<2f_{max}$，而使得两个连续频谱发生重叠，如图阴影部分所示，显然，这样的频谱不能恢复原信号。图 (b) 因 $f_s>2f_{max}$，而使得相邻两个连续频谱能够很好地分隔开来，由这样的频谱图能够得到原信号。Shannon 采样定理给出了信号采样时应遵循的原则。

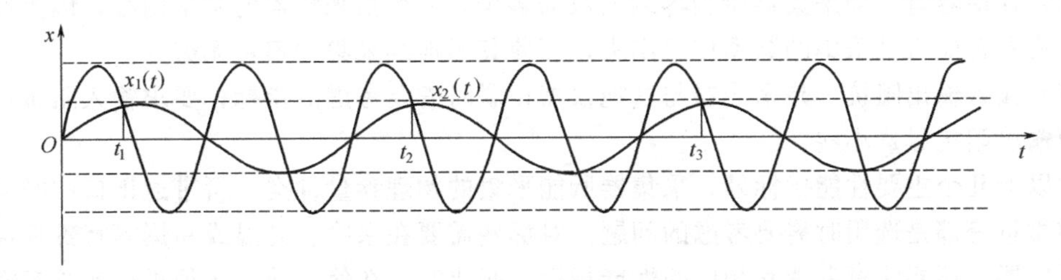

图 3-29　频率混淆的时域说明

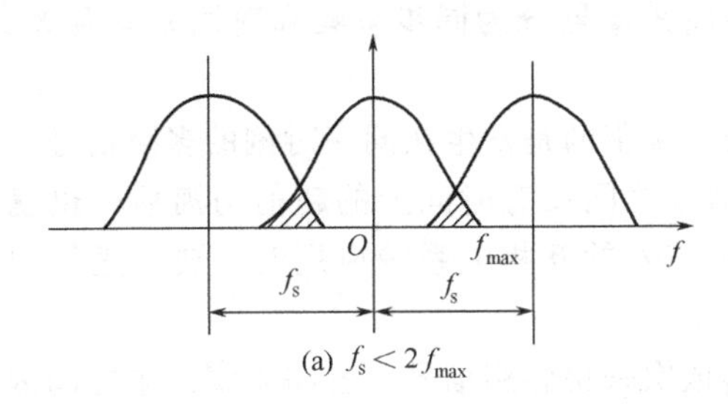

(a) $f_s<2f_{max}$

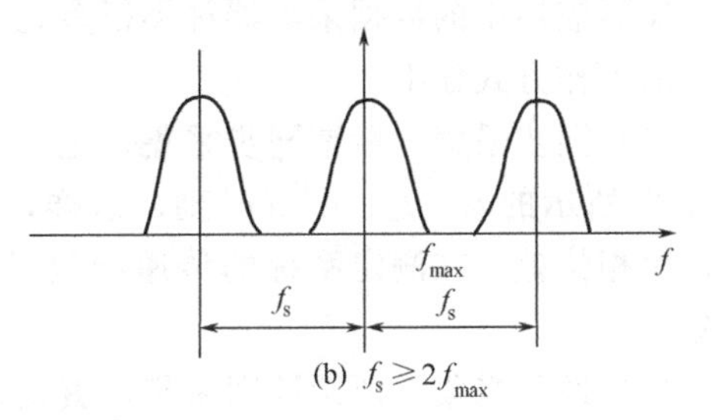

(b) $f_s\geqslant 2f_{max}$

图 3-30　频率混淆的频域说明

假定信号中的最高频率成分为 f_{max}，当采样频率 f_s 满足

$$f_s\geqslant 2f_{max} \tag{3-14}$$

则采样所得的信号能够很好地恢复到原信号而不致发生频率混淆现象，这就是 Shannon 采样定理内容。Shannon 采样定理是指导一切模拟信号进行时间离散化的准则，在模拟信号的数字化处理中占有极其重要的地位。

有时还要考虑信号在幅值离散化过程中的量化误差所带来的影响，量化误差的大小与 A/D 转换芯片的位长有关。

3. 数据采集器的主要性能指标

数据采集器的核心是 A/D 芯片，模拟信号的数字化工作是由 A/D 芯片来完成的，A/D 芯片有很多种，根据转换原理的不同，可分为逐次逼近式、双积分式等，下面介绍几个与数据采集器有关的名词，也即在选择数据采集器所要考虑的性能指标。

(1) 采样频率　是指采集器采集数据的快慢，单位为 Hz，其值越大越好。为实现灵活多样的采样需要，采样频率应该可调，且调节级数越多越好。

(2) 通道数　也就是指采集器可同时记录的信号路数，一般为1、2、4、8、16等。与通道数密切相关的是所谓“双端”和“单端”信号问题，双端信号即是以差分方式输入的信号，此时，每路信号占有两个入口；而单端信号则是指每路信号只占一个输入口，信号的另一端接成公共端（一般为地）。

(3) 信号输入　是指采集器所能采集的最大信号幅值，分为电压和电流两种。此时，有两个问题需要注意：一是信号的极性是单极性还是双极性；二是输入是指有效值还是峰值或其他。

(4) 分辨力　是指采集器感知信号幅值微小变化的能力，取决于A/D芯片的位长，位长越长，则分辨力越高，量化误差也越小。目前的采集器多为12bit，但也有分辨力更高的产品。

(5) 信噪比　是决定采集器动态范围的指标，单位为dB，要求越大越好。

(6) 存储容量　即采集器所能容纳的数据多少，一般指采集器的基本内存，因为绝大多数的采集器都能将其采集的数据传送出去，而使其不连续采集的容量无穷大。

(7) 输入输出阻抗　是采集器与其他仪器相联时需要考虑的指标，要求输入阻抗尽量大些，而输出阻抗尽量小些。

除以上几个主要性能指标外，采集器所能采集的物理参量种类、所带通讯口的类型以及体积和质量等都是选用时需要考虑的问题。对那些需要在寒冷、高温或易爆等特殊环境下使用的采集器，还要注意考虑其相应的性能指标，必要时，在使用前，还须进行实验考察。

4. 数据采集器的两种主要类型

实际应用中的数据采集器种类很多，一般可将采集器分为同步采集和巡回采集两大类，它们的工作方式如下。

(1) 同步采集　所谓同步采集，是指采集器所采集的是发生在同一时刻的多路信号，如图3-31所示的t_1、t_2、t_3等时刻，这样，多路信号之间没有时间上的超前与滞后，也就不会产生相位差。在测定系统的传递函数以及两路信号的互相关系等应用时，要求进行同步采集。

(2) 巡回采集　所谓巡回采集，就是采集器依次采集各路信号，各路采集结果之间因有时间上的超前与滞后而存在相位差，见图3-32。大多数应用场合只要求这种形式的采集。

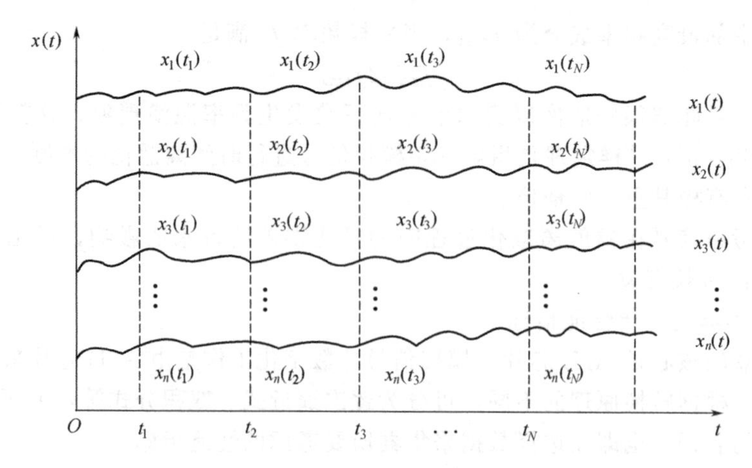

图3-31　同步采集示意图

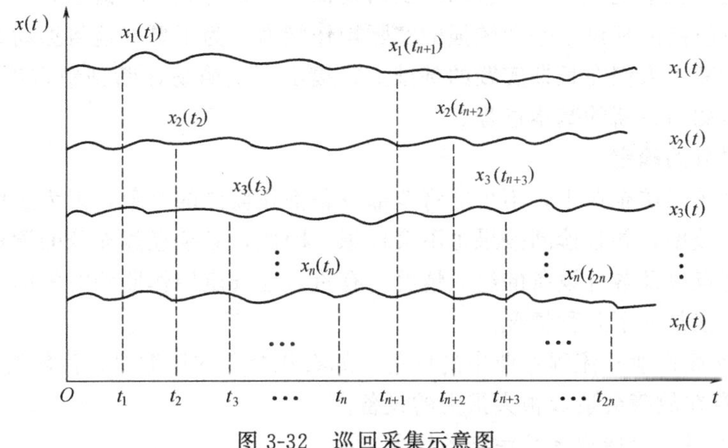

图 3-32　巡回采集示意图

在具体实现上，同步采集比巡回采集更困难，因而成本也相对较高。

四、信号分析与处理设备

机械振动信号经传感器拾取、信号调理、最后经记录设备记录下来以后，为得到所需的结论，还必须经过各种分析与处理。信号的分析与处理设备是进行各种数学运算的硬件设备。

信号分析与处理设备种类很多，性能各异。有的功能较为简单，有的功能则十分强大。目前，一般可将信号分析与处理设备分为通用型和专用型两大类。所谓通用型信号分析与处理设备，是指由通用计算机硬件和基于其上的信号分析与处理软件组成的系统；所谓专用型信号分析与处理设备，则是指除通用型之外的其他各种信号分析与处理设备。通用型信号分析与处理设备的各种功能都主要是靠软件实现的，而专用型信号分析与处理设备有部分功能是靠硬件实现的，如 FFT 功能。通用型设备与专用型设备并没有明显的差别，或者说，并不能从功能的强弱上将两者区别开。

早先的专用型设备在信号分析与处理的速度上具有一定的优势，但随着计算机软硬件技术突飞猛进的发展，这种优势已不复存在，相反，由于通用型设备能更快地享用计算机技术的最新成果，使得通用型设备不仅具有速度上的优势，在处理数据的容量等方面也更具优势。此外，通用型设备还具有组态灵活、造价较低等优点，所以近年来通用型设备发展更快，中国目前研制开发的机械设备故障诊断系统多为基于通用计算机的通用型的信号分析与处理系统。

目前，除极少数信号分析与处理设备只有数据形式的输出外，绝大多数系统都具有图形（二维/三维、单色/彩色）输出功能，使得信号处理的结果更加直观明了。

要根据实际工作的需要选用或研制信号分析与处理设备，从性能、价格、兼容性、使用环境、可扩充性和可靠性等多方面综合考虑，切不可盲目追求功能上的全与强，以免造成时间和金钱方面的浪费，甚至降低系统的可靠性。

第二节　振动诊断技术的实施过程

振动分析是一种十分有效的机械设备故障监测与诊断的方法，在现行机械设备故障诊断的整个技术体系中居主导地位。同时，振动分析方法也是一项非常复杂的技术手段，它涉及的内容非常广泛，包括机械振动、振动测试以及信号分析与处理等诸多方面，因此要求设备故障诊断人员有较高的理论水平和较强的实际操作能力。为了更好地将振动分析方法用于机械设备的故障诊断，人们在长期实践的基础上，提出了从简易诊断到精密诊断的诊断策略。本节讲述振动监测与诊断的基本过程。

一、诊断对象的确定

在一个大型的工矿企业中，不可能将全部设备都作监测的对象，因为这样会增加诊断工作量，降低诊断效率，并且诊断效果也不会理想。因此，必须经过充分的调查研究，根据企业自身的生产特点以及各种设备的组成情况，有重点地选定用作监测对象的设备。作为被监测对象的设备应该是如下几种情况。

① 一般是连续作业和流程作业中的设备，如石化企业的压缩机、汽轮机等。

② 停机或存在故障会造成很大损失的设备。

③ 故障发生后，会造成环境污染的设备。

④ 维修费用高的设备，如发动机。

⑤ 没有备用机组的关键设备。

⑥ 价格昂贵的大型精密和成套设备。

⑦ 容易造成人身安全事故的设备。

⑧ 容易发生故障的设备。

此外，在确定监测对象时，应尽量多地覆盖设备种类，在每种设备中选定一个至两个进行重点监测，以便取得关于该类设备的全部运行历程记录。

二、诊断方案的确定

在对诊断对象全面了解的基础上，接着就要确定具体的诊断方案。诊断方案正确与否，关系到能否获得必要充分的诊断信息，必须慎重对待。一个比较完整的现场振动诊断方案应包括下列内容。

1. 选择测点

选择最佳的测量点并采用合适的检测方法是获取设备运行状态信息的重要条件。真实而充分地检测到足够数量的能够客观地反映设备运行工况的信号是诊断成功的先决条件，如果所检测到的信号不真实、不典型或不能客观地、充分地暴露设备的实际状态，那么，后续的各种功能即使再完善也枉然。因此，测量点选择的正确与否，关系到能否对设备故障作出正确的诊断。

在开展振动诊断工作时，确定测量点数量及方向的总原则是：能对设备振动状态作出全面的描述；应是设备振动的敏感点；应是离机械设备核心部位最近的关键点；应是容易产生劣化现象的易损点。

对于一般的旋转机械，测轴振动和测轴承的振动是两种常见的振动测定方法。一般而言，对于非高速旋转体，以测定轴承的振动为主；而对于高速旋转体，则以测定轴的振动位移居多。这是因为高速时轴承振动的测定灵敏度有所下降。

在测轴承的振动时，测量点应尽量靠近轴承的承载区；与被监测的转动部件最好只有一个界面，尽可能避免多层相隔以减少振动信号在传递过程中因中间环节造成的能量衰减；测量点必须要有足够的刚度。

在测轴振动时，常见的有测轴与轴承座的相对振动和测轴的绝对振动（很少采用）两种方法。

从信号频段的角度来考虑，对于低频振动，应该在水平和垂直两个方向同时进行测量，必要时，还应在轴向进行测量；而对于高频振动，则一般只需在一个方向进行测量。这是因为低频信号的方向性较强，而高频信号对方向不敏感的缘故。

此外，在选择测量点时，还应考虑环境因素的影响，尽可能地避免选择高温、高湿、出风口和温度变化剧烈的地方作为测量点，以保证测量结果的有效性。

测量点一经选定，就必须进行标记，如打上样冲眼或加工出固定传感器的螺孔，以保证在同一点进行测量。有研究结果表明，在测高频振动时，由于测量点的微小偏移（几毫米），将会造成测量值相差几倍（高达6倍）。

2. 预估频率和振幅

振动测量前，应估计一下所测振动信号的频率范围和幅值大小，这对选择传感器、测量仪器和测量参数非常必要，同时防止漏检某些可能存在的故障信号。预估振动频率和幅值可采用下面几种方法。

① 根据积累的现场诊断经验，对设备常见故障的振动特征频率和振幅作一个基本估计。

② 根据设备的结构特点、性能参数和工作原理计算出某些可能发生的故障特征频率。

③ 广泛搜集诊断知识，掌握一些常用设备的故障特征频率和相应的幅值大小。

④ 利用便携式振动测量仪，在正式测量前对设备进行重点分块测试，找到一些振动烈度较大的部位，通过改变测量频段和测量参数进一步测量，也可以大致确定其敏感频段和幅值范围。

3. 测量参数的确定

在机械设备振动诊断工作中，位移、速度和加速度是三种可测量的幅值参数。在选择振动测量参数时应该考虑两方面的因素：一是振动信号的频率构成；二是主要的振动表象。

从频率角度来看，高频率信号常选加速度作为测量参数，低频率信号选位移作为测量参数，居于其间的选速度作为参数（最为常用）。因为对简谐振动而言，加速度 a、速度 v 和位移 x 三者之间存在如下的关系式

$$a=\omega v=\omega^2 x \tag{3-15}$$

式中　ω——简谐振动的频率，Hz。

由上式看出，加速度和速度的测定灵敏度随 ω 增大而相对提高。通常，三种测量参数的适用频段范围可参阅表3-7。

表3-7　按频带选定测量参数

测量参数	位　移	速　度	加　速　度
适用频带	0～10Hz	10Hz～1kHz	＞1kHz

对振动检测最重要的要求之一，就是测量范围应能包含所有主要频率分量的全部信息，包括不平衡、不对中、滚动体损坏、齿轮啮合、叶片共振、轴承元件径向共振、油膜涡动和油膜振荡等有关的频率成分，其频率范围往往远超过1kHz。很多典型的测试结果表明，在机器内部损坏还没有影响到机器的实际工作能力之前，高频分量就已包含了缺损的信息。为了预测机器是否损坏，高频信息是非常重要的。因此，测量加速度值的变化及其频率分析常常成为设备故障诊断的重要手段。

从振动的表象来看，应该根据不同的应用场合来选择相应的振动监测参数，见表3-8。

表 3-8 根据振动表象选择振动监测参数

测量参数	振动表象	应用场合
位　移	位移量或活动量异常	加工机床的振动、旋转轴的摆动
速　度	振动能量异常	旋转机械的振动
加速度	冲击力异常	轴承和齿轮的缺陷引起的振动

选择测量参数的另一个含义是振动信号的统计特征量的选用。有效值反映了振动能量的大小及振动时间历程的全过程，峰值只反映瞬时值的大小，同平均值一样，不能全面地反映振动的真实特性。因此，在大多数情况下，评定机械设备的振动量级和诊断机械故障，主要采用速度和加速度的有效值，只有在测量变形破坏时，才采用位移峰值。

4. 选择诊断仪器

除了质量和可靠性之外，在选择测振仪器时还要考虑如下两方面。

(1) 仪器应有足够宽的频率范围　要求记录的信号能覆盖所有重要的振动频率成分，一般范围是10Hz～10kHz。高频成分是一个重要信息，机械早期故障信号首先在高频中出现，低频段信号反映出异常时，故障已经发生了。所以，仪器的频率范围应能覆盖整个高低频段。

(2) 仪器要有好的动态范围　要求测量仪器在一定的频率范围内能保证对所有可能出现的振动数值有一定的显示（或记录）精度。仪器记录能够保证的数值精度范围称为仪表的动态范围。

5. 传感器的选择与安装

用于振动测量的位移、速度和加速度传感器，一般是根据所测量的参数类别来选用的：测量位移采用涡流式位移传感器；测量速度采用磁电式速度传感器；测量加速度采用压电式加速度传感器。有关传感器的选择和使用，请参阅本章第一节。

6. 做好其他相关事项的准备

应认真做好正式测量前的准备工作。为可靠地进行工作，最好在正式测量前做一次模拟测试，以检验仪器的状态和准备工作的充分程度。如检查仪器的电量是否充足，这是绝不能疏忽的“小事”，否则在现场会发生因仪器无电而迫使诊断工作中止的情况。还要准备好各种记录表格，做到“万事俱备”。

三、振动信号的测量

在确定了诊断方案之后，要根据诊断目的对设备进行各项相关参数测量。然后将测量到的振动信号进行校验，把真实数据储存起来。

1. 振动的测量

(1) 转轴的振动测量　测量转轴振动时，一般是测量轴颈的径向振动。通常是在一个平面内正交的两个方向分别安装一个探头，即两个测点相差90°。最常见的探头布置方式有两种：一是对于垂直剖分的轴承盖，一般采用水平方向（X探头）、垂直方向（Y探头）布置；二是对于水平剖分轴承盖，通常将两个探头分别安装在垂直中心线两侧45°处，也称为X探头和Y探头（图3-33）。

X探头和Y探头的布置通常是这样规定的：从原动机械看，X探头应该在垂直中心线的右侧，Y探头应该在垂直中心线的左侧。

实际应用中，只要安装位置可行，两个探头可安装在轴承圆周的任何位置，只要能够保证其90°±5°的间隔，都能够准确测量轴的径向振动。

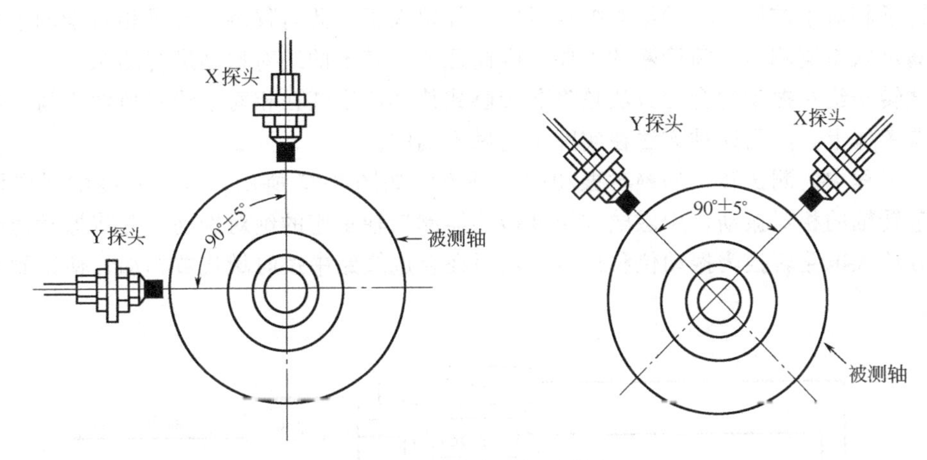

图 3-33 轴的径向振动测量

如图 3-34 所示，探头的安装位置应尽量靠近轴承，否则由于轴的挠度，得到的测量值将包含附加误差。推荐的探头安装位置与轴承的最大距离见表 3-9。径向振动探头的安装位置与轴承的距离要在 76mm 之内。

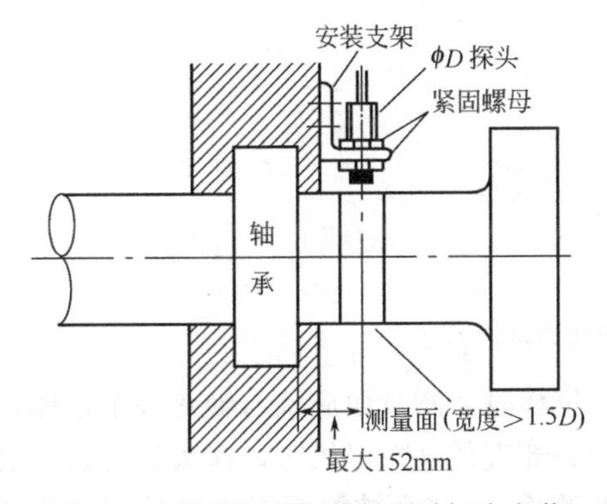

图 3-34 轴的径向振动测量时探头安装

表 3-9 轴径向振动探头与轴承的最大距离

测量轴承直径 ϕ/mm	最大距离 d/mm
0～76	25
76～508	76
>508	152

需要注意的是，如图 3-34 所示，探头中心线应与轴心线正交，探头监测的轴表面 1.5 倍探头直径宽度范围内，整个圆周面应无刻画痕迹或其他任何不连续的表面（如油孔或键槽等），且在这个范围内不能有喷镀金属或电镀，表面粗糙度应在 0.4～0.8μm 之间。

(2) 机壳（轴承座）的振动测量 一般需要测量三个互相垂直方向的振动，这是因为不同的故障在不同的测量方向上有不同的反映。例如不平衡故障在水平方向振动较为明显；而不对中故障常伴有明显的轴向振动。

影响机壳（轴承座）的振动测试因素较多，真实而充分地检测到反映设备振动情况的信号是监测与诊断工作的关键。如果所检测到的信号不真实、不典型或不能客观地、充分地反映设备的实际状态，就无法对故障作出正确的诊断。关于测点的选择已在前面阐述过。一些机械设备的测点位置、数量在相应的国家技术标准条款中有要求。

(3) 转子绝对振动检测 转子相对于轴承的振动是把非接触式电涡流传感器安装在轴承上测得的，由于轴承自身也在振动，因此测得转子相对于轴承的相对振动显然有一定的局限性。例如对于大型汽轮发电机组，由于转子质量非常大，转子相对于轴承的振动可能不是很大，但转子相对于惯性空间的绝对振动可能已经很大了。此时仅测得转子相对于轴承的振动并不能满足状态监测与故障诊断的需要，因此还要对转子的绝对振动进行测试。

测试转子绝对振动的合理方法是将非接触式传感器安装在相对于绝对惯性空间“静止不动”的参考体上。然而这种方法在实际中是做不到的。

实际工程中，测试转子的绝对振动的一种方法如图 3-35 所示，采用非接触式电涡流传感器测量转轴的相对振动，用磁电式速度传感器测量轴承座的绝对振动，并将振动速度信号通过积分放大电路转换为振动位移信号，然后在合成线路中按时域代数相加，便得到轴的绝对振动。

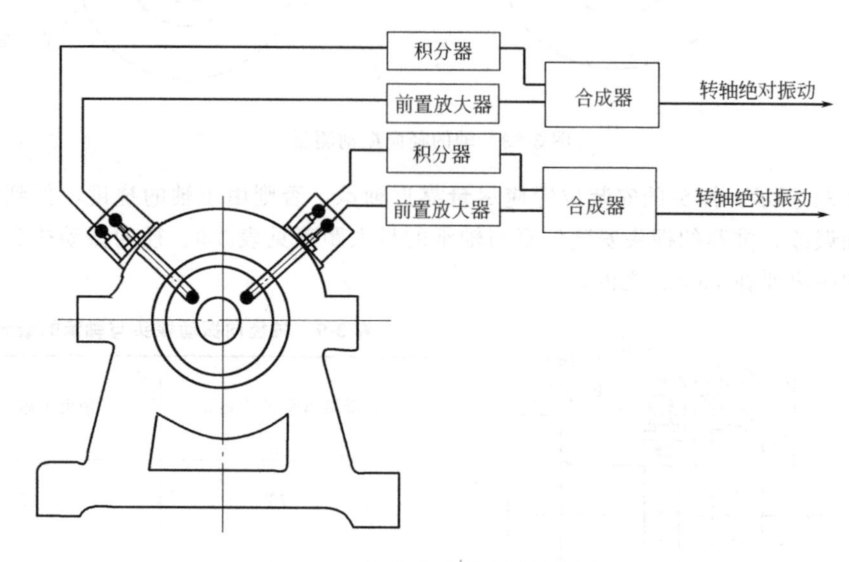

图 3-35　轴的绝对振动测试框图

（4）旋转机械轴向位移测量　测量转子的轴向位移时，测量面应该与轴是一个整体，这个测量面以探头中心线为中心，宽度为 1.5 倍探头头部直径（在停机时，探头只对正了这个圆环的一部分，机器启动后，整个圆环都会成为被测面），整个被测面应该满足前面所述的对被测面的要求。

通常采用两套传感器对推力轴承端同时进行监测，这样有两个优点：一是机组可以实现连锁停机，一旦有一套传感器失效，不会造成误动作停机；二是即使有一套传感器损坏失效，也可以通过另一套传感器有效地对转子的轴向位移进行监测。这两个探头可以设置在轴的同一个端面，也可以是两个不同端面。

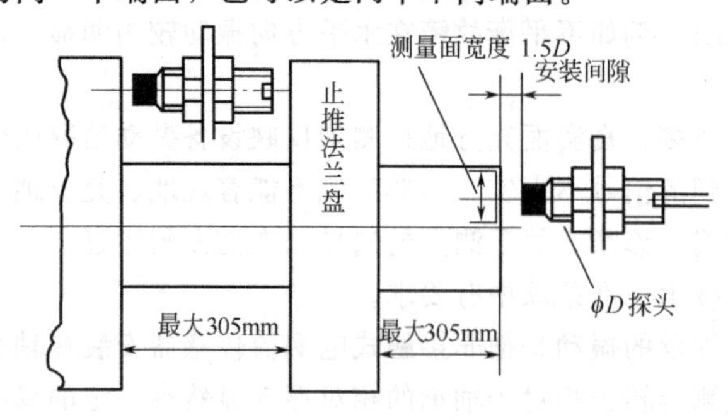

图 3-36　轴向位移测量

如图 3-36 所示，探头安装位置距离止推盘不应超过 305mm，否则测出的结果不仅包括轴向位置的变化，而且也包括了热胀冷缩的变化，不能真实地反映轴向位移量。

在安装传感器探头时，由于停机状态下止推盘没有紧贴止推轴承工作面，因而探头的安装间隙应该偏大，原则上应保证当机器启动后，转子处于其轴向窜动量的中心位置时，传感器应工作在其线性工作范围的中点。

2. 信号分析

对于初次测量的信号，要进行信号重放和直观分析，检查测得的信号是否真实。有可参考的资料，操作者对所测的信号比较熟悉，那么在现场就可以大致判断所测得信号的幅值及时域波形的真实性。如果缺少资料和经验，应进行多次复测和试分析，确认测试无误后再作记录。

若使用具有信号分析功能的仪器，那么在测量参数之后，即可对该点进一步作波形观察及频率分析，特别对那些振动超常的测点作这种分析很有必要，测量后要把信号储存起来。若使用数据采集器之类的仪器，数据存储可自动完成。

3. 数据记录整理

应详细记录所测得的数据。记录数据要有专用表格，做到规范、完整而不遗漏。除了记录仪器显示的参数外，还要记下与测量分析有关的其他内容，如环境温度、电源参数、仪器型号、仪器的通道数，以及测量时设备运行的工况参数（如负荷、转速、进出口压力、轴承温度、声音、润滑等)。如果不及时记录，以后无法补测，将严重影响分析判断的准确性。

最好分类整理所测得的参数值，例如，按每个测点的测振方向整理，用图形或表格表示出来，这样易于抓住特征，便于发现变化情况。也可以把一台设备定期测定的数据或相同规格设备的数据分别统计在一起，这样有利于比较分析。

虽然数据采集器都有存储功能，但不能永久存储，因此测量结束后对存储的数据要及时记录整理，防止过期消失。

四、设备状态分析与故障诊断

故障诊断的本质就是对设备进行状态分析，设备故障诊断的过程就是状态分析的过程。设备管理人员采用可使用的方法获取设备的状态信息，然后依据有关标准进行分析和推理，判别设备状态是正常还是异常，并对存在异常的设备确诊故障的原因、部位、程度和发展趋势，在这个基础上做出恰当的维修决策，从而对设备实行科学管理。

（一）设备总体状态的分析

对设备状态最基本的判别是把设备的状态区分为正常或异常两种情况。到目前为止，这种诊断结论对于生产管理具有非常重要的意义，甚至还起着决定性的作用。对设备作出这样的状态分析是一件大事，因为这个结论是制定维修策略的基本依据。

对设备进行总体状态的分析，一般可以采用标准判别法和图像判别法。

1. 标准判别法

目前，对机器进行总体状态分析，常采用标准判别法。常用的振动诊断标准有三种类型，即绝对标准、相对标准和类比标准。在进行总体状态分析时，根据设备的具体使用情况，采用其中一种标准进行判断，或同时采用两种、三种标准进行判断。

(1) 绝对标准　用若干组阈值（也称“门槛值”、“界限值”）把设备状态分为“良好”、“允许”、“较差”、“不允许”等几个级别。状态分析时，只需将实测参数与标准规定值进行比较，就可把设备状态归入某一个级别，作出判断结论。目前在现场诊断中普遍使用的振动诊断标准有 ISO 2372、ISO 3945 及 GB/T 11347—1989 等机械振动标准（见附录）。在每个测点的三个方向进行测量，只要其中任何一个值超过了标准中的“允许”值，就判设备异常。例如 30kW 的离心式引风机在 ISO 2372 标准中规定，当振动值 $V_{rms}>7.1mm/s$ 时，其状态判为“不允许”，现在测得轴承水平方向的振动值 V_{rms} 达到 9.7mm/s，因此，判这台设备处于“异常”状态。

(2) 相对标准　相对标准是指采用相同的测试方案把机器在良好状态（即正常状态）下测得的振动值作为初始值（亦称“原始值”），将机器运行中实际测得的值与初始值比较，按实测值达到初始值的倍数来判别设备的状态。这类标准一般是由用户根据设备的具体情况自己建立的。表 3-10 为一旋转机械振动诊断相对标准。

表 3-10　旋转机械振动诊断相对标准

<table>
<tr><td>实测值与初始值之比</td><td>1</td><td>2</td><td>3</td><td>4</td><td>5</td><td>6</td><td>7</td></tr>
<tr><td>低频振动(≤1000Hz)</td><td>良好</td><td colspan="3">注意</td><td colspan="3">危险</td></tr>
<tr><td>高频振动(>1000Hz)</td><td colspan="3">良好</td><td colspan="3">注意</td><td>危险</td></tr>
</table>

注：1. 本标准的判断须有两个依据：一是实际测量振动值与其初始值之比；二是所测振动信号的频率范围。
2. 标准将设备状态的评判分为三个等级：“良好”、“注意”、“危险”。

(3) 类比标准　采用此标准，就是将数台同型号、同规格的设备，在相同的测试条件下，用相同的测试方法测得的振动值互相比较，依据它们之间的差别对设备的状态进行判别。

一般情况下在低频段（≤1kHz）测量时，若振动值大于其他大多数设备振动值的 1 倍以上，就判为异常；在高频段（>1kHz）若实测振动值大于正常值的 2 倍以上时，判设备状态为异常。在低频段测量，若其振动值大于其他设备的 2 倍以上；或高频段的振动测值大于其他设备 4 倍以上时，一般判为故障严重，应考虑停机修理。

图中，③-H 表示测点③水平方向，①～⑥表示测点。

如图 3-37 所示是 3 台型号和规格都相同的水泵，电动机功率 150kW，转速 1470r/min。分别测量各台设备测点③水平方向的速度有效值，从比较中判断 C 泵状态异常。

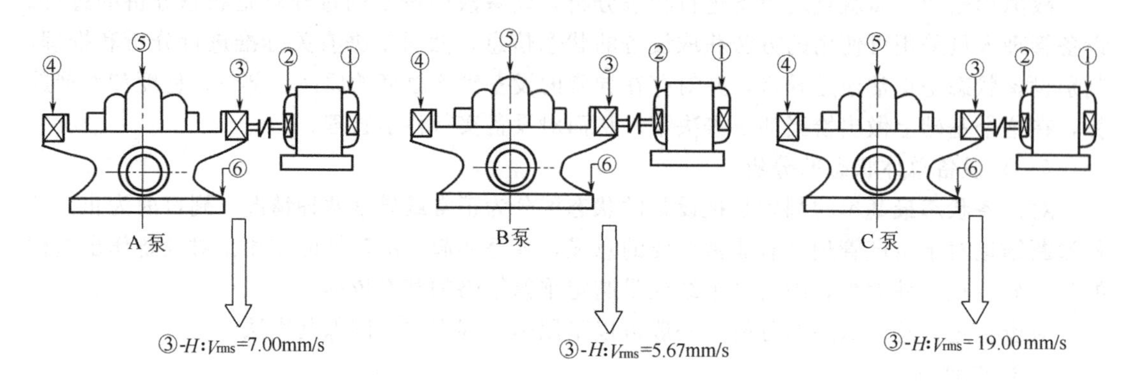

图 3-37　类比标准判别实例

2. 图像分析法

利用平时积累的设备在正常运行状态下的标准振动频谱（或时域波形），把同一条件下测得的频谱（或波形）与标准频谱（或波形）进行比较，通过分析它们的差别可以大致判断设备状态的好坏，这就是图像分析法。

(二) 故障类型分析

为了对设备实行科学的管理，不能仅从总体上判断设备状态正常或异常，还应该进一步弄清故障的具体情况。首先要判断故障的类型，是什么性质的故障，发生的原因是什么。下面介绍几种在现场简易诊断中常用的分析方法。

1. 瞬态信号分析法

通常将开机、停机过程的振动信号称为瞬态信号，是转子系统对转速变化的响应，是转子动态特性和故障征兆的反映。

实践表明，振动瞬态信号的变化是随着激励源的变化而变化的，不同的激励源产生不同的振动瞬态信号。在振动分析中，通过作波德图可以分析振动瞬态信号的形态。

波德图是描述某一频带下振幅和相位随过程的变化而变化的两组曲线。频带可以是1次、2次或其他谐波；这些谐波的幅值、相位可以用FFT法计算，也可以用滤波法得到。当过程的变化参数为转速时，例如开机、停机期间，波德图实际上又是机组随转速不同而幅值和相位变化的幅频响应和相频响应曲线。

图3-38是某转子在升速过程中的波德图。从图中可以看出，系统在通过临界转速时幅值响应有明显的共振峰，而相位在其前后变化近180°。

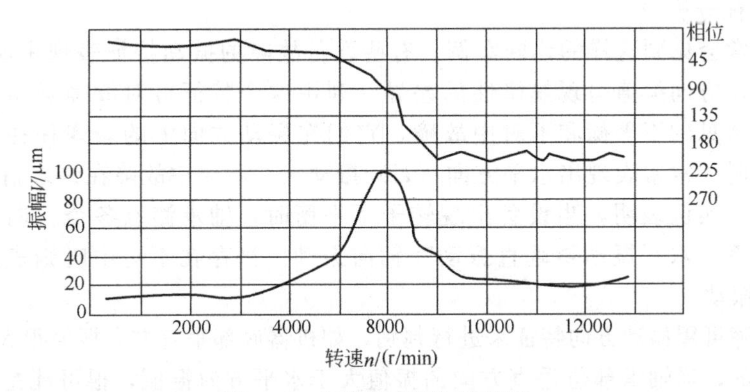

图3-38 压缩机高压缸波德图

图3-39是几种常见故障的振动瞬态信号图形。图中横坐标代表旋转机械的转速，纵坐标表示机器的振动幅值。当机器处于稳态运转状态时断掉电源，在机器停车过程中作振动测试。从振幅随转速变化的形态来判断机器存在什么故障。图中标示了4种故障类型，其特征分述如下。

(1) 电磁振动　关掉电源后，电机转速刚降低，其振动幅值便立即衰减为零。

(2) 共振　振动幅值随转速降低而迅速下降。

(3) 不平衡振动　速度降低时，振动幅值也平稳连续地缓慢下降（中间不停滞）。

(4) 失稳振动　在转速下降很大幅度之后，振动幅值才较快地下降。

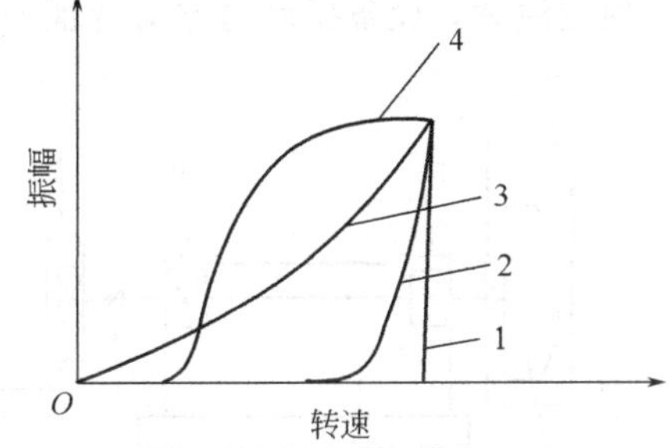

图3-39 旋转机械的瞬态信号

1—电磁振动；2—共振；3—不平衡振动；4—失稳振动

幅值随转速的动态变化通过模拟式仪表的指针摆动情况也能看得很清楚。

机器启动的时候测量的结果与停止时测量的结果基本上是一致的。当然，图中所表现的曲线形态是只存在单一故障的情形，是一种理想的状况。实际上的瞬态信号曲线不会这样规范，因为还有许多其他因素影响机器的振动，当有几种故障同时存在时，各种振动的共同作用必然使瞬态

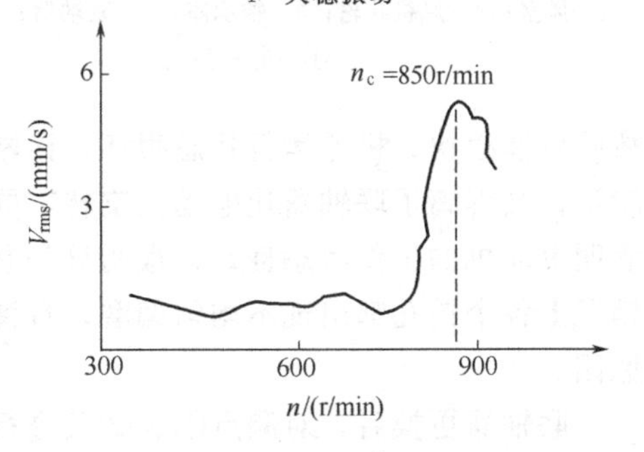

图3-40 测试波德图

信号曲线变得复杂。

图 3-40 是从一台通风机轴承座上测得的波德图，图形说明该机存在共振。风机共振转速 n_c＝850r/min，共振范围 800～920r/min，由于该机设计工作转速为 900r/min，恰好落在共振区内，故产生共振现象。因此，必须采取措施使风机运行转速避开共振区，解决办法有两个：一是改变机器结构，增大基础刚度；二是保证转子有良好的平衡性。

在设备诊断中，通过分析振动瞬态信号来识别故障的方法有一定的局限性。一是因为测量机器的振动瞬态信号只有在机器停止或启动的时候才能进行，故操作比较麻烦，在没有备用设备的岗位上，无法用此法进行测试，特别是连续生产线上的设备更不能停止运行；另外，当多种故障共存时，设备振动瞬态信号曲线比较复杂，往往难以作出准确判断。

2. 方向特征分析法

在工厂经常会见到这样的诊断案例，有些设备故障的振动特征表现出明显的方向性，即同一测点不同方向振值呈现规律性的差异。利用这个特征可对故障类型进行判别，例如旋转机械中常见的不平衡和不对中故障，它们在振动方向上的表现往往差别很大。出现不平衡故障时，常常表现出水平方向（H）振动大，不对中故障在许多情况下表现出轴向振动较大。有实例表明，当设备出现转子不平衡时，轴承测点各个方向的振动值表现出这样一种关系：水平振动≥垂直振动＞轴向振动。当存在不对中时则表现为：轴向振动＞1/2 径向振动。

还有些故障可用振动方向特征来进行判别，如机器底部垂直方向振值很大，一般是地脚螺栓松动造成的；当轴承部位垂直方向的振值大于水平方向振值，很可能是滑动轴承已失效。有一台振动异常的汽轮机，其轴承的垂直振动约为水平振动的 3 倍，当拆机检查时发现轴瓦的巴氏合金已经碎裂。

但应注意，设备振动的方向特征不但与故障类型有关，还与设备的类型、结构特点有关，所以在判断时须根据设备的具体情况作具体分析。

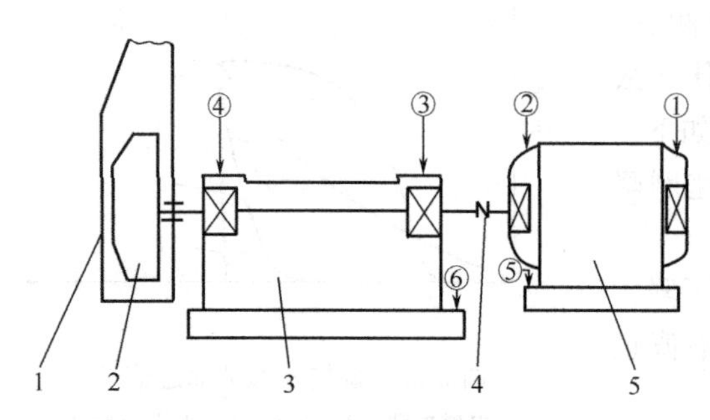

图 3-41　离心引风机结构简图

1—风室；2—风机叶轮；3—轴承座；4—联轴器；5—电动机
①～⑥—测点

某冶炼厂一台离心式引风机，振值严重超过标准，工厂通过振动诊断解决了这一影响生产的难题。风机结构如图 3-41 所示，①、②、③、④、⑤、⑥为振动测点；诊断过程如下。

先作两次测量，表 3-11 是测量数据。从表中看出，两次测量都表明测点①、②的振动值超标，特别测点②轴向振动最严重，后一次测量振动值比前一次大，说明故障发展很快，机器运行状态很坏。诊断人员首先分析认为联轴器存在不对中故障，为得到验证，又拆离了联轴器让电动机空转，同时对①、②点进行了测量，其振动值见表中所述，表明电动机的工作状态良好，很明显是联轴器出了问题。当拆下联轴器检查时，发现联轴器销子上各个销孔都出现不均匀偏磨，且弹性胶圈磨损严重，这就是两半联轴器严重不对中的原因。

联轴器更换后，对测点①、②又进行了测量，如表 3-12 所示。振动值降低到正常范围，且机器运行平稳。

表 3-11　风机故障处理前的振动值（V_{rms}）　　单位：mm/s

测序	测点	①			②			③			④		
		H	*V*	*A*	*H*	*V*	*A*	*H*	*V*	*A*	*H*	*V*	*A*
1	满负荷	—	—	—	7.2	8.8	18.0	2.6	3.4	2.7	2.2	2.0	2.2
2	满负荷	10.0～14.0	11.0～14.0	—	7.0～8.0	11.0	19.0～26.0	3.0	4.0～4.5	3.0	3.0	2.5	2.5
	电动机单独空转	0.7	0.5	—	0.6	0.4	0.6	—	—	—	—	—	—

表 3-12　风机故障处理后的振动值（V_{rms}）　　单位：mm/s

测点	①			②			③			④		
	H	*V*	*A*	*H*	*V*	*A*	*H*	*V*	*A*	*H*	*V*	*A*
满负荷		4.4	—	3.8	3.4	5.2	2.5	3.0	2.9	2.2	2.0	2.4

此例中方向特征很明显，测点②的轴向振动超标是不对中的重要特征。与联轴器相连接的测点③的轴向振动没有突出的表现，这是由机组的结构特点决定的。

因为风机的轴承座材料是铸铁，且是结实的箱体结构，刚度大，具有很好的消振作用，而电动机的机座是由型钢焊接而成的，刚度很差，所以对来自各个方向的扰动都会产生明显的反应。这说明应用振动的方向特征判别故障是有条件的。

3. 振幅变动特征分析法

设备在承载均匀，没有冲击，转速稳定的状态下运行时，振动值基本上是稳定的，此时用模拟式振动测量仪进行测量，指针基本上没有异常摆动，振幅变动很小，这说明设备运行正常。如果出现仪表指针大范围的频繁摆动，说明可能是转子的某个部位发生了径向或轴向碰擦或者是滚动轴承由于连接松动而与相邻部件发生了不均匀摩擦。在这种情况下，一般要拆开机器才能找到故障源。

某冶炼厂有一台新安装的机械结晶机，驱动电机是功率 11kW 的可调速电动机，图 3-42

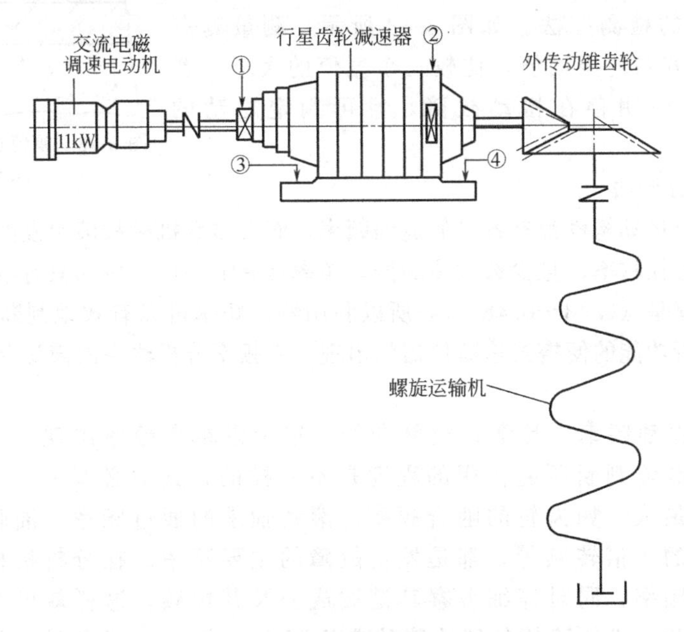

图 3-42　机械结晶机简图

①～④—测点

是结构简图。

该机在试运行过程中振动严重，并可听到减速器内有间断的响声。用 DZ-2 振动测量仪测量了行星齿轮减速器两个轴承部位的振动，其值见表 3-13。

表 3-13　减速器轴承点振动值

测　　点	①			②		
	H	*V*	*A*	*H*	*V*	*A*
$A_{rms}/(m/s^2)$	11～19	—	4～6	3～6	20	10～20
$V_{rms}/(mm/s)$	11～29	—	10～31	45	1～102	20

对表中数据进行分析，可以看出行星齿轮减速器振动有两个特点：一是振动值严重超差；二是振幅变动范围特别大，特别是测点②垂直方向最大振动值与最小值相差 100 多倍，这种现象说明减速器内部某个部位发生了严重碰擦。为了找到故障源，对减速器进行开盖检查，发现由于一级行星齿轮中心距超差 0.2 而引发了齿轮与壳体之间的碰擦。排除故障后再试，机器运行正常。

虽然在现场采用模拟式仪表测量振动参数读数不如数字式仪表方便，但是它具有自身的优点，除了提供数量信息外，往往还反映振幅变动的动态过程，这给判断故障提供了多方面的信息。

采用模拟式（即电表式）仪表测量，利用振幅变动特征分析法，对发现摩擦故障最为有效，也能发现引起机器运转不稳定的因素，比如电压不稳定，载荷不均匀也会引起振动波动。

4. 幅值比较分析法

连接部件松动是机器常见故障，而幅值比较分析法是最简单、最有效的检测办法。如图 3-43 所示，测量测点①、②、③垂直方向的振动值，比较三个振值的大小，若数值相差很大，说明存在松动故障，且可判定松动的部位。

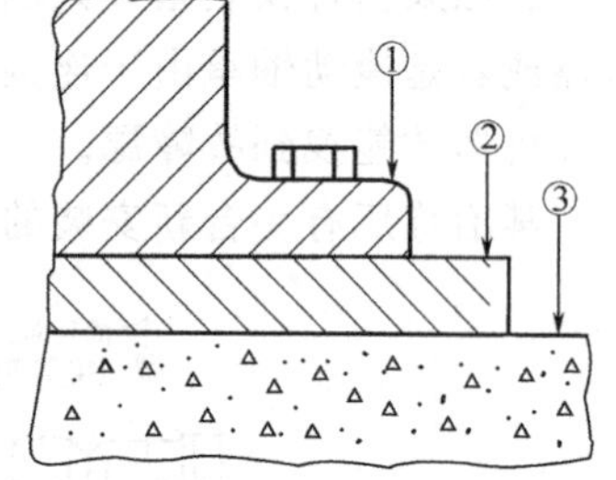

图 3-43　幅值比较分析松动故障
①～③—测点

5. 主要频率分析法

机械的每一个运动构件都有各自的运动频率，而大多数机械故障引发的振动也有自己的振动频率，称为特征频率，且少数故障的振动频率具有唯一性。例如只有滑动轴承的油膜涡动和油膜振荡频率是 $(0.43\sim0.48)f_r$，所以利用特征频率可以有效地判断故障类型。随着各种具有频率分析功能的便携式诊断仪器的出现，主频率分析法在故障诊断领域得到了越来越广泛的应用。

机械故障的振动频率，常常是很复杂的，很少以单个频率出现。在这个频率群体中，各个频率对故障判断所起作用的程度是不一样的，其中必有一个主要频率（即主频率）所起作用最大。如齿轮的啮合频率，滚动轴承的通过频率，油膜振荡的半倍转频，不平衡振动的 1 倍转频等，都是发生故障的主要频率。在分析机械故障时，首先要寻找这些主要频率，同时仔细考察其谐波成分及其边频，这样就可对故障作出比较准确的判断。为此，必须清楚各种故障的典型频率。表 3-14 是几种常见故障的主要特征频率。

表 3-14　几种常见故障的主要特征频率

故障类型	特征频率/Hz	符号含义
不平衡	f_r	f_r 为转子旋转频率
不对中	f_r、$2f_r$ 及其谐波	
齿轮故障	f_c、$2f_c$、$3f_c$ 及其边频	f_c 为齿轮啮合频率
滚动轴承故障	f_i、f_o、f_b、f_c、f_n 及其谐波	f_i、f_o、f_b、f_c 分别为内圈、外圈、滚动体、保持架通过频率 f_n 为滚动轴承固有频率
油膜振荡	$(0.43\sim0.48)f_r$	
工作叶轮叶片通过频率	zf_r	z 为叶轮叶片数
电磁振动	f_L、$2f_L$	f_L 为电源频率

【例 3-1】 某钢铁厂化铁炉除尘风机，电动机功率 800kW，转速 750r/min，图 3-44 是其结构简图。中修后机组在运行过程中振动逐渐增强，四个月后，测点①水平方向振动值 V_{rms} 达到 15.15mm/s。同时在现场作了频谱分析，谱图见图 3-45。测点①最大峰值频率为 12.65Hz，与转频基本一致。此外还有弱小的 2 倍频分量及少量微弱的高次谐波。

由于频谱中 1 倍频分量是主要成分且水平方向振动最强，且测点①靠近风机叶轮，综合分析，判断风机叶轮存在较严重的不平衡。通过拆机验证，发现叶轮周边存在严重的不均匀磨蚀，使转子产生了不平衡故障。在检修时更换了叶轮，清除了蜗壳内积存的粉尘，风机运行恢复正常。

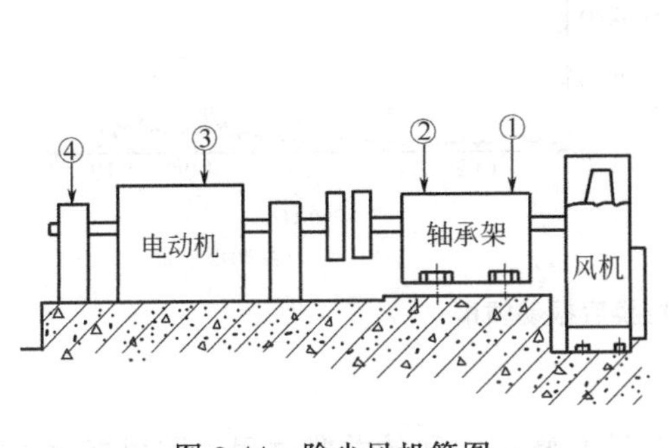

图 3-44　除尘风机简图

①～④—测点

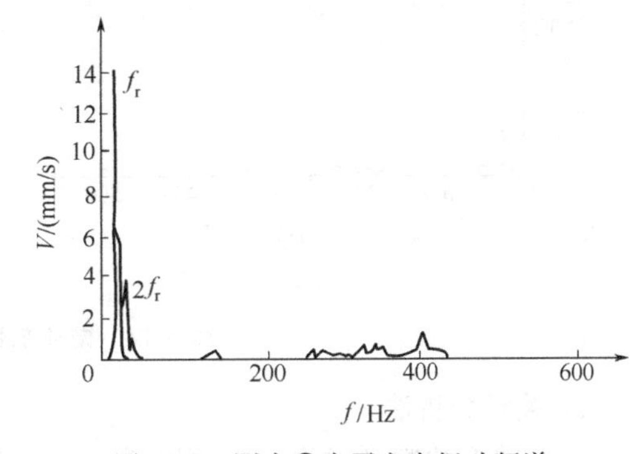

图 3-45　测点①水平方向振动频谱

利用主频率判别故障类型，应该理解主频率产生的机理，弄清主频率与其他次要频率分量的关系，抓住主要矛盾，从而作出准确的诊断结论。本例频谱中有微弱的高频分量，说明风机还存在其他一些小的故障。但应抓住不平衡这个主要振动原因，不平衡问题解决了，振值就降到允许范围内。

【例 3-2】 某发电厂对机组一循环泵进行测量，其轴承的振动频谱图上出现了滚动轴承的故障特征频率 206Hz 和 239Hz，但信号比较弱小，属于早期故障。两个月后振动加剧，当时对轴承从高低两个频段作了振动频率分析，谱图如图 3-46 所示，在低频段的谱图中，轴承的故障特征频率显得十分突出［图 (a)］，而在高频段 2～5kHz 的范围内出现了峰值逐渐增大的频谱峰群，显示了故障轴承的固有频率特征。因此轴承已存在较为严重的故障。

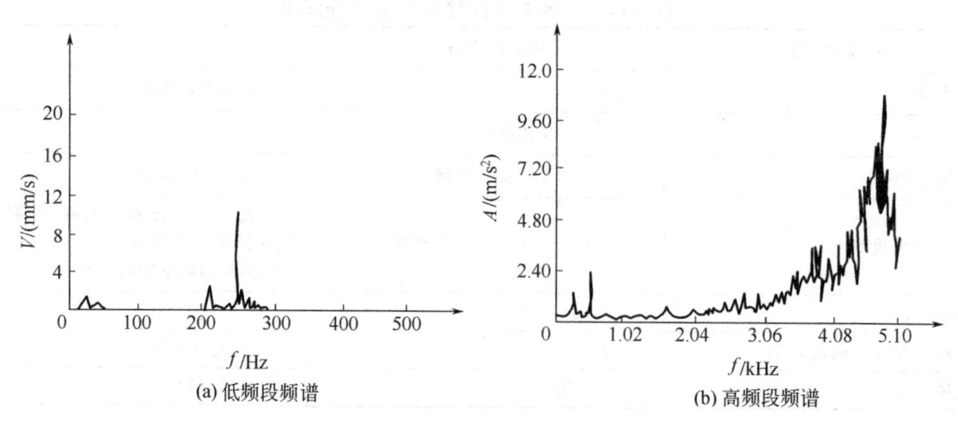

(a) 低频段频谱　　(b) 高频段频谱

图 3-46　循环泵轴承更换前振动频谱

循环泵在检修时更换了轴承，振动频谱发生了明显的变化，见图 3-47。谱图上，低频段谱峰消失，高频段的峰群也大幅度衰减了，对滚动轴承来说，这种高频峰群与低频特征一样都是存在故障的标志。

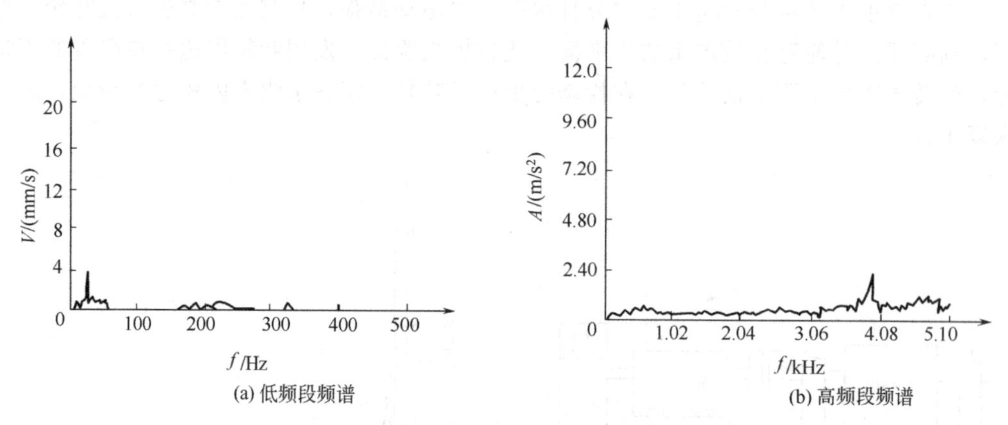

(a) 低频段频谱　　(b) 高频段频谱

图 3-47　循环泵轴承更换后振动频谱

6. 关联分析法

设备状态的判别过程，也可以说是一个查明故障与特征之间的关联过程，即根据故障特征去判断故障的类别。但因为有些不同类型的故障却会出现相同的特征，这为判断故障的类型带来一定难度。形式逻辑上用于求因果联系的关联法为人们提供了基本判别准则：如果某一现象发生一定程度的变化，另一现象也随之发生一定程度的变化，那么这两个现象之间有因果联系，这就是关联分析法。应用这个原理在可以比较复杂的情况下去判别某些故障。

与转子不平衡故障相关联的因素是转频，即振动频率等于转子的转速频率，在频谱中表现为转频处有峰值。但发生共振故障和不对中故障时也会在转速频率处存在峰值，这时就可用关联法判别故障类型。下面是一个诊断实例。

某单位从国外引进一离心压缩机组，汽轮机额定工作转速 10920r/min，功率 4850kW，机组示意图见图 3-48。

机组运行半年之后振值逐渐增大，位移振幅达到 80μm，六个测点中，④的水平振动值最大。为了查明故障原因，在保持机组负荷不变的条件下，3 次改变汽轮机的转速，分别在

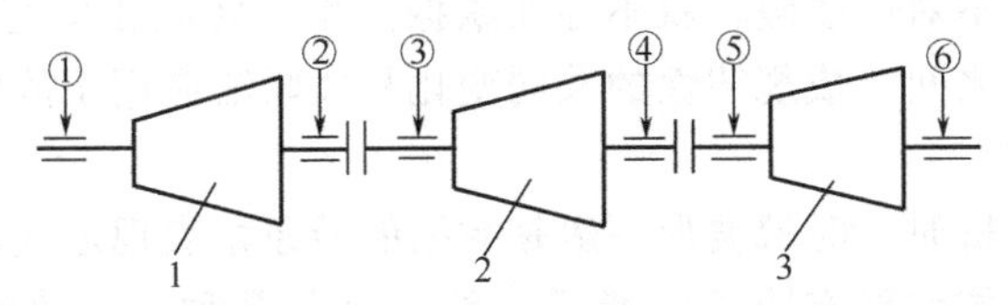

图 3-48　离心压缩机组示意图

1—汽轮机；2—压缩机低压缸；3—压缩机高压缸

①～⑥—轴承部位测点

3 种转速下对测点④水平方向振动信号作频谱分析，频率结构见图 3-49。

在图 3-49（a）、图（b）、图（c）中，压缩机在三种转速下的转频分别为 125Hz、166.25Hz 和 180Hz，在谱图上这三个频率处峰值最突出，这是造成机组振动的主要原因，振动频谱主要有两个显著特点：一是最大峰值频率随机器转速的改变而改变，且始终保持与转速频率一致；二是转频幅值随转速升高而增加。由激振频率与转速的相互关联判断该机振动过大的主要原因是转子不平衡引起的。通过开盖验证，发现转子叶轮上有很严重的不均匀结垢，这是造成不平衡振动的主要原因。检修处理后，该点振动值降低到 10～12μm。

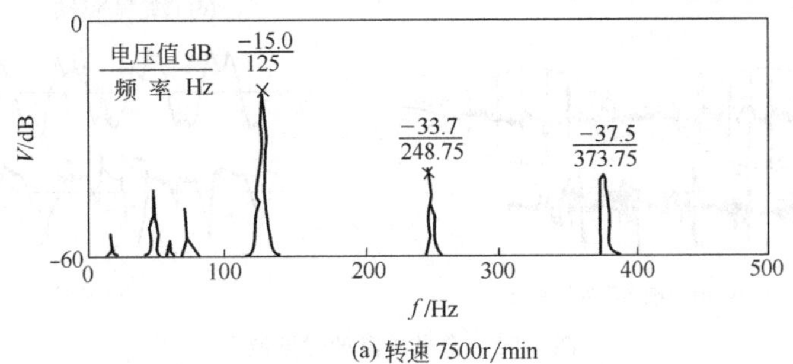

(a) 转速 7500r/min

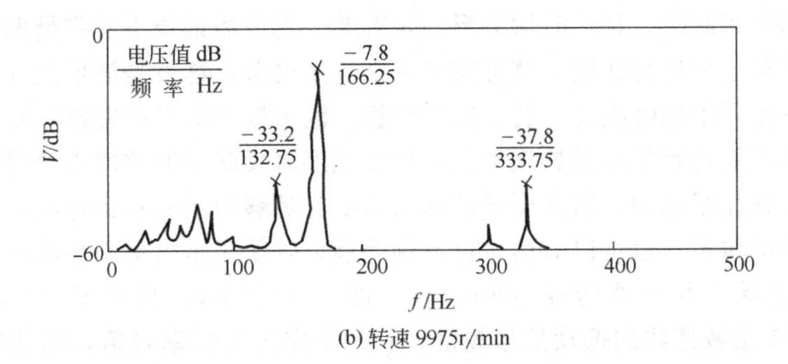

(b) 转速 9975r/min

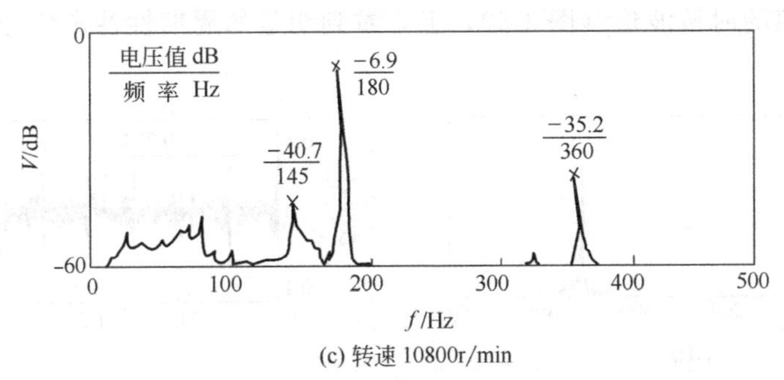

(c) 转速 10800r/min

图 3-49　三种转速下的频谱

如果机器是共振或不对中故障，就不存在激振频率、转频幅值与转速同步关联的现象。由此可见，两个相关量之间，成规律性的共同变化是关联法应用于故障诊断的基本特征。

7. 波形比较分析法

对信号进行振动分析时，时域波形一般是数据的最原始表现形式。振动波形直观、易于理解，且有些故障的时域波形有明显的特征，图 3-50 是几种常见故障的时域波形图。当旋转机械存在较大的不平衡时，振动信号中有明显的周期成分［图（a）］；如果转子存在严重不对中，那么振动幅值在一个周期之内有大小波动［图（b）］；若滚动轴承有严重的疲劳剥落，振动波形中有明显的冲击脉冲信号［图（c）］；齿轮的局部缺陷也在波形图上可以看到周期性冲击信号，甚至比滚动轴承的冲击信号显得更强烈而易于判别［图（d）］；机器存在摩擦故障时在波形上表现出“截头状”特征，很容易与其他故障区别开来［图（e）］。

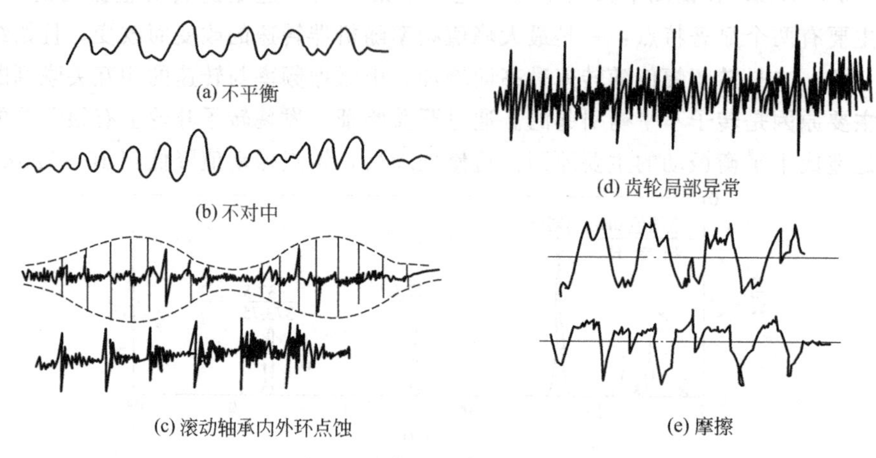

图 3-50　常见故障的时域波形

对故障作初步判断时，利用时域波形非常有效。用仪器记录下所测量振动信号的时域波形，与典型的故障波形进行比较，就可初步判别故障类型，这就是波形比较分析法。

通过波形观察判别故障类型，属于定性分析。因为振动信号中常掺杂着噪声干扰，微弱的早期故障信号不能清晰显示其典型特征，所以波形对反映早期故障不敏感。在仪器屏幕上看到的实际波形往往很混杂，因此要求诊断人员要有足够的经验和良好的观察能力。有时为了提高检测信号的质量，也可以对信号进行预处理，以便显示出更明显的特征信息。

某厂一减速器，主动轴转速 900r/min，即 $f_r=15\text{Hz}$，从动轴 220r/min，即 $f_r=3.67\text{Hz}$。图 3-51 是减速器的振动信号频谱，有一个突出的频率峰值，但特征不很明显。但在数据采集器采集的时域波形（图 3-52）上，看到明显的周期性冲击信号，此为典型的齿

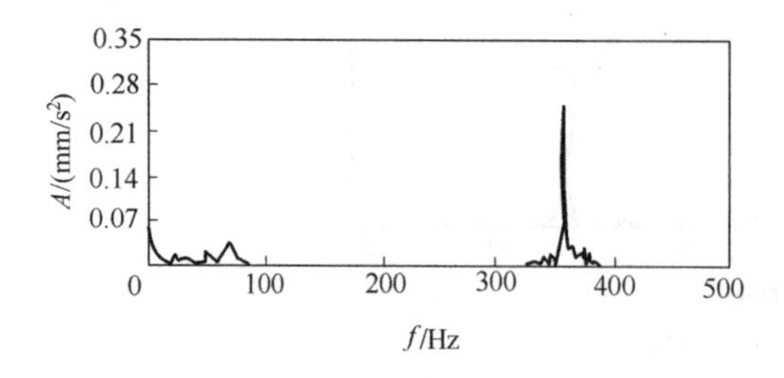

图 3-51　减速器振动信号频谱

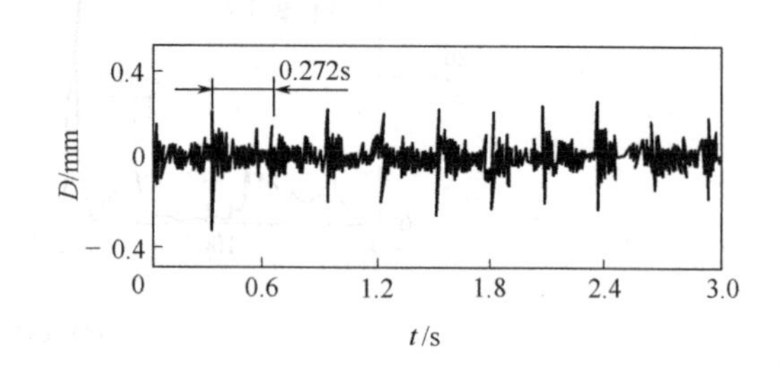

图 3-52　减速器振动波形

轮故障波形。其冲击周期为0.272s，频率为1/0.272＝3.67Hz，正好等于减速器从动齿轮的转速频率，这说明从动齿轮出现了故障。开盖检验，从动齿轮的啮合齿面磨损很严重，且有局部点蚀。可见，利用波形信号进行故障类型分析是一种简洁、有效的方法。

（三）故障部位分析

故障分析有两个基本任务：一是判别设备发生的故障类型；二是判断设备故障发生在什么部位。前面讨论了故障类型判别方法，现在再来研究判断故障发生部位的一些常用方法。

现代企业中的机械设备，结构越来越复杂，由于振源众多，各个振动信号会彼此干扰，给故障部位的判断带来不便，因此，要求诊断人员除了要掌握足够的振动信息（如数据、图谱）之外，还需要清楚设备的结构原理和运动原理。有了这些基本理论知识和基本信息，再采取各种有效的措施，通过正确的逻辑推理，就能对设备故障部位作出比较准确的判断，常采用的方法有以下几种。

1. 特征频率分析法

在判别机器故障类型时，信号特征频率分析是一种主要的方法。在某些特定的情况下，振动信号的特征频率也是判别故障部位的重要信息。一般机器振动的频率范围大体上可以分为低频、中频和高频三个频段，其零部件的故障频率分布在不同频段。因此，在清楚机器的结构特点和运动特点的基础上，再根据主要振动频率的大小，就可以大致估计故障可能发生的部位。图3-53是机器不同部位的故障频率在不同频段内的分布示意。

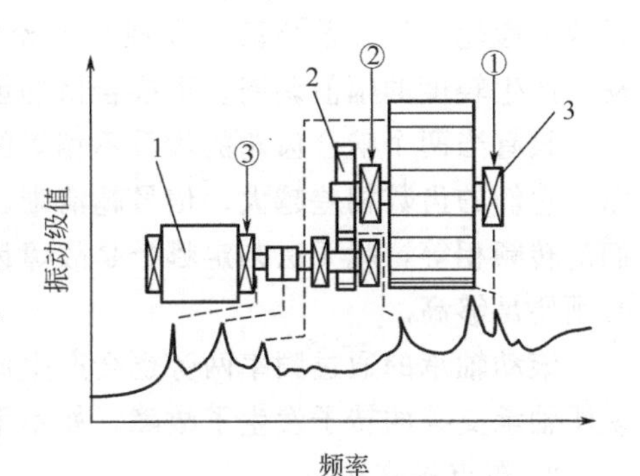

图3-53　频率与故障部位对应关系

1—电动机；2—齿轮机构；3—滚动轴承

①～③—测点

应用特征频率分析法能很好地判断齿轮机构的故障部位。齿轮传动是由一对互相啮合的齿轮实现的，对齿轮机构进行故障诊断，就是要确定其中哪一个是故障齿轮，这可以用特征频率分析的办法来判定。其要点是分析啮合频率的变化及其边频特征。所谓边频，是因幅值调制和频率调制而在啮合频率的两侧产生的一系列对称谱线。边频的谱线之间有一定的间距，这个间距（频率值）恰好等于故障齿轮所在轴的转频，这样就确定了故障齿轮所在的部位。下面是一个诊断实例。

某电厂一机组齿轮箱振动异常，诊断人员通过特征频率分析对故障齿轮作出了定位判断。

图3-54(a)是机组的结构示意图，水轮机与发电机之间由齿轮增速箱传动。齿轮机构参数如下：

输入轴转速＝180r/min，转频3Hz；

输出轴转速＝750r/min，转频12.5Hz；

大齿轮齿数＝99；

小齿轮齿数＝24；

齿轮啮合频率$f_c = f_1 z_1 = f_2 z_2 = 300\text{Hz}$。

诊断时为使特征清晰，对齿轮箱小齿轮轴承振动信号频谱进行细化处理，谱图如图3-54(b)所示。在细化谱图上，以啮合频率299.84Hz为中心，在其两侧形成基本对称分布的一系列边频带，其中299.84Hz$\pm n\times$12.5Hz的边带峰值比较突出，而另一簇299.84Hz±

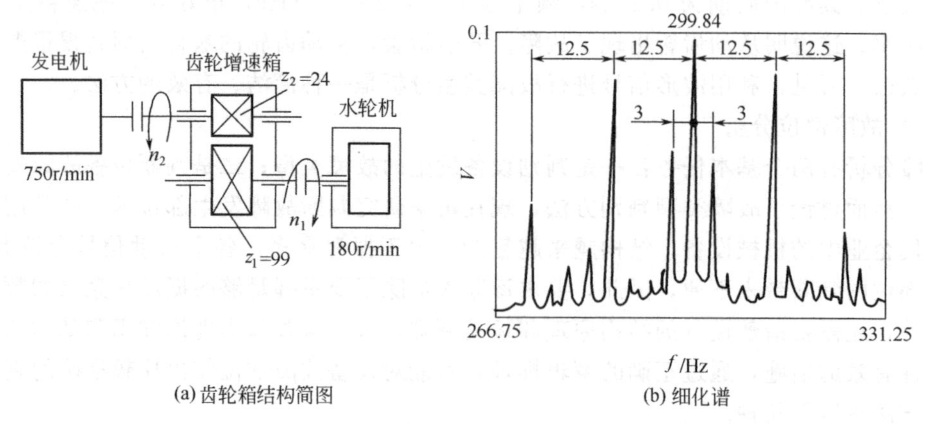

(a) 齿轮箱结构简图　　(b) 细化谱

图 3-54　齿轮箱振动信号边频特征分析

$n\times3$Hz 的边带峰值不明显（$n=1$，2，3 …），说明 12.5Hz 是主要调制源，由此判定小齿轮是故障齿轮。经开盖检验，发现小齿轮加工分度误差过大，形成频率调制。而载荷又有波动，产生轻度的幅值调制。更换合格的齿轮后，振值降至正常范围内。

只有当两个啮合齿轮的齿数不相等的时候，才能用这种分析边频带的方法来判断故障齿轮，它们的齿数相差越大，信号越清晰，越容易辨识。而对于齿数相等的两个齿轮，由于它们的转频相等，就无法判定哪个是故障齿轮。如果两个齿轮齿数很接近，分析仪器的分辨率必须要足够高。

滚动轴承的通过频率两旁也会产生调制现象。若其边频相邻谱线的间距等于转速频率，说明轴承支撑的转子发生了故障，如不平衡或不对中故障。

2. 布点排查法

在振动测量时有一个常识，即测点越靠近振源，振值越大，得到的信息越可靠，分析的结论往往越准确。因此根据机器的结构特点和故障特征，合理选则和布置测点，根据测值大小和分布特点分析振源，从而确定故障的部位，这种方法叫布点排查法，是现场常用的简易诊断方法。

某卷烟厂一台进口的卷烟机，中修后振值超标，但未能确定振动部位。后来采用布点排查法找到了振动部位。诊断过程如下。

靠感官判断出振值最大的部位是刀头箱，对刀头箱进行布点，测点布置见图 3-55。

再进一步分析卷烟机的结构特点，其主要振源有 3 个：一是电动机；二是刀头箱；三是外界干扰。故在刀头箱以外的区域布置了有代表性的测点（图 3-55）。

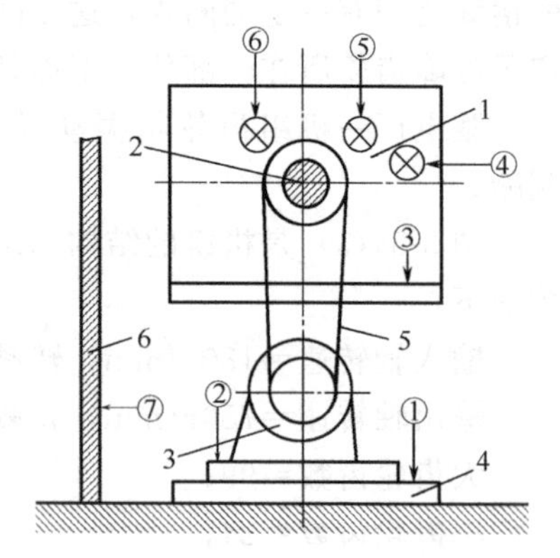

图 3-55　卷烟机刀头箱

1—刀头箱；2—主轴；3—电动机；4—电动机机座；5—传动带；6—隔板
①～⑦—测点

布点完成后作振动测量，测量数据见表 3-15。分析测量数据得出以下结论。

(1) 测点①、②部位振动正常，可以排除电动机引起振动的可能性。

(2) 测点⑦振动值也在允许范围内，又排除了外界振源干扰这个因素。

（3）测点③垂直方向振动也在正常范围之内，说明刀头箱与机身连接牢固，不存在松动故障。

（4）测点④、⑤、⑥的轴向振动很大，且越靠近主轴振动越强。

根据以上分析，判定故障部位在刀头箱，可能主轴存在不对中故障。工厂根据诊断意见进行了维修。

表 3-15　卷烟机刀头箱振动速度有效值　　单位：mm/s

测量方位	①	②	③	④	⑤	⑥	⑦
H	—	2.7	—	2.7	—	—	—
V	4.2	4.2	4.5	5.2	—	—	—
A	—	—	3.0	8.3	7.9	9.4	4.0

布点排查法是诊断中用于故障定位分析的一种常用的判别方法，具有广泛的适用性。布点排查法的关键在于事先对诊断对象要有足够的分析了解，全面估计可能存在的各种振源，合理选布有代表性的测点，然后对测量数据作出切实的分析，方可作出比较准确的判断。

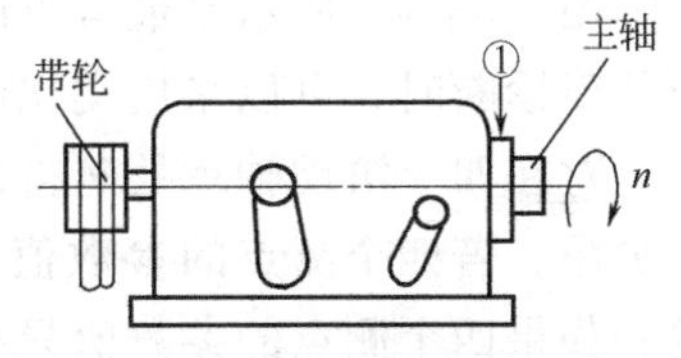

图 3-56　床头箱结构示意图
①—测点

3. 变速法

冲击脉冲法是诊断滚动轴承故障的简便有效的方法，本书将在第四章详细讲述。有些机械设备在同一侧面上安装几个滚动轴承，测点的振动信号可能是多个轴承作用的结果，这时很难对某个轴承进行正确诊断。但对于能变速的机器，采用变速法可以实现对故障轴承的诊断。图 3-56 所示为车床床头箱结构示意图，在安装主轴承①的前端箱壁上，还安装有其他的滚动轴承，如果用冲击脉冲法检查①号主轴承时，发现脉冲值超标，为了判断故障信号是出自主轴承，还是有其他轴承或冲击源的干扰，就可以采用变速法来判别。变速法主要用于滚动轴承的诊断，其基本原理如下。

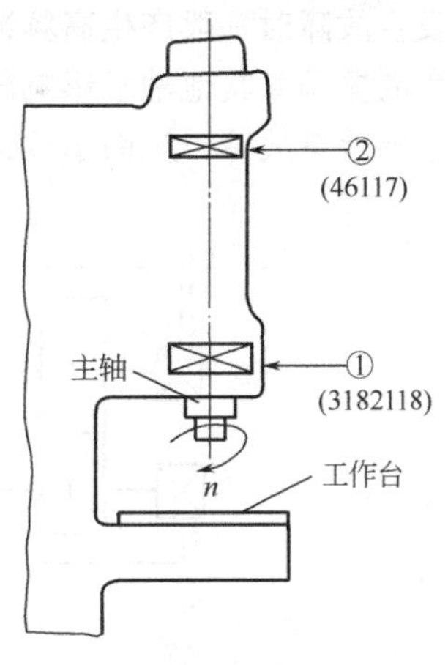

图 3-57　铣床立铣头示意图
①，②—测点

滚动轴承故障产生的冲击值与轴承转速 n、轴承内径 D 有如下关系

$$冲击值=10^{dB_M/20}\times\frac{nD^{0.6}}{2000} \tag{3-16}$$

式中　dB_M——运转中的轴承体现的故障级别（最大分贝）。

上式表明，当 n 增加，冲击值随着增加；n 减小，冲击值亦减小；$n=0$，冲击值$=0$。就是说，轴承产生的冲击值随转速同步变化，如果所测轴承①的冲击值变化符合这种规律，说明轴承没有受到外来干扰的影响，如果不符合这种规律即可判断故障出自该轴承。

某工厂的一台立式升降台铣床，其立铣头结构简图如图 3-57 所示，①号轴承型号为 3182118，上部②号轴承型号为 46117，在一次监测中，使用 CMJ-1 冲击脉冲计，用变速法对两个轴承状态进行诊断。三次改变主轴转速，对轴承进行振动测量，脉冲值记于表 3-16中。

表 3-16　用变速法测量立铣头主轴承脉冲值　　　　单位：dB

转　速	①		②	
	dB_C	dB_M	dB_C	dB_M
600r/min	14	18	14	17
1180 r/min	22	26	17	24
1500 r/min	24	36	22	27

注：dB_C 表示冲击脉冲地毯值；dB_M 表示冲击脉冲最大分贝值，参阅本书第四章。

分析改变转速后所测得的①、②轴承的冲击脉冲值可以看出以下几点。

（1）两个轴承的冲击脉冲值都随转速同步变化，所以所测信号没有受到外来干扰的影响，测得的脉冲值反映了轴承的实际状态。

（2）根据脉冲值的大小，判断①号轴承存在早期损伤；②号轴承的润滑情况欠佳。

4. 类比法

图 3-58(a) 所示是最常见的齿轮箱结构简图，在对这种齿轮箱或具有相似结构的设备进行故障诊断时，可以采用类比法确定故障的部位，具体过程如下。

对在四个滚动轴承处测得的振动值进行比较，如图 3-58(b) 所示，图中虚线是标准允差界限。若四个测点的参数值大小基本一致，且都超过了标准允差线，那么故障存在于齿轮；如果四个测点的参数值只有一个超过标准值，那么故障就发生在这个轴承上。分析原因如下：两个互相啮合的齿轮由四个轴承支承着，齿轮运行中产生的振动必然均等地传递到四个轴承测点上，所以当轴承正常时，从四个测点所测得的振动值应当基本一致。而当滚动轴承发生故障时一般产生高频冲击性振动，高频信号传递性差，在传递途中衰减快，一个轴承产生的振动对其他轴承影响较小，所以各测点振动值差别较大。哪个轴承振动值大，就说明哪个轴承有故障，从图示看出③号轴承存在故障。

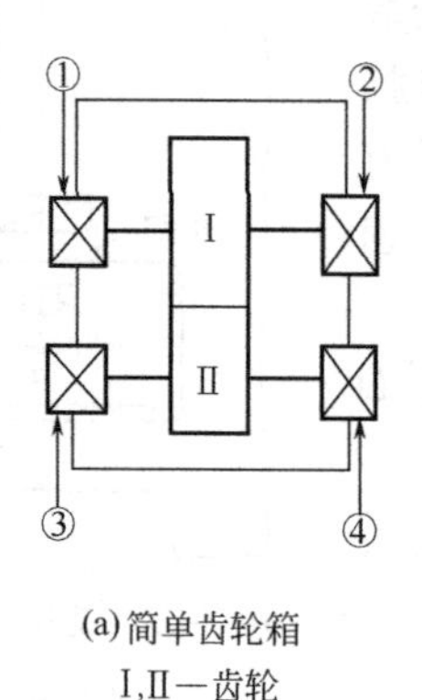

(a)简单齿轮箱
I,II—齿轮

测点	齿轮异常	轴承异常
①		
②		
③		
④		

(b)类比识别图示
①～④—滚动轴承测点

图 3-58　类比法识别故障

5. 排除分析法

一台机器往往有很多振源，测得的振动信号可能是不同振源综合影响的结果。在对一台振动异常的机器进行诊断时，只要分析出产生振动的各种可能振源，又判定其中某几个因素与振动异常无关，那么振源就可能出在余下的部位上了。在此基础上，通过进一步分析就可以确定产生故障的准确部位。这个方法称为排除分析法。

某选矿厂有一瓦曼砂泵，电动机功率 75kW，转速 1480r/min，此泵是该厂选矿流程上的关键设备，结构见图 3-59。

这台泵振值曾严重超标，先后有三台电动机被烧毁，用户主观判定是电动机功率太小造成了超载，于是换上了 100kW 的电动机，但电机又被烧毁。为了查清原因，采用排除分析法对设备进行了故障诊断，其过程如下。

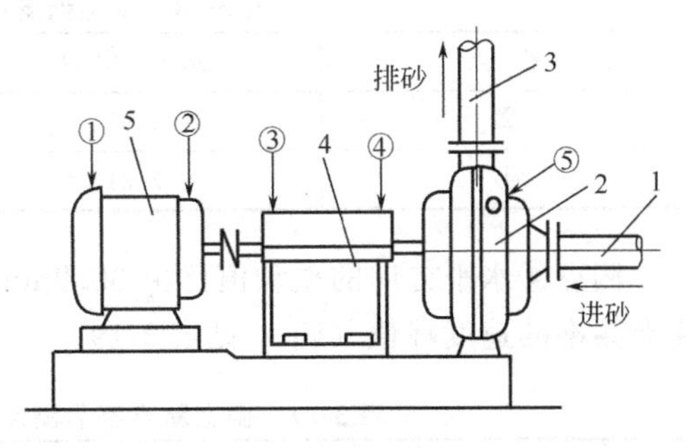

图 3-59　砂泵结构

1—进砂管；2—泵壳；3—排砂管；4—轴承支座；5—电动机

①～⑤—测点

第一步，分析了引起该机振动的可能因素：电动机、砂泵、轴承座、基础、转子组件以及进（排）砂管等部位都是可能的振动源。

第二步，用排除法测量分析真正的故障振源部位。

先拆离了电动机与泵的连接，让电动机单独空转并测量其振动值，其中测点②的速度有效值为：

水平方向(H)：$V_{rms}=0.12$mm/s；

垂直方向(V)：$V_{rms}=0.52$mm/s；

轴向(A)：$V_{rms}=0.52$mm/s。

然后将电动机与砂泵进行连接，但拆开砂泵与进砂管和排砂管的连接，让砂泵瞬时不带负荷运转，测量了轴承座测点④、测点⑤，其速度有效值为：

测点④水平方向(H)：$V_{rms}=30.9$mm/s；

测点⑤振值：$V_{rms}=6.0$mm/s。

分析测试结果得出下面结论。

(1) 电动机的运行状态良好，故机组振动与电动机无关。

(2) 拆离了进砂管和排砂管后对泵进行测试，轴承座测点④振值很大，而泵壳上测点⑤的振值在允许范围内，故设备的振动与进（排）砂管无关。这又排除了存在外来干扰的可能性。

(3) 初步判断剩下的轴承座是造成异常振动的原因。

接着采用数据采集器对测点④水平方向的振动信号作了频谱分析，主要频率峰值列于表 3-17。

表 3-17　④号测点水平方向振动信号主要频率峰值

频率/Hz	10	20	30	50	60	70	80	100	150	170	180	200
峰值/(mm/s)	5.4	29.7	30.2	5.9	3.6	6.8	5.9	2.7	2.3	3.2	2.7	1.4

从表 3-17 中可见，轴承座振动信号所包含的频率成分相当复杂，其中 20Hz 和 30Hz 两个分量最突出，这表明主要振动频率是转频。因为测量分析频段是 0～1000Hz，而仪器的频率分辨率是 10Hz，不能显示转速频率（24.7Hz）。另外还包含有丰富的低次和高次谐波。从频率结构分析，轴承支座存在结构共振的可能性很大。

泵的轴承支座是用薄钢板焊接而成的，横向跨度小，加强筋布置不合理，造成整体结构刚度差。这是机组在运行中产生结构共振的主要原因。

改进支座后，对瓦曼泵在带荷运行的情况下进行了复测，几个主要振动数据见表 3-18。

表 3-18　换上新支座后瓦曼泵振动速度有效值　　单位：mm/s

测　点	水平方向 H	垂直方向 V	轴向 A
②	1.98	—	—
④	2.21	2.50	3.10

测点④水平方向的振动值已由 30.9mm/s 降到了 2.21mm/s。测点④水平方向振动信号主要频率的速度峰值（V_P）见表 3-19。

表 3-19　换上新支座后测点④水平方向振动信号主要频率幅值

频率/Hz	20	30	50
速度峰值/(mm/s)	4.12	2.02	0.48

可见转频分量明显降低，低次和高次谐波已消失。

采用排除分析法识别故障部位，准确度高，适用于一些比较复杂故障的诊断。但通常需要停机检查，工作量大，故只用于比较重要的场合。

（四）故障程度分析

在现场进行故障诊断时，除了判明设备故障的原因和部位之外，还应知道故障目前达到了什么程度。在诊断中可采用下面几种界定方法。

1. 振动标准界定法

常用的振动标准中，一般将设备状态界定为若干个等级，每个等级都规定了限值范围。要进行故障程度判断，只需将实际测量的振动参数值与标准比较，就可以知道现在设备故障处于何种程度。在 ISO 2372 振动标准中，设备状态被界定为“良好”、“允许”、“较差”和“不允许”四个等级。设备处于“允许”状态，说明已存在早期故障了；处于“不允许”状态，说明故障十分严重，须停机检查处理。

2. 振动频谱界定法

如前所述，旋转机械的大多数故障都有自己的特征频率，分析振动频谱的频率组成变化和幅值增长情况是判别故障发生、发展的重要方法。在用频谱来界定故障的严重程度时，必须先建立“基准谱”，即设备在一定的运行条件下处于“良好”状态时所测得的振动频谱，最好进一步建立在各种故障状态下的“故障谱”。这种“基准谱”和“故障谱”就是界定故障程度的“标准”，在进行故障程度判别时，只需将测得的振动频谱与标准谱进行比较，就能知道设备的故障及故障的严重程度。

3. 振动峰值系数界定法

峰值系数 C_f 是振动单峰值 X_P 与有效值 X_{rms} 之比，即

$$C_f=\frac{X_P}{X_{rms}} \tag{3-17}$$

峰值系数是检测滚动轴承状态的一个有效指标，对反映轴承故障比较敏感，一般可按下列规则界定轴承的故障程度。

$C_f<5$ 轴承状态正常。

$C_f=5\sim10$ 轴承有轻微故障。

$C_f>10\sim20$ 轴承故障已发展到严重程度。

（五）设备状态发展趋势分析

在设备故障诊断工作中，除了要对故障类型、部位及程度作出判别外，还要对故障发展趋势作出判断。对设备实行状态趋势管理是必不可少的工作，其主要作用如下。

① 对设备故障实行趋势管理，可以预测设备状态未来的发展趋势。

② 掌握设备状态变化的趋势，有利于分析故障的性质。通过趋势图，可以看出机器状态劣化的速度。速度快是突发故障的信号，如油膜振荡、叶片脱落或机件折断等；劣化速度慢，则是磨损故障的特征。

③ 实现特征频率分量的幅值变化的趋势管理，可监视设备总体状态变化，也能诊断故障的原因。当信号 2 倍频幅值变化很大，而 1 倍频幅值不变时，设备可能存在不对中故障，而非不平衡故障。

以时间为横坐标，幅值参量为纵坐标，把标示在坐标图上的定期监测的数据点用一根光滑的曲线连接起来，就形成了常用的趋势管理曲线。管理对象可以是某一测点的振值，也可以是某一个特征频率振幅。

图 3-60 是一趋势管理图，当设备运行到时间 T_1 时，监测幅值由正常值上升到异常值区域，表明设备已存在故障；设备运行到时间 T_2 时，幅值达到不允许值范围，说明设备存在严重故障，必须停机处理。(T_2-T_1) 时间段应当是处理故障前的准备时间。

利用趋势管理图判断设备的状态时，还应注意参数值变化的速率。在图 3-61 中，曲线 1 和曲线 2 分别表示两台设备的状态趋势管理图。对于曲线 1 而言，尽管监测参数 x 的绝对值并不很大，或者还没有超过允许范围，但是其幅值的变化率很大，这种情况往往预示着设备在加速劣化，或者有突发性事故发生的可能，故更应引起重视。曲线 2 的变化率要小得多，说明设备状态变化是渐进性的，危险性要小得多。

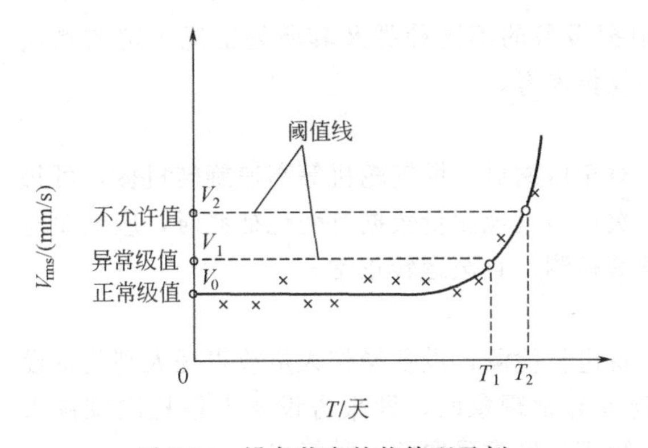

图 3-60 设备状态趋势管理示例

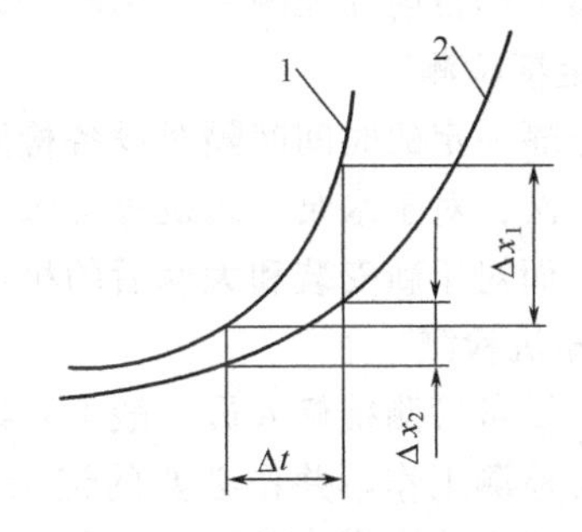

图 3-61 两条趋势管理曲线

下面举两个利用趋势管理判别故障的实例。

【例 3-3】 某公司的一台除尘反吹风机是重点监测设备，公司对其实行了趋势管理。该机自 1993 年起振动值逐渐增大，至 1994 年 1 月 26 日风机振动突然增强，前轴承水平方向振动速度有效值 (V_{rms}) 达到 14mm/s，垂直方向达到 29mm/s，其频谱图上只有转频成分。其水平方向振动趋势管理曲线如图 3-62 所示。

趋势图有振值突变现象，表明机器内部发生了严重故障，从频率成分看是不平衡性质的故障。拆机检查，发现有一块夹板脱落挂在转子上，使转子处于严重的不平衡状态。可见趋势管理是发现突然事故的有效方法。

【例 3-4】 某压缩机组高压缸转子右轴承从 5 月 8 日至 9 月 11 日，1/2 转频幅值变化趋势图如图 3-63 所示，9 月 4 日下午 1/2 转频幅值出现突变，振值迅速增高，根据频率特征判断振动是转子涡动引起的。停机检查，证实了所作的判断。调整了工艺参数后，机组运行恢复了正常。

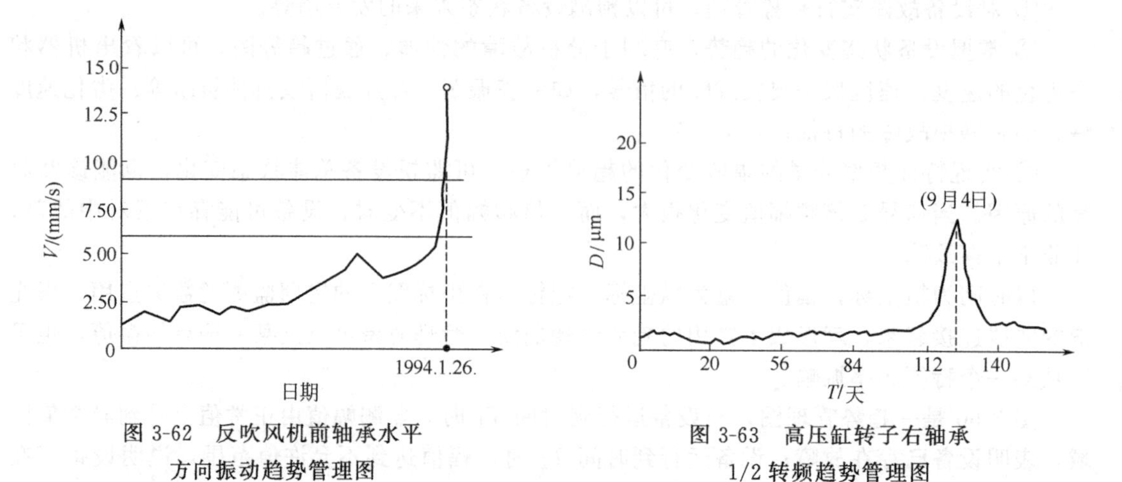

图 3-62　反吹风机前轴承水平方向振动趋势管理图

图 3-63　高压缸转子右轴承 1/2 转频趋势管理图

从上例看出，对重要机组的特征频率成分作趋势管理，不但有利于发现设备异常状态，而且能判别所发生故障的类型。

上述两个趋势管理实例各有特点。第一个是监测振动参数；第二个选择 1/2 转频的位移幅值作为监测参数。所以在对设备状态作趋势管理时，对选择监测参数、测量部位以及监测的周期（两次监测的间隔时间），都应当有所考虑。

五、测量周期的确定

测量周期的选定应能感知设备的劣化，根据设备的不同种类及其所处工况确定监测周期。此项工作目前尚无统一的标准，以下所列仅供参考。

1. 定期检测

即每隔一定的时间间隔对设备检测一次。对于压缩机、燃气轮机等高速旋转机械，可每天检测一次；对于水泵、风机等可每周检测一次；当发现测量数据有变化征兆时，应缩短监测周期；而对于新安装和大修后的机器，应频繁检测，直至运转正常。

2. 随机检测

专职设备检测维修人员一般不定期地对设备进行检测，设备操作人员或责任人则负责设备的日常检测工作，并作必要的记录。当发现有异常现象时，即报告设备专职检测维修人员，进行相应的处理。随机点检也是企业设备管理中经常采取的一种策略。

3. 在线监测

对于某些大型关键设备应进行在线监测，一旦测定值超过设定的界定值即进行报警，进而采取相应的保护措施。

小　结

1. 监测系统由测振传感器、信号调理器、信号记录仪与信号处理器组成。

2. 压电加速度传感器是振动诊断测试中最为常用的传感器。

（1）压电加速度传感器的工作原理是：压电元件表面的电荷量与传感器壳体（被测物体）的振动加速

度幅值成正比。即

$$q=S_{q}a\sin(\omega t-\phi)$$

(2) 压电加速度主要性能指标有灵敏度、频响范围、测量范围、最大横向灵敏度及使用温度范围。

(3) 使用加速度传感器时应注意温度、湿度、电缆噪声、接地回路噪声、横向灵敏度及传感器安装方式的影响。

3. 电涡流传感器是常用的振动位移传感器；磁电式速度传感器是典型的振动速度传感器。

4. 选用传感器应遵循可用和优化的原则。

5. 磁带机和数据采集器是广泛应用的记录振动信号的仪器。

6. 选择监测点是诊断工作重要的第一步，应遵循的原则是：能对设备振动状态作出全面描述；应是设备振动的敏感点；应是离机械设备核心部位最近的关键点；应是容易产生劣化现象的易损点。

7. 设备状态分析包括设备总体状态分析、故障类型分析、故障部位分析和故障程度分析。其中，标准识别法和频率识别法是最主要的分析方法。

习　　题

一、单选题

1. 由于齿轮缺陷而引起的振动能量，大都出现在（　　）范围。

A. 齿宽中心　B. 旋转频率　C. 啮合频率　D. 边带频率

2. 一般来说，接触式传感器中，速度传感器用于测量不平衡、（　　）、松动接触等引起的振动。

A. 齿轮故障　B. 不对中　C. 轴承故障　D. 都可以

3. 电涡流传感器是常用的（　　）传感器。

A. 位移　B. 加速度　C. 速度　D. 涡流

4. 测量低速轴振动，一般使用（　　）传感器。

A. 位移　B. 速度　C. 加速度　D. 压力

5. 能够测量相对振动的是（　　）传感器。

A. 接触式　B. 速度　C. 加速度　D. 位移式

6. 测量轴承垂直方向振动时，测点应选在（　　）。

A. 轴承宽度中央的中分处　B. 轴承宽度中央的正上方

C. 轴承的轴心线附近　D. 轴承宽度正上方任意处

7. 大多数机械故障引发的振动有自己的振动频率，称为特征频率。1/2 倍转频是（　　）的特征频率。

A. 转子不平衡　B. 转子不对中　C. 油膜振荡　D. 齿轮故障

8. 检测连接部件松动最简单、最有效的方法是（　　）。

A. 幅值比较分析法　B. 方向特征分析法　C. 关联分析法　D. 波形比较分析法

9. 实施现场振动诊断的第一个步骤是（　　）。

A. 确定、了解诊断对象　B. 确定诊断方案

C. 进行振动测量与信号分析　D. 实施状态判别

10. 故障类型的分析法不包括（　　）。

A. 瞬态信号分析法　B. 幅值比较分析法　C. 布点排查法　D. 主频率分析法

11. 故障程度分析法不包括（　　）。

A. 振动标准界定法　B. 频谱界定法　C. 冲击脉冲法　D. 趋势分析法

12. 设备劣化趋势分析不包括（　　）。

A. 发现早期故障　B. 识别故障部位　C. 预测极值时间　D. 便于维修决策

13. 评定机械振动水平的测点位置通常是确定在（　　）上。

A. 基础　　B. 轴　　C. 基座　　D. 管子

14. ISO2372 机械振动标准为（　　）。

A. 绝对判断标准　　B. 相对判断标准　　C. 类比判断标准　　D. 一般标准

15. 当转子升速到临界转速时，会产生剧烈振动，继续升高转速超过临界后，转子振动会（　　）。

A. 增大　　B. 减小　　C. 不变　　D. 都有可能

二、判断题

（　　）**1.** 压电加速度传感器是振动诊断测试中最为常用的传感器。

（　　）**2.** 在测量轴承振动时，测点应尽量靠近轴承的承载区。

（　　）**3.** 应用特征频率分析法能很好地判断齿轮机构故障部位。

（　　）**4.** 测点离振源越远，振动反映故障越敏感。

（　　）**5.** 水平方向和垂直方向的振动反映径向振动，测量方向垂直于轴线；轴线振动方向与轴线重合或平行。

（　　）**6.** 一般情况下测量高频振动信号采用位移传感器。

（　　）**7.** 在激振力作用下，转子相对于轴承的振动称为绝对振动。

（　　）**8.** 在现场实行简易振动诊断主要是使用压电式加速度传感器测量轴承的相对振动。

（　　）**9.** 地脚螺栓松动，一般表现为水平方向振值大。

（　　）**10.** 当设备具有结构相同或相近的部件时，常采用类比法确定工作状态。

（　　）**11.** 在趋势图中，测量值的变化率没有其大小本身重要。

（　　）**12.** 共振的瞬态信号特征是振动幅值随转速下降而迅速下降。

三、思考题

1. 简述压电效应。

2. 用压电加速度传感器进行测量时，怎样减小电缆噪声和接地回路噪声？

3. 用电涡流位移传感器测量时，为什么要注意被测物体的形状影响？

4. 什么是混叠效应及采样定理？

5. 确定测点数量及方位的总原则是什么？

6. 简述绝对判断标准、相对判断标准和类比判断标准的含义。

7. 为什么说特征频率识别法是故障诊断工作的主要方法？

8. 设备状态趋势管理有什么重要意义？

第四章　常用设备状态监测仪器

开展设备诊断技术工作，正确选择和使用诊断仪器是关键。本章介绍几种有代表性的常用仪器的性能特点及其应用。

第一节　SPM滚动轴承故障诊断仪性能及操作

振动脉冲法（SPM，the Shock Pulse Method）又称冲击脉冲法。它能适用于滚动轴承多种失效的诊断，尤其对疲劳失效、磨损失效、润滑不良等失效的诊断准确率相当高，是滚动轴承失效诊断的主要方法之一。

一、冲击脉冲法的基本原理

1. 定义

世界上无论什么物体，也不论采用何种精密加工手段，它的表面总不会达到绝对平滑，总是存在着一定程度的凹凸不平。而当两个物体相互接触并相对运动时，由于接触面上的凹凸不平，就会使物体发生碰撞，这种碰撞会产生一定量的振动，同时这种振动不是连续状态而是呈脉冲状态。故称这种由接触面上的凹凸不平使物体发生碰撞而产生的一定量的振动为脉冲振动或冲击脉冲。脉冲振动能量的大小取决于两方面。

① 物体间接触面凹凸不平程度的大小。

② 碰撞时的冲击速度的大小。

一只新滚动轴承，其表面存在着许多微小凹凸不平面，在转动过程中，由于载荷和转速的作用，运动元件之间必将产生脉冲振动。这种新轴承所产生的脉冲振动能量是非常弱的。只有当滚动轴承开始发生失效时，这种脉冲振动能量才开始向强的方向发展。一旦发生严重失效，这种能量就增加数十倍甚至数百倍。由于脉冲能量强弱变化与滚动轴承状态好坏有着密切的对应关系，因此利用脉冲振动原理，对滚动轴承失效进行诊断是一种较好的方法，这种方法称为冲击脉冲振动法。

2. 脉冲振动法判别标准

滚动轴承的寿命是以同一批型号轴承、同样运转条件下90%的轴承不发生破坏前的转数（以10^6转为单位）或工作小时数作为轴承的寿命，并把这个寿命叫做额定寿命。而脉冲振动对轴承寿命的定义为：一只完好的新轴承，有一个初始脉冲振动值，当脉冲振动值达到初始振动值的1000倍左右时，就认为该轴承已经到达其使用寿命的终点。用分贝（dB）表示时，轴承寿命终点的脉冲振动值为60dB。即

$$\text{轴承寿命}=20\lg\frac{1000}{1}=20\lg10^3=20\times3=60\ (\text{dB}) \tag{4-1}$$

冲击脉冲振动值与滚动轴承状态的关系见图4-1。

对于CMJ-1型冲击脉冲计，主机读数盘标有0～60分贝（标准分贝）刻度，分成绿、

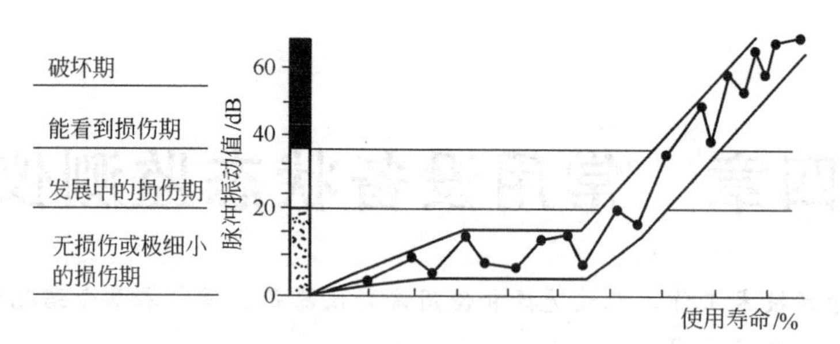

图 4-1　冲击脉冲值与滚动轴承寿命的关系

黄、红三个区域。

绿色区域：读数为 0～20 标准分贝。表示滚动轴承状态处于正常良好状态。监测周期可在1～3 个月内选择。

黄色区域：读数为 20～35 标准分贝。表示滚动轴承已出现轻微的失效或表示轴承有降低工作状态的趋势存在。监测周期应由 1～3 个月缩短到几天或一周。

红色区域：读数为 35～60 标准分贝。表示滚动轴承已出现较重或严重缺陷。其工作状态不良，有明显的失效存在，需停机检修轴承。

3. 冲击脉冲法诊断特点

采用冲击脉冲法诊断滚动轴承，只能判明轴承的总体状态是正常还是异常，以及损伤的严重程度，但不能如频谱分析一样确定其中哪个元件损坏。故为简易诊断方法。

二、CMJ-1 型冲击脉冲计工作原理

中国上海长江科学仪器厂生产的 CMJ-1 型冲击脉冲计，主要作用原理是轴承旋转所产生的振动冲击加速度能呈现出一种瞬时脉冲波，通过传感器接收信号，并转换为音频信号表示在仪器读数盘上。根据几条简单的规则鉴别出轴承工作状态的好坏。它的全部功能由仪器主机上设置的转动计数盘及拨盘来控制，计数盘以读数之前确定的轴承的背景分贝（初始脉冲振动值）dB_{i} 为初值，拨盘用来开关仪器并改变它的对比电平，同时扬声器可发出声音，发光二极管发出与声音同步的闪烁光点。对同一轴承中的多数滚动元件，其产生的振动脉冲较轻，各滚动元件发出的声响一个紧接一个地快速连续传出来，声调是平滑的，不断提高对比电平值，声响将由连续声调变成断续声调。在此过程中，通过辨别声光信号即可从调拨到位的刻度盘上读出相应的冲击脉冲值（即地毯值 dB_{C} 和最大标准值 dB_{M}）。对照图 4-1 来分析 dB_{C} 和 dB_{M}，可及时准确地发现轴承有无故障以及故障的程度，从而确定轴承工作状态以及轴承寿命的可能期限。下面介绍一下仪器中几个参数的含义。

1. 背景分贝 dB_{i}

背景分贝是滚动轴承振动初始值。它的数值大小取决于滚动轴承内径大小和转速的大小。前面已叙述过，脉冲振动的大小与滚动体和内外圈接触面的粗糙度有关，同时与转动速度有关。不同的轴承内径和不同的转速，滚动体的线速度是不同的。轴承内径大，转速高，线速度就大，脉冲振动能量就大，反之就小。同内径轴承转速越高，脉冲振动能量就越大。仪器上的 dB_{i} 值就是考虑到轴承的内径和转速的不同应对滚动轴承转动状态下的实际脉冲振动值所进行的修正。dB_{i} 值是从大量新的完好的滚动轴承中试验积累所获得的经验数据。

2. 绝对分贝 dB_{SV}

dB_{SV}是脉冲振动值的绝对分贝，是用来衡量冲击能量强弱的绝对值。

3. 标准分贝 dB_N

dB_N 称为标准分贝，是用来评定滚动轴承工作状态的标准。

$$dB_N = dB_{SV} - dB_i \tag{4-2}$$

4. 地毯值 dB_C

dB_C 称地毯值，也叫地毯分贝。表示滚动轴承各元件表面共有的粗糙度。一个工作状态良好的滚动轴承，起伏值即地毯值低于 10dB，dB_C 总是低于 dB_M。

5. 最大分贝 dB_M

dB_M 是最大标准分贝，它表示滚动轴承的元件损坏的最大程度。是冲击脉冲的最大波动。对于滚动轴承来说，表示滚动轴承中的元件存在个别突出的缺损、裂纹或剥落等。其动态声响表现为只有断续声响，每个音频信号在喇叭或耳机中听来相隔约 10s，如将对比电平再升高一点，该声响即消失，表明脉冲振动达到最大极限。

三、仪器结构及组成

CMJ-1 型冲击脉冲计由加速度传感器、主机、耳机三部分组成。其结构见图 4-2。

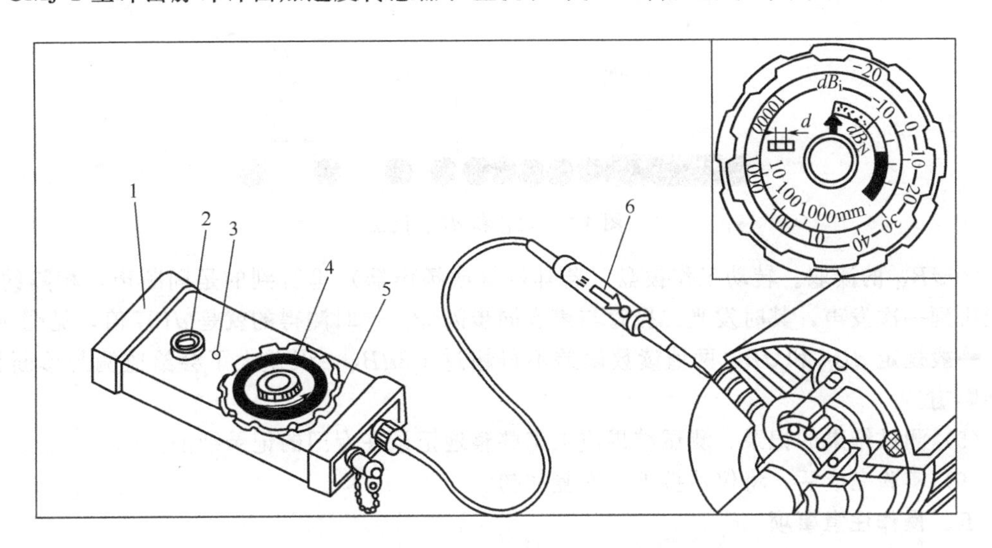

图 4-2 CMJ-1 型冲击脉冲计结构简图

1—壳体；2—扬声器；3—发光二极管；4—预置拨盘；5—工作拨盘；6—探头（加速度传感器）

1. 传感器

压电式加速度传感器内设一个 32kHz 压电换能器，将滚动轴承在转动状态下产生的机械振动信号转换为一个相对应的电信号供主机分析用。传感器使用温度范围－10～56℃，测量范围 0～80dB_{SV}，此处 dB_{SV}为绝对分贝。

2. 主机

主机是仪器的核心。它接收传感器输出的电信号，通过已设置好的内部电路将接收到的信号进行放大对比，然后转换成音频信号，分两路同时输出。一路输给主机上设置的喇叭，另一路输给专用耳机，供耳机发声用（上海长江科学仪器厂生产的 CMJ-1 型冲击脉冲计主机上还设置一个发光二极管，与喇叭和耳机同步，通过发光指示供环境噪声过大的情况下判别状态用）。测量范围 100dB，分辨能力 3.3dB，工作温度 0～55℃，最大轴径 1000mm，最高转速 5000r/min。

3. 耳机

耳机是用来监听脉冲震动音频信号的。在一般环境噪声较低的情况下，只需利用主机上设置的喇叭发出的声响即可，无需配戴耳机。然而一般机器设备转动状态下的噪声在 85dB (A) 以上，主机上的喇叭发出的音频信号被机器噪声湮没，这时必须借助耳机才能监听到轴承运转状态下的脉冲振动音频信号。

四、仪器操作步骤

(1) 将 CMJ-1 型冲击脉冲计装上干电池，将探头连到主机上。

(2) 转动拨盘，打开电源。

(3) 确定 dB_i 值。在测试前，根据被测轴承的内径 d(mm) 和实际工作转速 n(r/min)，通过转动主机上的计数盘和预置拨盘直接确定 dB_i 值。

(4) 将探头向测点靠近并接触，转动工作拨盘，测量地毯值 dB_C 和最大标准值 dB_M。

① dB_C 的读取。转动工作拨盘，dB_C 是连续音频信号与断续音频信号的分界点，声响特点似断非断，见图 4-3。

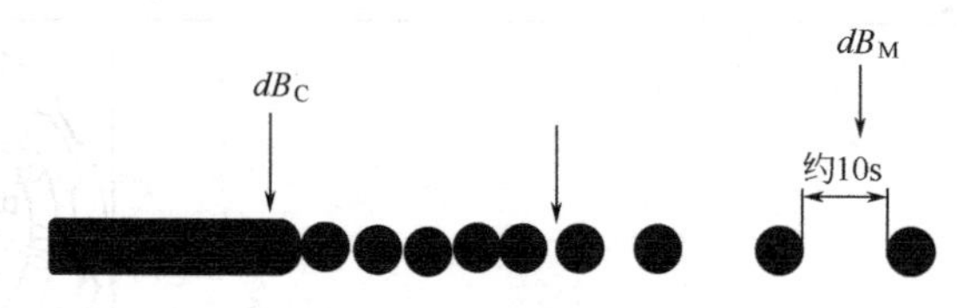

图 4-3　dB_C 和 dB_M 读法

② dB_M 的读取。转动工作拨盘，若耳机（或扬声器）里听到的是间断声，相隔约 10s 才能听到一次发声，其时发光二极管与声音同步闪烁。这时测得的就是 dB_M 值，见图 4-3。

一般规定 dB_C 和 dB_M 两值读数误差不得超过 $\pm 3dB_N$，误差大了会给监测与诊断带来不利影响。

(5) 测试结果的记录。测试结果应工工整整地记录在专门的记录纸上。

(6) 实验完成后，将仪器拆下，恢复如初。

五、操作注意事项

(1) 电池检查。接通或关断仪器电源时，仪器喇叭或耳机如发出一个短暂的声音脉冲“嘟”，它表示仪器电池电压足够。如发出连续声音“嘟——”则表明电池电压不够或电池极性装反（内装 8 节 5 号碱性电池），这时应检查电池是否极性装反，如果未装反，应更换电池。

(2) 在噪声大的环境里应戴耳机，增强听感。

(3) 测点为曲面时，其曲面半径应大于传感器顶杆头球面半径。

(4) 传感器在接触测点表面的一瞬间用力要轻，以免过大的冲击力损伤传感器压电晶体。传感器接触测点后压紧力应适中，一般 20～30N。

(5) 正确选择测点对于准确测量轴承冲击脉冲量是非常重要的。测点的选择一般应遵循以下原则。

① 尽可能选择在轴承的负载区。负载区的定义是，轴承座负载的部位一般在轴承座下方 120°的区域内。

② 选择冲击波能直线传播到达的位置。轴承到测点距离应尽可能短而直，要避免零件间多界面和空腔部位。这是因为冲击波在界面上和空腔里会发生反射和阻尼，一般每增加一

个界面，轴承脉冲量要降低3～5dB，测点离轴承距离达200mm时，脉冲量要降低5～10dB。

③ 测点表面应平整。被测点一般选择在轴承座上，轴承座多数为铸造件，表面多为不加工的毛面，因此测点表面的平整度通常是不够的，有毛刺且形状凹凸不平。存在上述缺陷时，应先清理缺陷。传感器的顶杆头是一个半径为8mm的半球形体，顶杆头接触被测表面时应让半球面接触被测面，见图4-4。

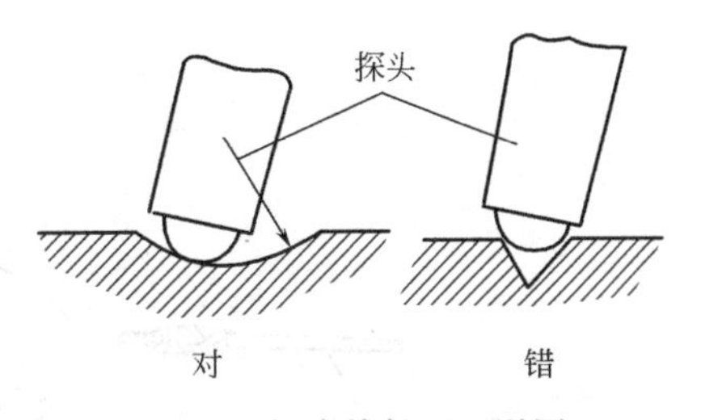

图4-4　探头接触面正误图

④ 注意防干扰。在独立单个轴承上测试其冲击脉冲量不会存在干扰，所获音频信号较真实。然而在多组轴承并列安装在同一部位时或平行安装在同一方向相互间距不大时，如减速机上的轴承、机床床头箱上的轴承，最少有两个轴承相邻很近的情况出现。测量必须要考虑干扰。有干扰和无干扰其测量方法有所不同。

第二节　JTQ-1机器听诊器性能及操作

一、仪器工作原理

前面内容已经提到，机械振动是自然界广泛存在的一种物理现象。通常，运转着的设备都会产生振动，通过对设备振动的研究，监测设备的工作状态，诊断设备产生的故障。最初，设备维修人员判断机器故障常用的工具是螺丝刀或改装了的医用听诊器，方法非常简单。因为发声体的振动，通过中间的空气介质以纵波的形式传播到人的耳朵中，使人能感受到振动的存在，有经验的维修人员即可根据听到的噪声来分析、判断设备的故障。

JTQ-1型机器听诊器是用上述方法改造而来的一种新型的机器设备的听诊装置，其工作原理是将机械振动信号拾取出来并转换放大到适当的音量供设备维护人员判断机器的状态是否正常，它实际上是一个包括振动传感器在内的振动放大装置。

用JTQ-1型机器听诊器判断机器故障有以下特点。

① 用紧扣耳朵的耳机来听机器声，可以屏蔽环境噪声对听诊的干扰。

② 由仪器的放大作用，可以清楚地听到微小的机器故障，若声音过大，也可以调节音量旋钮，将其衰减到一个适当的量。

③ 仪器设有外接磁带记录仪的插口，可将现场机器声记录下来，以供存档或分析用。

二、仪器结构及组成

工作仪器由以下几部分的组成，见图4-5。

① JTQ-1型机器听诊仪；

② 探针（30mm、290mm各一根）；

③ 25Ω耳机；

④ 9V积层电池；

⑤ 小型收录机；

⑥ 空白磁带；

⑦ 收录机用耳机；

⑧ 5号电池。

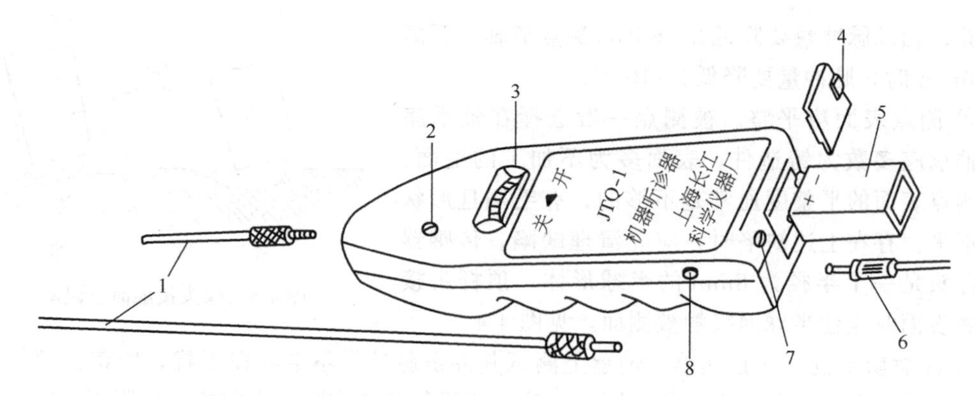

图 4-5　JTQ-1 型机器听诊仪结构图

1—探针；2—电源指示；3—开关及音量控制；4—电池盖板；5—电池；
6—耳机插塞；7—耳机插口；8—记录仪插口

三、仪器操作步骤

① 将 JTQ-1 型听诊器装上方形干电池。

② 根据被监听的机器的不同而选择 30mm 或 290mm 的探针，用手将其顺时针拧入听诊器的前端接口处。

③ 将专用的 25Ω 耳机的接头，接在 JTQ-1 型机器听诊器的耳机插孔处。

④ 打开开关，待指示灯亮后（注意将音量调节到最小处），将探针向机器靠近并接触，听到声音再调节音量，直到清晰为止。

⑤ 除下耳机，并将收录机装上干电池，按下播放及录音键，将其 MIC 插口紧扣在 25Ω 耳机的扬声器里，以录取所拾取的机械振动。

⑥ 用收录机耳机或直接用扬声器播放步骤 5 所录取的振动信号，以供分析、判断机器的故障。

⑦ 实验完成后，将仪器拆下，恢复如初。

四、操作注意事项

① 给 JTQ-1 型机器听诊器装电池时，要注意正、负极，防止装反毁坏仪器，并只能使用 9V 的积层电池；

② 若仪器长时间不用，应将电池取出，防止电池漏液而导致仪器受损；

③ 安装探针时，只需用手拧入，切勿使用工具，防止过紧而导致拆卸困难；

④ 注意耳机插口，不要插错插孔；

⑤ 在用探针拾取机械振动时，探针头不要抵得压力过大，只要轻微接触即可，否则将拾取不到机械振动；

⑥ 用磁带记录仪记录机械振动时，将录音机制 MIC 插孔紧扣声源，防止其他环境噪声的影响。

第三节　ENPAC 2500 测振仪性能及操作

ENPAC 2500 测振仪是一个双通道的实时频谱分析仪，同时也是用于设备状态监测的数据采集器。具有采集、显示和存储等宽量程分析功能。可作为单台仪器使用，也可以将测量信号上传至计算机用软件来进行程序分析。

一、仪器工作原理

在设备的运行过程中，为了从振动、噪声和温度中获取设备的各种有用信息，就必须用传感器采集和捕捉各种信号。就像人的各个感觉器官，把外界所发生的各种变化信息传递给大脑。传感器有很多种，ENPAC 2500 测振仪就是利用压电式加速度传感器根据压电效应的原理，当其晶片受到振动作用后，会产生与作用力成正比的电荷量 Q，即

$$Q=d_{ij}F=d_{ij}Ma \qquad (F=Ma) \quad (4\text{-}3)$$

式中　d_{ij}——压电常数；

M——敏感质量；

a——振动加速度。

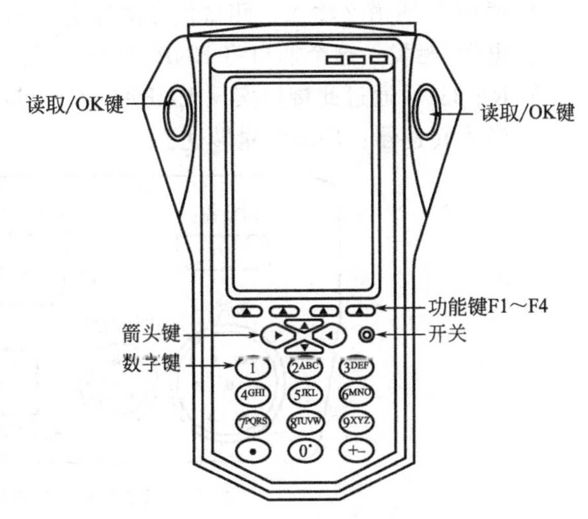

图 4-6　ENPAC 2500 数据采集器

由于压电式加速度传感器的 d_{ij} 与 M 均为常数，所以它产生的电荷量与振动加速度成正比，从而完成机电转换的工作。机械信号转换成电信号后，输入到 ENPAC 2500 测振仪，从而技术人员可以对振动进行测量、分析、计算和显示。

二、ENPAC 2500 测振仪的组成

工作仪器的组成：ENPAC 2500 测振仪，探头，数据线。

ENPAC 2500 测振仪如图 4-6 所示。

ENPAC 2500 数据采集器的按键功能如表 4-1 所示。

表 4-1　ENPAC 2500 按键的功能

按　键	功　能
读取/OK 键	按下读取/OK 键即或开始当时的数据采集，或接收当时的测量数据。该键有两个，可以用左手或右手按键
功能键	在显示区域之下是四个功能键，其作用根据数据采集器的当时状态而定。数据采集器在按键上方的显示区域内显示按键的当前功能，若在一个功能键的上方没有出现文字，则该键在当前窗口中失效
向上箭头	• 转到之前的区域或选择菜单 • 在坐标中减小 Y 轴的比例
向下箭头	• 转到之后的区域或选择菜单 • 在坐标中增加 Y 轴的比例
左向箭头	• 当界面数大于 1 时，显示之前的信息界面 • 在启动中关闭选择菜单以及仪器组态界面 • 将指针左向移动
右向箭头	• 当界面数大于 1 时，显示下一信息界面 • 在启动中打开选择菜单以及仪器组态界面 • 将指针左向移动
开/关	可将 ENPAC 2500 打开或关闭，关闭时，按下此键保持 1s
数值	输入数值或在主菜单界面上移至相应选择菜单
小数	检查电池的状态，或在数值区域内输入一个小数点
+/−	在界面上扩展或压缩一个信号图块

用于外部连接的接口位于 ENPAC 2500 面板的顶部，如图 4-7 所示，其功能如下。

① 通道 1/通道 2 输入：测试信号由通道 1 和通道 2 的 LEMO 连接器输入。

② 电源/触发：这个插口将 ENPAC 2500 与一个外部触发器、电源适配器接口连接。

③ RS-232：通过此接口实现 ENPAC 2500 与计算机之间的数据传输。

④ 激光转速器：用来测量转速。

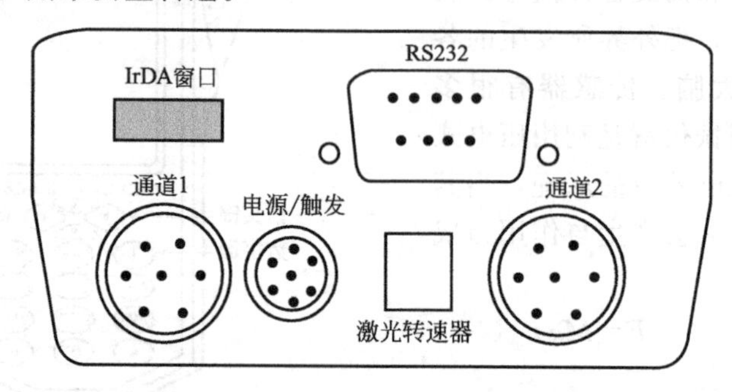

图 4-7　ENPAC 2500 外部硬件连接

三、ENPAC 2500 测振仪界面介绍

ENPAC 2500 测振仪在操作时会出现很多界面，分别介绍如下。

1. 主菜单

主菜单显示 ENPAC 2500 测振仪的不同程序，用户根据需要使用箭头按键高亮选择项，确定后按下读取/OK 键，即可进入该程序界面，如图 4-8 所示。

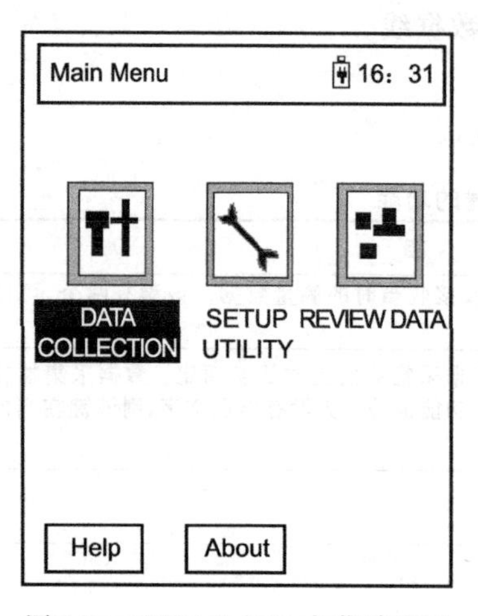

图 4-8　ENPAC 2500 主菜单界面

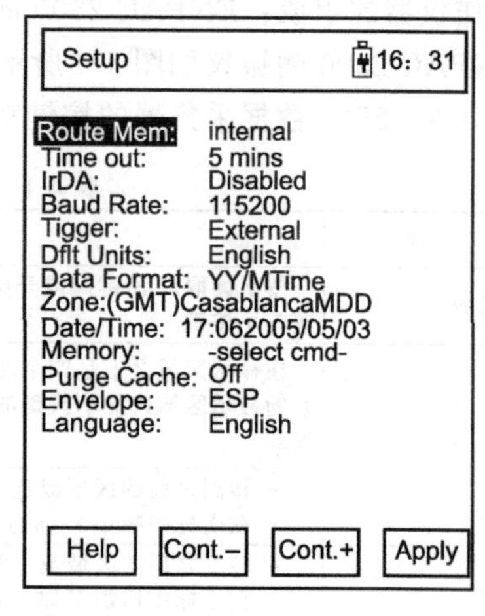

图 4-9　ENPAC 2500 设定界面

主菜单中的标准选项包括以下几项。

① 数据采集：用于采集路径或非路径计划数据。

② 仪器设定：用于仪器总体参数的选项设置。

③ 查看数据：查看存储在仪器中的数据。

2. 设定界面

设备界面可以设定 ENPAC 2500 测振仪通用选项，包括日期和时间。当仪器第一次上电、重新启动或硬件复位时，ENPAC 2500 测振仪显示设定界面，也可以通过从主菜单中选择进入设定界面，通过按向上或向下箭头选择各个选项，如图 4-9 所示。

采用下列步骤编辑界面上的选项：

① 高亮选项并按向右箭头按键以打开一个选择菜单；

② 按箭头键或使用数值键输入一个数值以选定选项；

③ 按向左的箭头按键保存选择。

完成后按 F4 键确定，返回主菜单。

3. 数据采集界面

可以从主菜单中选择数据界面，在数据采集器下载的路径中切换，采集并存储路径及非路径数据，并编辑数据采集选项，如图 4-10 所示，可以采用下列步骤在数据采集界面上进行切换：

① 使用向上或向下箭头在界面上选取想要的层次等级（工厂、车间、机械设备和测量点）；

② 按向右的箭头以显示下一个信息界面，如测量点序列；

③ 完成后按向左键确定。

按 F4 键返回主菜单。

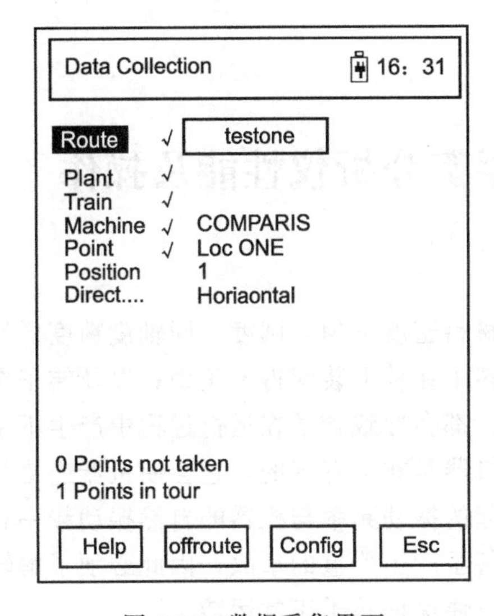

图 4-10　数据采集界面

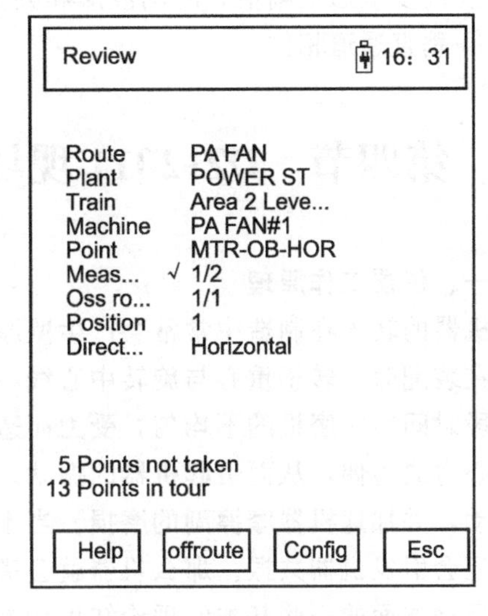

图 4-11　查看数据界面

4. 查看数据界面

查看数据界面用来在存储的数据中切换并查看之前采集的路径和非路径数据，可以从主菜单中选择查看数据界面，如图 4-11 所示。

在数据查看界面上采取如下步骤进行切换：

① 使用向上或向下箭头选取工厂、车间、机械设备和测量点；

② 按向右的箭头显示下一个信息界面，如测量点序列；

③ 确定选项后按左箭头键确定。

返回主菜单按 F4 键。

四、仪器操作步骤

① 连接传感器。

② 按下电源开关。

③ 从主菜单中选择“数据采集”模块，然后按READ/OK键，出现数据采集界面。

④ 按方向键▲、▼选中路径。

⑤ 按方向▶键，选择测试路径界面，按▲、▼键选择路径。

⑥ 按READ/OK开始测量，数据采集器将按事先设定好的顺序测量各点，用户根据提示将探头放置在测点即可。

⑦ 测试完成后，按功能键 OK 结束测试，回到数据采集界面。

⑧ 若要在现场查看测试数据，在数据采集界面选择功能键Review Data进入查看数据界面。

⑨利用数据线将计算机与数据采集器的 RS-232 端口连接，完成采集数据的传输。

五、双通道应用

双通道应用是 ENPAC 2500 的一个扩展程序，可以进行以下测量：

① 轴心轨迹；

② 同步双通道幅值，时间波形和频谱；

③ 垂直通道相位。

第四节 DZ-2011 现场振动平衡分析仪性能及操作

一、仪器工作原理

机器的转子在制造中常常会产生壁厚不均匀，材料密度不匀，圆度、同轴度精度低等缺陷；在装配时，转子重心与旋转中心线不重合或者转子在轴上装配得不正确；以及转子在使用一段时间后，磨损的不均匀，受力而造成弯曲等，都会导致转子在运行过程中产生不平衡的离心力或力偶，从而引起机器的振动。而振动对机器是非常有害的，它会使机器连接处产生松动，并加速机器摩擦副的磨损。当不平衡力引起的振动频率与机器的自然振动频率相等时，还会引发机器共振。那么机器就会遭到破坏，甚至产生严重的事故，因此必须了解转子平衡运动方面的一些基本的理论知识和操作技能，以便保证转子正常运转。

对于长径比较大的旋转体来说，常会产生两个大小相等、方向相反但不在同一直径上的不平衡质量。这种情况只能在转动状态下，才能测定转子不平衡质量所在的方位以及确定不平衡质量应加的位置与大小，这种找平衡的方法叫做动平衡。

常用找平衡的方法有试重同移法、标线法和动平衡机找动平衡法。

现在介绍怎样用 DZ-2011 现场振动平衡分析仪不定期找旋转体的动平衡。

用 DZ-2011 找动平衡，是基于试重同移法的原理。

首先由光电转换感应器来测出转动体在运转时相位角及加速度、速度、位移等作为参考值，然后在转动体上任选两个校正平面，在每个校正平面内各放一个平衡试重，并各放一个压电传感器进行测量（包括相位角、速度、加速度、位移及试重的质量等），与参考值进行比较，并用 BASIC 语言编写的动平衡程序进行分析，找出其平衡试重应调整的角度从而达到动平衡。

DZ-2011 现场振动平衡分析仪能进行旋转机械的现场平衡，工业设备工作状态的振动监测与维护保养中故障预测，机电产品、家用电器的质量检查和控制，振动标准的考核，设备的故障分析，振动烈度的测量，各类振源的振动总量的测量等，其使用相当广泛。下面就设备的组成作具体的介绍。

二、仪器结构及组成

DZ-2011 现场动平衡分析仪主要是由 DZ-2 振动测量仪、PF-1 频率分析仪及 X-900 相位指示器组成，实验仪器如下：

① DZ-2011；

② 微型计算机系统；

③ YD-3A 压电加速度传感器；

④ 光电转换传感器；

⑤ 光电转换传感器磁粉；

⑥ 传感器导线；

⑦ 连接导线。

现将主要仪器介绍如下。

1. DZ-2（振动测量仪）

DZ-2 振动测量仪用于机械振动烈度测量，由于有电池供电，也可测频率范围为 7Hz～10kHz 的振动加速度、速度和位移。它能对不同灵敏度的压电传感器实行归一化输出。由表头直接读数，同时采用了电荷放大器，清除了测试过程的一些不良因素。

DZ-2 振动测量仪控制面板由图 4-12(a)、图 4-12(b) 所示。

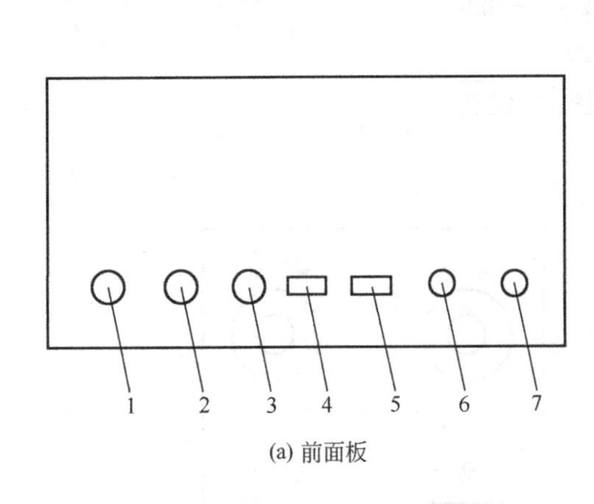

(a) 前面板

1—振动信号输出插座；2,3—外接滤波器输入、输出插座；4—滤波开关；5—低通滤波器开关；6—充电插座；7—接地插座

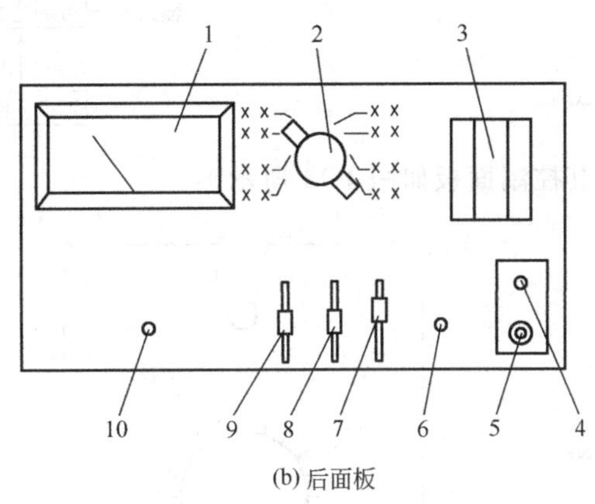

(b) 后面板

1—表头；2—量程选择开关；3—传感器的灵敏度拨盘；4—电源指示灯；5—电源开关；6—传感器插座；7—测量保持开关；8—物理量选择开关；9—测量值选择开关；10—表头机械零点调节螺丝

图 4-12 DZ-2 控制面板

2. X-900 相位指示器

X-900 相位指示器是一个触发单元，它通过光电传感器输出的触发信号，由锁相环产生一个固频方波信号，并由此信号与测振系统输出的信号进行相位比较，从而产生相位指示。

其前后控制面板见图 4-13。

3. PF-1 型频率分析仪

PF-1 频率分析仪是一个手动的频率分析装置，可以对各种随机信号进行频率分析，其

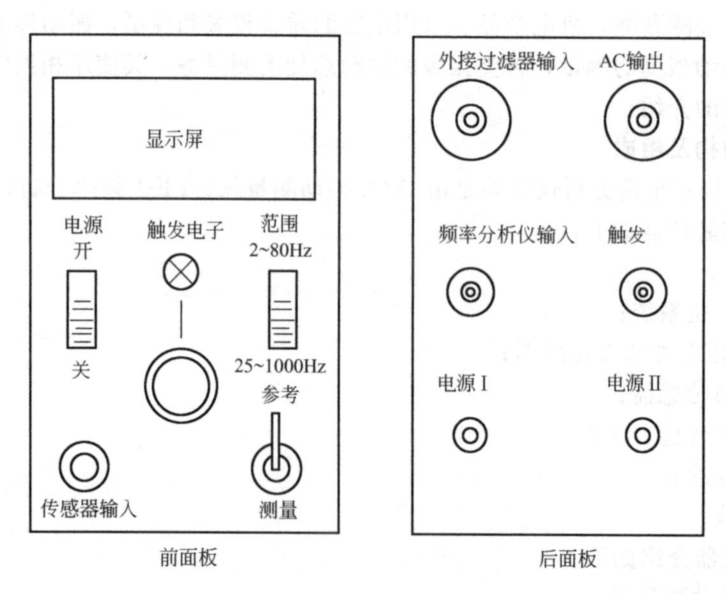

图 4-13　X-900 相位指示器控制面板

核心部位是一个中心频率可连续调节的窄带滤波器；操作极为方便，PF-1 与振动测量仪等仪器配合时，可在振动测量仪等仪器上直接读出随机信号的各个频率分量的幅值。

其电路结构如下所示：

输入 → 带通滤波器 → 输出

↑ 12V

整流、滤波 ← 振荡器

其控制面板如图 4-14 所示。

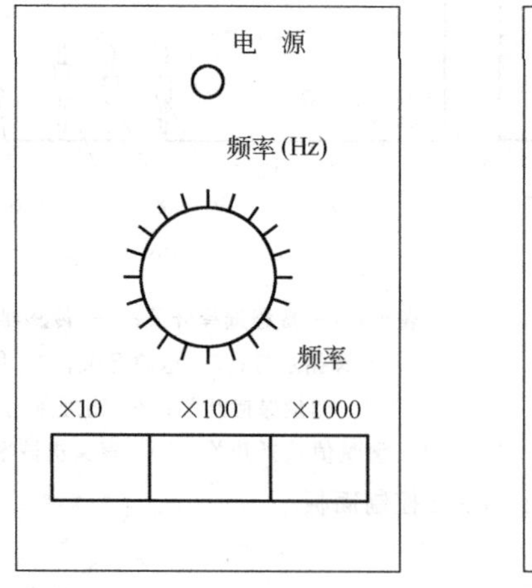

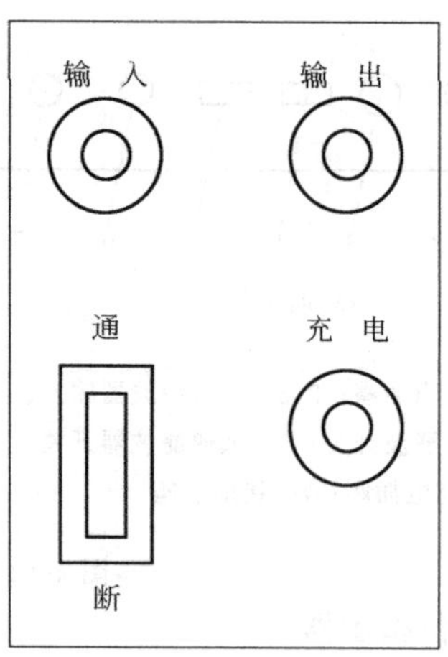

图 4-14　PF-1 型频率分析仪控制面板

三、操作步骤

（一）开机前准备

（1）熟悉各仪器的名称、组成及功用。

（2）将磁性吸铁座与传感器相连，然后将带有传感器的吸铁座分别吸压在被测转子的轴承座上（约与轴承座支架呈 90°）。

（3）用电缆线将传感器分别接到仪器底座的传感器“1”和传感器“2”上，并使电缆线固定，以避免因电缆线抖动而产生噪声。

（4）用电缆线将仪器底座的“至传感器输入”和 DZ-2“传感器输入”牢固连接。

（5）用电缆线分别牢固连接下列插孔：

① 将 X-900 的“外接滤波器输入”接至 DZ-2 的“外接输入”；

② 将 X-900 的“AC 输入”接至 DZ-2 的“记录输入”；

③ 将 X-900 的“频率分析仪输入”接至 PF-1 的“输入”；

④ 将 PF-1 的“输出”接至 DZ-2 的“外接输出”。

（6）将 DZ-2 后面的滤波开关拨至“外接”。

（7）将 DZ-2 的传感器灵敏度拨盘按所用传感器的灵敏度调好。

（8）将 DZ-2 的物理量选择开关拨至“速度”。

（9）将 DZ-2 的量程选择开关拨至“测量”。

（10）将 DZ-2 的测量法选择开关拨至有效值。

（11）将 DZ-2 的“正常/保持开关”拨至“正常”。

（12）将光电传感器接入 X-900，并使探测头对准被测平衡体转轴的光标处，距离约为 3mm（光标线是在轴上做的标记，线宽应是光电传感器光点直径的 5 倍以上）。

（二）开机测量

① 分别打开 X-900，DZ-2，PF1 的电源开关。

② 当被测转子转动时，仔细调整 X-900 上的触发电平控制旋钮，使电平指示灯闪亮。

③ 将 X-900 的“参考/测量”开关拨到“参考”处，调整 PF-1 使 DZ-2 指示值为最大，并使 X-900 的相位指示为 180°。

④ 将 X-900 的“参考/测量”开关拨到“测量”处，分别测出传感器“1”和传感器“2”的振动值及相位值［图 4-15(a)］。

⑤ 在传感器“1”处的平衡旋转体平面上加一试配重［图 4-15(b)］。

⑥ 重复 3、4 的步骤进行测量。

⑦ 将传感器“1”处的平衡旋转体平面上的试配重拆下，加在平衡旋转体平面“2”上［图 4-15(c)］。

⑧ 重复 3、4 步骤进行测量，并记录。

（三）数据处理

（1）打开微型计算机的开关，即将 PLOTTER、MT 及 PB700 的开关接至“ON”处。

（2）装入动平衡程序：

① 按下 PB-700 上红色按钮“BAK”，当显示屏上出现 Ready PV 时，按 SHIFT + Z，使显示屏上出现“LOAD”；

② 将 MONITOR 拨至“ON”处，装入磁带，按下“PLAY”键；

③ 当出现响声时，表示开始装入程序，直到响声消失，表示动平衡程序已装好。

（3）按下 SHIFT + Q 运行程序。

（4）将（二）部分的测量结果，依照指示输入 PB-700 中，让其自动分析得出结果。

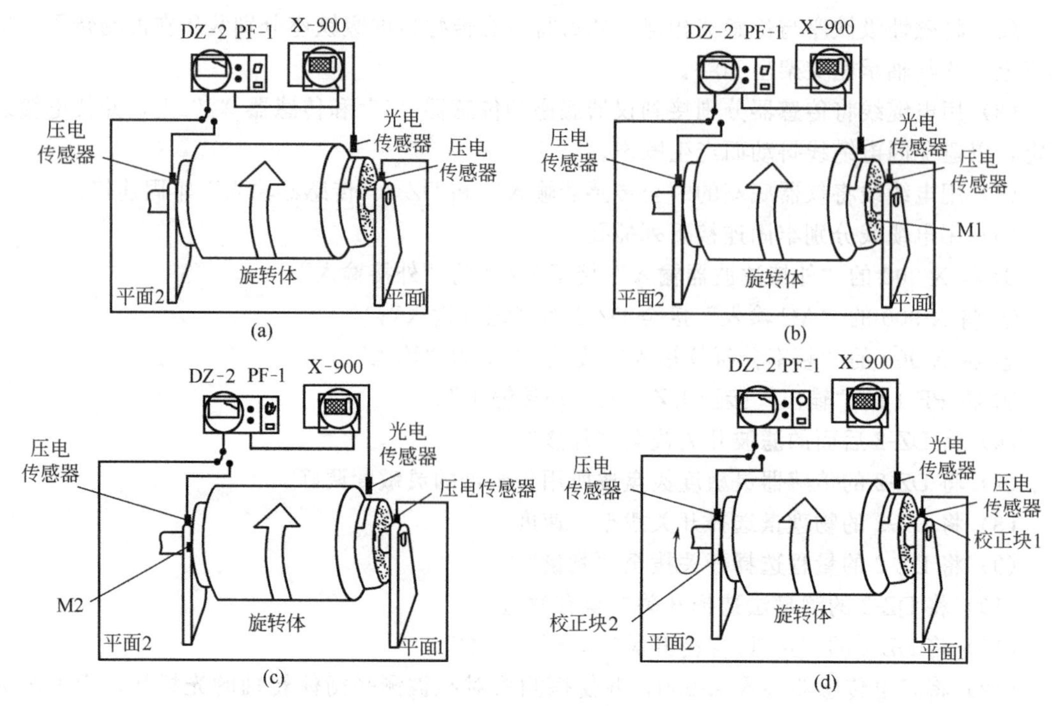

图 4-15 操作过程说明图

（四）结果说明

通过微型计算机动平衡程序的计算，其结果为所需的平衡值，其角度表示为：

正值为顺平衡转体旋转方向的修正角度；

负值为逆平衡转体旋转方向的修正角度［图 4-15(d)］。

四、操作注意事项

(1) 在实验过程中，若电压不够，应采用专用充电器充电。

(2) 若 X-900 相位指示器的显示屏无相位角出现，而只出现“L”，表示出错信息，则需要检查以下几个内容（若出现“LOBAT”，则需充电 16h)：

① 光电传感器安装是否正确；

② 被测转体的频率是否低于或高于本机范围；

③ 是不是周期和稳定的触发。

(3) 实验过程中，应避免强烈的外磁场和静电干扰。

(4) DZ-2 测振仪使用前应接通电源预热 5min 左右开始工作。

(5) 在装拆传感器时，因传感器插头比较精细，易于损坏，使用时应用手拿接头，轻轻装上或卸下，不得拉扯导线。

(6) 在实验过程中，要把压电式传感器和仪器座处“1”“2”之间的电缆线固定好，以免因电缆线抖动而产生噪声。

(7) 吸铁座在使用时应去掉屏蔽片，使用完后应复原。

(8) 在使用微型计算机来处理数据时，一定要熟悉一下仪器结构及其使用方法，切不可乱敲键盘，以免损坏仪器，若屏幕无显示，则要调整“对比度旋钮”。

(9) 实验结束后，应将 DZ-2 的传感器输入端的屏蔽阀门旋上，关掉所有仪器的电源，将 DZ-2 的量程开关置于低灵敏度挡。

第五节　EXP 3000电机综合监测分析仪

EXP 3000电机综合监测分析仪是用于电动机测试和诊断的仪器，它可揭示在线运行电机的供电电源问题及电机综合性能，从而使企业全面了解电机的整体性能及运行状况。

一、仪器工作原理

EXP 3000电机综合监测分析仪采用专用的采集硬件，通过采集电流及电压的六路信号，并利用专门的软件进行分析，得到电机的动态情况，以进行故障诊断。

分析仪可提供如下信息：电压电平、电压不平衡、谐波、畸变、转子条状态、电机状态、电机效率、效率因数、过电流、运行状态、扭矩波动与载荷历史等。

二、EXP 3000电机综合监测分析仪的组成

EXP 3000电机综合监测分析仪是便携式仪器（图4-16），由计算机驱动，通过MCC（电机控制柜）或贝克EP（数据输出接口）联结组件，即可完成所有测试。

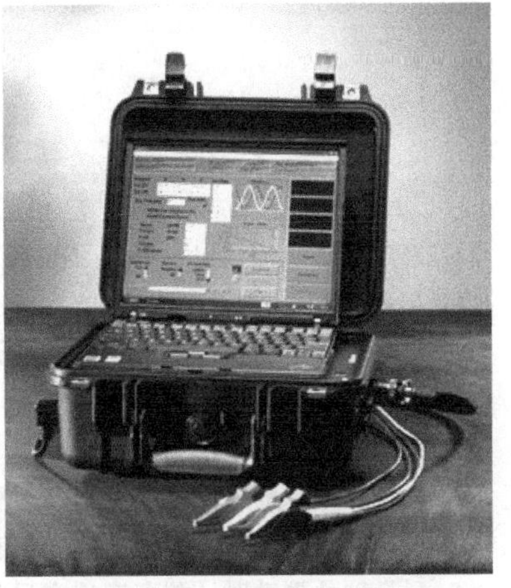

图4-16　EXP3000电机综合监测分析仪

三、EXP 3000电机综合监测分析仪的主要功能

EXP 3000电机综合监测分析仪在一个完整的状态维修过程中，能实现以下主要功能：

① 识别劣化电机工作状态的电源电路问题；

② 检查电机整体功率状况；

③ 监测负载情况；

④ 观察电机综合性能；

⑤ 评估电机节能情况；

⑥ 探究变频驱动过程；

⑦ 查找各类机械故障的频谱分析功能。

四、EXP 3000电机综合监测分析仪的操作

① 在控制柜（可在PT/CT上）卡接三相电压夹头与三相电流钳（或直接连接ALL-SAFE转接盒）；

② 仪器简单按键进行数据存储；

③ 蓝牙无线技术，将数据上传到计算机；

④ 输入电机铭牌数据；

⑤ 自动分析得出结论，并打印报告。

小　　结

1. CMJ-1型冲击脉冲计适用于滚动轴承多种故障的诊断，尤其对疲劳点蚀、磨损、润滑不良等故障的诊断准确率很高，是滚动轴承故障诊断的主要方法之一；地毯值 dB_{C} 和最大分贝 dB_{M} 是判断轴承状态的

重要数据，其读数误差不得超过±3dB_N；采用冲击脉冲法诊断滚动轴承，只能判明轴承的总体状态是正常还是异常，以及损伤的程度，是简易诊断方法。

2. JTQ-1 机器听诊器是利用传感器将机械振动信号拾取出来并转换放大成适当的声音信号供设备维护人员判断机器工作状态的振动放大装置。

3. ENPAC 2500 测振仪是一个双通道的实时频谱分析仪，同时也是用于设备状态监测的数据采集器。

4. DZ-2011 现场振动平衡分析仪能进行旋转机械的现场平衡，工业设备工作状态的振动监测与维护保养中故障预测，机电产品、家用电器的质量检查和控制，振动标准的考核，设备的故障分析，振动烈度的测量，各类振源的振动总量的测量等。

5. EXP 3000 电机综合监测分析仪可揭示在线运行电机的供电电源问题及电机综合性能。

习　　题

一、单选题

1. 采用冲击脉冲法时，如果 dB_C 和 dB_N 增大，且（　　）时，那么可判定轴承润滑不良。

A. dB_N 稍小于 dB_C　　B. dB_N 等于 dB_C　　C. dB_N 稍大于 dB_C　　D. dB_N 远大于 dB_C

2. 监测异步电动机电流的状态，应该使用（　　）。

A. 机器听诊器　　B. EXP3000 电机综合监测分析仪

C. ENPAC2500 测振仪　　D. 振动平衡分析仪

3. 在滚动轴承的诊断方法中，通过检测轴承滚动体与滚道的撞击程度的方法是（　　）。

A. 振动峰值系数界定法　B. 变速法　　C. 瞬态信号分析法　　D. 冲击脉冲法

4. 测量轴承振动时，测点应选在反映轴承振动（　　）的位置上。

A. 间接　　B. 最直接　　C. 平缓　　D. 最大

二、判断题

（　　）**1.** 冲击脉冲法诊断滚动轴承，只能判断轴承的总体状态是正常还是异常及损伤的程度。

（　　）**2.** 使用听诊器时，要特别注意探针不应和手接触，更不应该直接接触带电物体。

（　　）**3.** 冲击脉冲法不属于振动诊断的范围。

（　　）**4.** 采用 CMJ-1 型冲击脉冲计测取冲击脉冲值时，如果从扬声器里听到的是间断声，则测得的值为标准 dB_N。

（　　）**5.** 采用 CMJ-1 型冲击脉冲计诊断滚动轴承，当 dB_N>30dB 时，轴承损伤严重，应检查更换。

三、思考题

1. 什么是冲击脉冲振动法？

2. 如何读取地毯分贝和最大分贝？

3. 结合机器振动故障诊断相关内容思考振动诊断仪器的发展。

4. 比较各种测振传感器的工作原理。

5. 常用找平衡的方法有哪几种？

6. 简述 PF-1 型频率分析仪操作步骤。

第五章　机器故障诊断实例

机器的种类繁多，如汽轮机离心压缩机离心泵、风机、干燥机、粉碎机，膨胀机，挤压机以及电动机等，统称为旋转机械；往复压缩机、内燃机和往复泵等，称为往复机械。尽管这些设备的性能和作用不同，但是运行时出现的故障却都有一定的规律。本章对机器的几种常见故障进行机理分析，寻找其特有的症状及其敏感参数，把所测得的振动信号从幅域、时域和频域进行频谱分析、波形分析、相位分析、转子轴心轨迹及其涡动方向的分析，从而作出诊断意见。

第一节　转子不平衡的诊断

旋转机械振动故障的特征有一个共同之点，即它们的故障特征频率都与转子的转速有关，等于转子的回转频率（简称转频，又称工频）及其倍频或分频。转子振动频率等于转子回转频率或倍频称为同步振动。转子不平衡属于典型的同步振动。

一、不平衡振动特征识别

机器转子不平衡引起的振动是旋转机械的常见多发故障。全面认识和掌握不平衡故障的机理特征及其诊断方法非常重要。

（一）转子不平衡的产生机理

旋转机械转轴上所装配的各个零部件，由于材质不均匀（如铸件中存在气孔、砂眼），加工误差，装配偏心以及在长期运行中产生不均匀磨损、腐蚀、变形，某些固定件松脱，各种附着物不均匀堆积等原因，导致零件发生质心偏移，如图 5-1 所示。这种质心偏移造成了转子零件的不平衡振动。

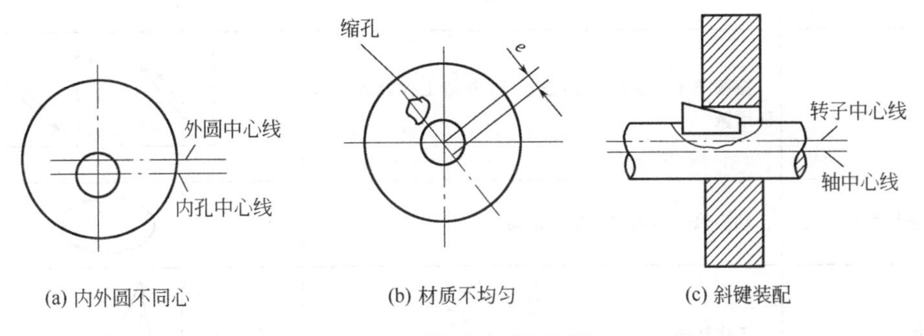

图 5-1　转子不平衡示例

影响不平衡振动的因素主要有三个，即转子质量大小，质心偏移距离和转子转速。由动力学原理可知，转子旋转时产生离心力，其大小与质量、偏心距及转速的平方成正比。离心力作用在转子的两个轴承上，方向与 ω 同步改变。物体受变力作用就会产生振动，这是造成不平衡振动的直接原因。机器设备在制造、安装时总免不了产生各种误差，绝对平衡的转子是不存在的。机器只要运转就会存在某种程度的振动，正常运转时振值没有超出允许范围。

不平衡振动对转速的变化反应最敏感（振值与转速平方成正比），这一特点是判别不平衡故障的重要依据。

当转子系统是由多盘转子组成（如轴上装有多个齿轮、叶轮）或者单个转子轴向尺寸较大（如电动机转子）时，即使整体转子系统的质心没有发生偏移，但如果转子产生扭曲变形，在转子相距较远的两个平面上会产生离心力而形成了力偶，这时，虽然转子在静态下是平衡的，但运转起来却产生了不平衡。这种情况，称为转子动不平衡，见图 5-2。

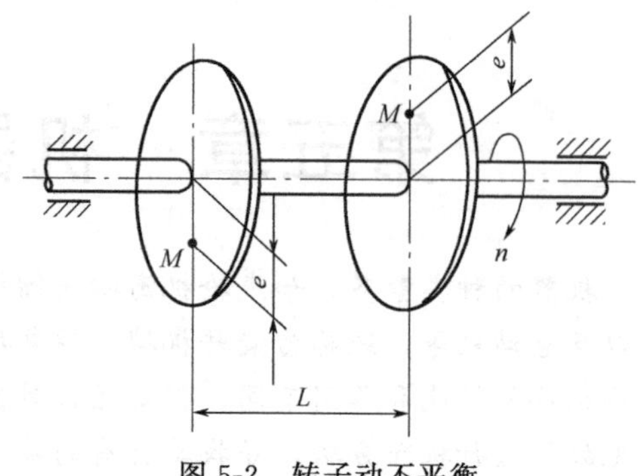

图 5-2　转子动不平衡

（二）不平衡故障的振动特征

无论是静不平衡还是动不平衡的转子都会在一阶转速的频率点上产生一个频谱峰值。转子不平衡的振动特征识别见表 5-1。

表 5-1　转子不平衡的振动特征识别

识别参数	特　征	图　形
波形	正弦波	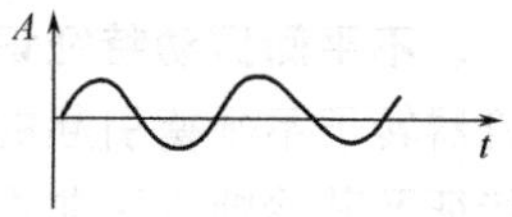
频谱	由基频与其高频谐波组成，基频 $f_0=f_r$（转频），基频谱上具有峰值	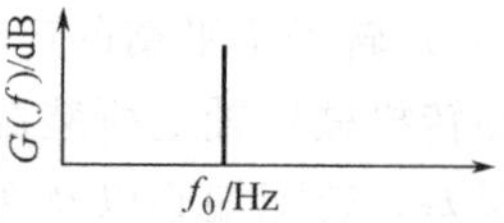
相位	在一定转速下，方位稳定	—
振幅	振幅与不平衡度（me）成正比，并随工作转速升降而增减	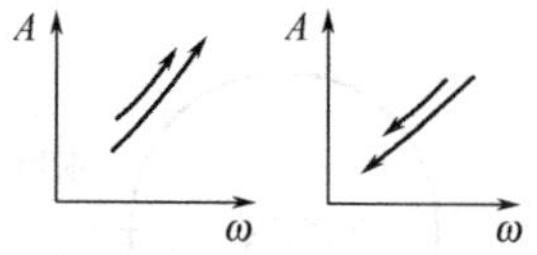
轴心轨迹与振动方向	轴心轨迹为椭圆同步正进动	
敏感系数	工作转速	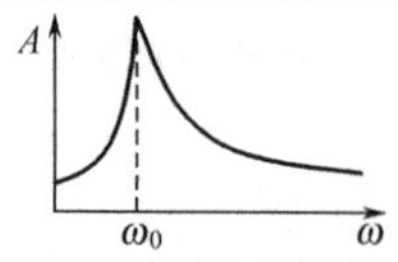

（三）不平衡故障的诊断方法

诊断不平衡故障，首先要分析信号的频率成分是否存在转频成分突出的情况；其次看振动的方向特征，必要时再分析振幅随转速的变化或测量相位。因为进行后两项测试比较麻烦，涉及变速或停机问题，这种操作在生产现场一般不轻易进行。

二、诊断实例

【例 5-1】 某大型压缩机投产运转两年后发生强烈振动，压缩机两端轴承处径向振幅高达 80μm，超过设计允许值，与此压缩机连接的仪表及管线等振动都较大，经常损坏，机器不能正常运行。经测试，把采样获得的振动信号进行数据处理，得到该压缩机的主要振动特征见表 5-2。

表 5-2　压缩机主要振动特征

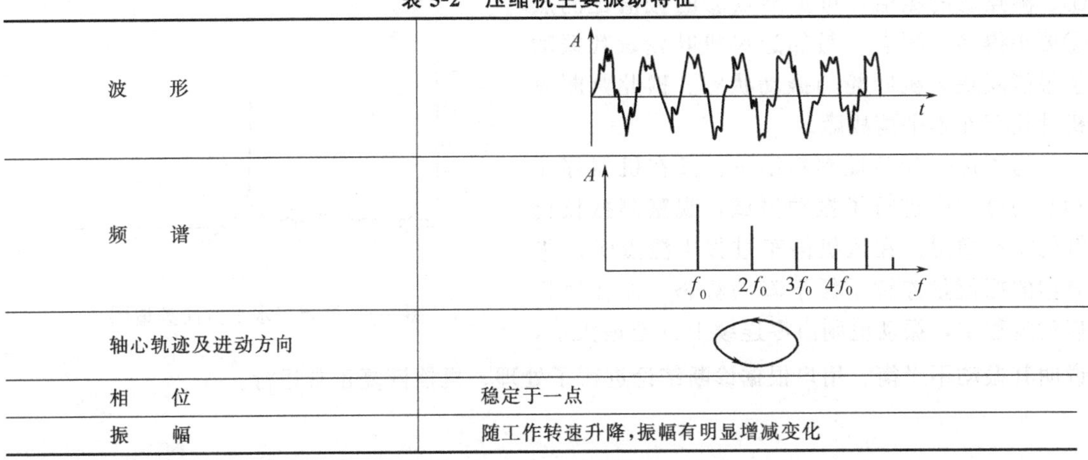

波　形	（波形图：纵轴 A，横轴 t）
频　谱	（频谱图：纵轴 A，横轴 f；f_0　$2f_0$　$3f_0$　$4f_0$）
轴心轨迹及进动方向	（轴心轨迹图）
相　位	稳定于一点
振　幅	随工作转速升降，振幅有明显增减变化

诊断意见：由表 5-1 知压缩机发生强烈振动的原因为转子不平衡的质量超差。

生产验证：该转子实际不平衡量一端为 6.89g(mm/kg)，另一端为 7.024g(mm/kg)，将该转子在工作转速下进行高速平衡，使其达到设计允许值，即小于 1.8g(mm/kg)，压缩机恢复正常，最大振幅为 20μm 左右，机器运行平稳。

【例 5-2】 某厂一锅炉引风机，转速 1480r/min，功率 75kW，结构简图见图 5-3。一次在设备巡检中进行了振动测量，机器各测点的速度有效值见表 5-3，测量结果表明，测点①的水平方向振值严重超差（ISO 2372 标准允差为 7.1mm/s）。为了查明原因，利用 DZ-2 振动测量仪，配接 PF-1 简易频率分析仪对测点①、测点②进行了简易频率分析，其主要频率的速度有效值见表 5-4。测点①水平方向振动信号的频谱结构见图 5-4。

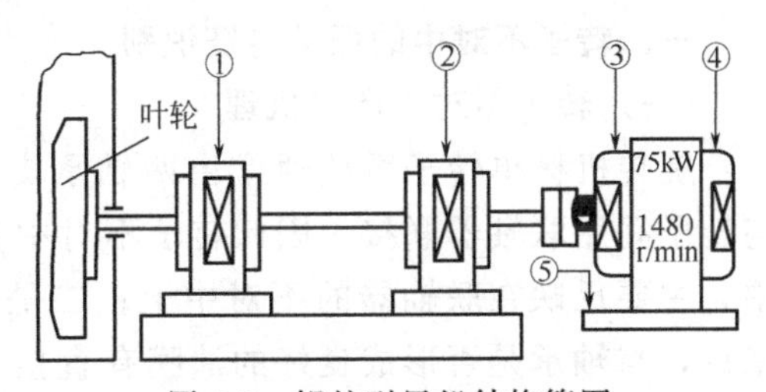

图 5-3　锅炉引风机结构简图

①，②—引风机轴承测点；③～⑤—电动机测点

表 5-3　锅炉引风机振动速度有效值 V_{rms}　　单位：mm/s

方　位	①	②	③	④	⑤
H	[23.0]	4.1	2.5	2.4	—
V	5.5	3.4	1.0	—	—
A	3.5	2.5	1.6	—	—

注：1. 带方框的数值表示最突出的值。

2. H、V、A 分别代表测点的水平方向、垂直方向和轴向。

表 5-4 测点①和测点②主要频率速度有效值

测点方位	频率 f/Hz	转速 V_{rms}/(mm/s)
①-H	26	15
②-H	26	1.2

注：①-H 表示①号测点的水平方向。

诊断意见：从频率结构看，测点水平方向的频率结构非常简单，只存在风机的转速频率(26Hz 近似于转频) 成分。对比表 5-3 中测点①、测点②的振值，可见测点②的振值比测点①要小得多。测点①最靠近风机叶轮，其振动值最能反映风机叶轮的振动状态。据此判断风机叶轮存在不平衡故障。

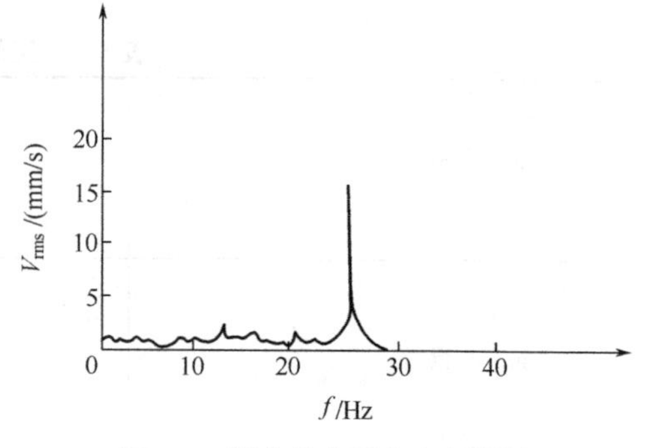

图 5-4 测点①水平方向频谱图

为了进一步验证判断结论，又在机器停止和起动过程中进行了振动测试，观察测振仪指针的摆动情况。在风机停车过程中测点①水平方向的振值呈连续平缓下降的势态，而在风机启动过程中，振动值则由零连续上升至最大值，说明其振动不平衡。用户根据诊断结论进行了处理，机器恢复正常运行。

第二节 转子不对中的诊断

转子不对中也是旋转机械常见故障之一。据国外一家化工公司统计，机械故障有 60% 是由转子不对中引起的。所以，不对中故障的诊断一直是现场故障诊断的重要内容。

一、转子不对中的振动特征识别

(一) 转子不对中产生机理

旋转机械单转子系统通常由两轴承支承。由多个转子串接组成复杂转子系统，转子与转子间用联轴器联接。因此转子不对中具有两种含义：一是转子与转子间的联接不对中，主要反映在联轴器的不对中上；二是转子轴颈与两端轴承不对中。后者对滑动轴承来说，与轴承是否形成良好的油膜有直接关系。滚动轴承的不对中（如电动机转子两端的轴承不对中），主要是由于两端轴承座孔不同轴以及轴承元件损坏，外圈配合松动，两端支座（对电动机来说是前后端盖）变形等引起的。有的机器，如汽轮发电机之类的设备，在未运转时转子对中情况是符合要求的，一旦运转时温度升高就可能产生热不对中。此外，基础不均匀下沉，联轴器销孔磨损等故障的存在也会引发不对中。所以造成不对中的原因比较复杂，须根据设备的具体情况作具体分析。图 5-5 是转子不对中的三种基本形式。

当转子存在不对中时，将产生附加弯矩，给轴承增加附加载荷，致使轴承间的负荷重新分配，形成附加激励，引起机组强烈振动，严重时导致轴承和联轴器损坏、地脚螺栓断裂或扭弯、油膜失稳、转轴弯曲、转子与定子间产生碰磨等严重后果，所以及时预测和处理不对中故障对确保设备正常运行，减少事故损失十分重要。

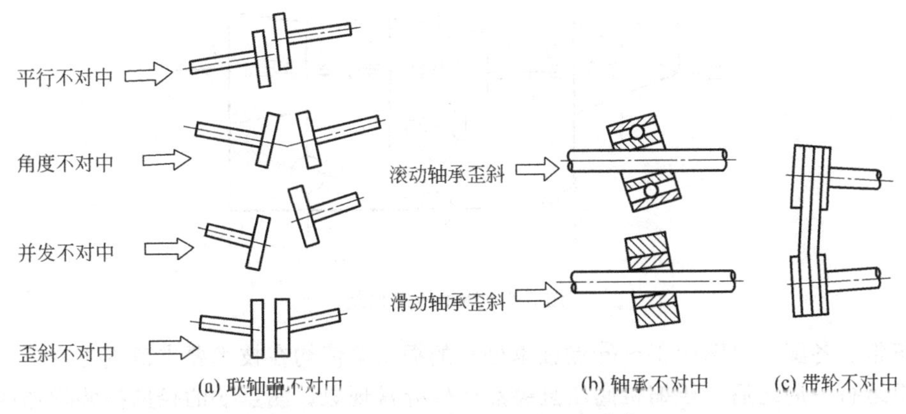

图 5-5　转子不对中的三种基本形式

（二）转子不对中的振动特征

由于不对中引起的振动，一般特征是径向振动频谱上产生一个峰值，且有很大的轴向振动。转子不对中的振动特征识别见表 5-5。

表 5-5　转子不对中的振动特征识别

识别参数	特　　征	图　　像
波形	叠加波形 $x(t)=A\cos\omega t+B\cos2\omega t$	
频谱	径向振动频谱由基频、二倍频及其调制谐波组成，二倍频谐波振幅较大，为特征频率。轴向振动频谱由基频及其谐波组成，基频具有峰值	
相位	平行不对中：转子两端径向振动相差 180° 角度不对中：联轴器两侧轴向振动相差 180°，径向相位不变	
振幅	与联轴器相邻的轴承处振动较大，二倍频谐波振幅具有峰值	
轴心轨迹与进动方向	$x(t)=A\cos\omega t+B\cos2\omega t$ 和 $y(t)=A\sin\omega t+B\sin2\omega t$ 的合成轨迹为同步正进动	
敏感系数	对载荷变化敏感，振动随载荷增加而增大；对环境温度变化敏感；在联轴器相邻的轴承处径向振动较大；轴向振动大，其特征频率为基频	

（三）转子不对中的诊断方法

频率分析是诊断不对中故障的常用方法之一。不对中的频率结构比较复杂，在频率分析时要着重观察 1 倍频、2 倍频及多倍频的分布及增长规律。

二、诊断实例

【例 5-3】　某厂透平压缩机组的布置如图 5-6 所示。机组检修时更换了部分零件，检修

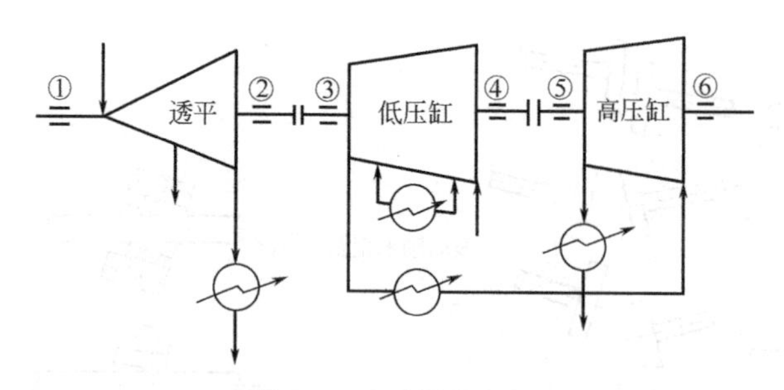

图 5-6 透平压缩机组

后运行正常。各测点（图中①～⑥点轴承处）的振动幅值均在技术要求范围之内。

机组运行一周之后，压缩机高压缸突然产生异常现象，测点⑤的径向振幅增加两倍，测点⑥的轴向振幅加大，而透平和压缩机低压缸的振动无明显异常。机组运行两周之后，高压缸测点⑤振幅又突然增加 1 倍，超过设计允许值，振动强烈，危及生产。

把测点⑤不同时刻的振动信号采样进行数据处理，其振动变化的主要特征见表 5-6。

表 5-6 透平压缩机组振动变化的主要特征

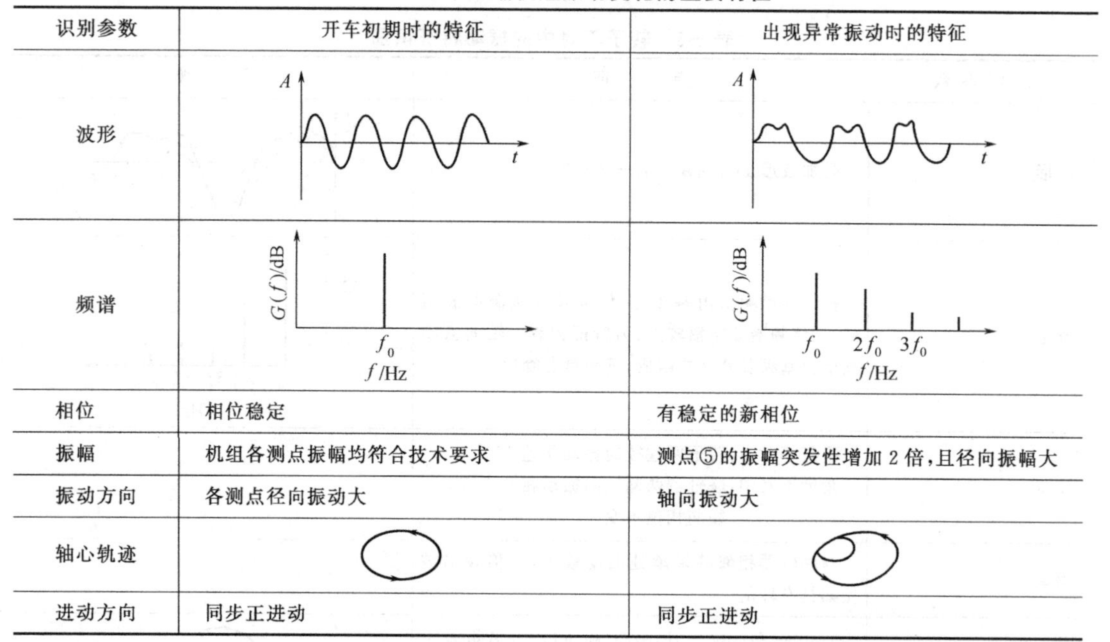

识别参数	开车初期时的特征	出现异常振动时的特征
波形	A, t	A, t
频谱	$G(f)$/dB; f_0; f/Hz	$G(f)$/dB; f_0　$2f_0$　$3f_0$; f/Hz
相位	相位稳定	有稳定的新相位
振幅	机组各测点振幅均符合技术要求	测点⑤的振幅突发性增加 2 倍，且径向振幅大
振动方向	各测点径向振动大	轴向振动大
轴心轨迹		
进动方向	同步正进动	同步正进动

诊断意见：高压缸与低压缸由于热对中不良，联轴器发生故障。必须紧急停止运行并进行检修。

生产验证：机组在有准备的情况下，紧急停机处理，该机组经局部解体检查发现，联接高压缸与低压缸的联轴器（半刚性联轴器，见图 5-7），固定法兰盘与内齿套的联接螺栓已断掉三个，其位置见图 5-8。螺栓断面的电镜断口分析为沿晶断裂。

发生故障的主要原因有以下两点。

（1）转子对中超差，设计要求为不对中量小于 0.05mm，实际为 0.08mm。

（2）联接螺栓机械加工和热处理工艺不符合技术要求，螺栓根部产生应力集中，而且淬火后未进行正火处理，金相为淬火马氏体组织，螺栓在拉应力作用下脆性断裂。

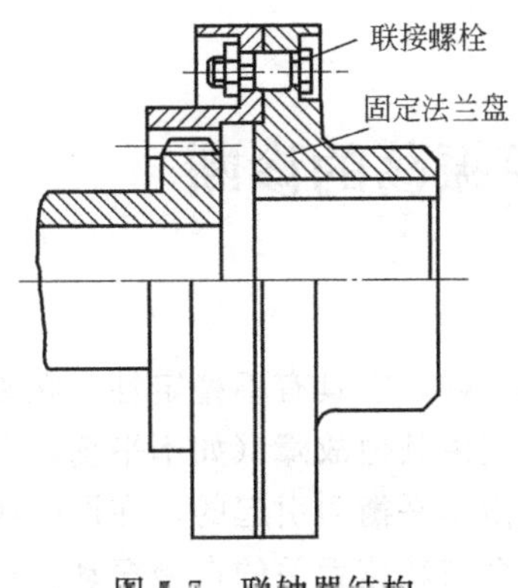

图 5-7　联轴器结构

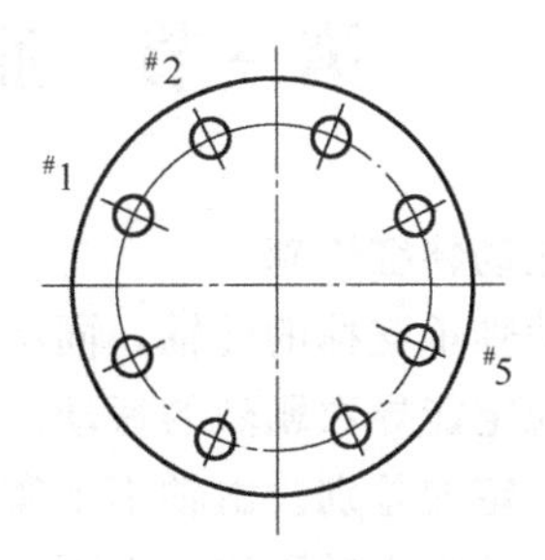

图 5-8　螺栓损坏位置

【例 5-4】 某厂一台离心压缩机，结构如图 5-9 所示，电动机转速 1500r/min（转频为 25Hz）。该机自更换减速机后振动增大，①点水平方向振动值为 $V_{rms}=6.36$mm/s，位移 $X=150\mu$m，超出正常水平。

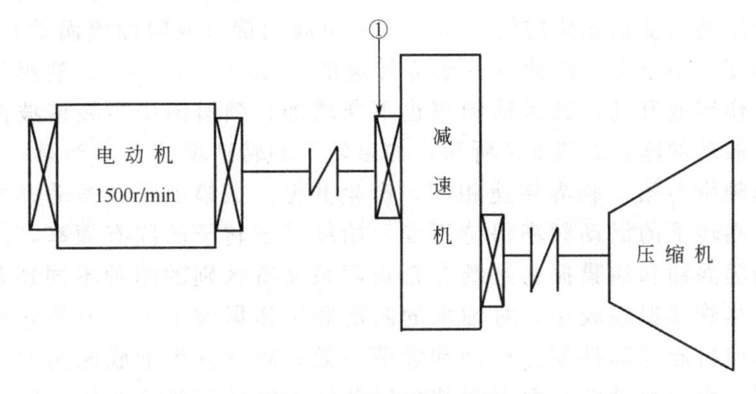

图 5-9　压缩机结构简图

为了查明故障原因，首先对①点水平方向的振动信号作频谱分析，谱图见图 5-10(a)。

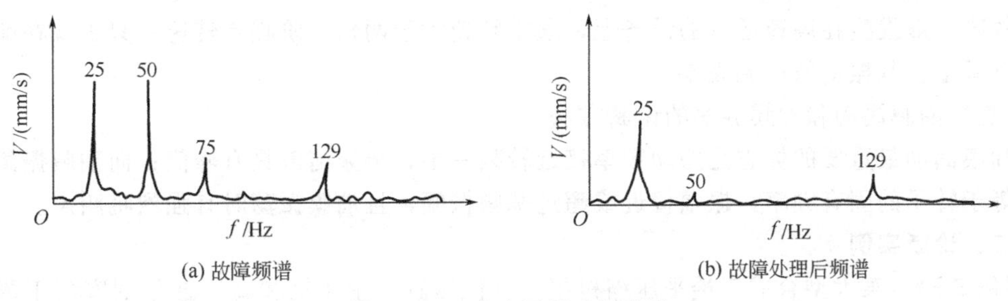

(a) 故障频谱　　(b) 故障处理后频谱

图 5-10　A 点水平振动频谱图

从频谱图上看出，①点水平方向 1 倍转频（25Hz），2 倍转频（50Hz）都很突出；此外还有 3 倍转频（75Hz）和 5 倍频（129Hz）；呈现出典型的不对中频率特征，见图 5-10(a)。考虑到①点靠近联轴器，所以判断电动机与减速器轴线不对中。

在停机检查时，发现联轴器对中性严重超差，在垂直方向，两轴心偏移量达 0.15mm。通过调整改善联轴器的对中性后，①点振动值下降，$V_{rms}=2.12$mm/s，$X=6\mu$m；其频谱结构也发生了显著的变化，3 倍频已经消失，2 倍频分量的幅值变得非常弱小，1 倍频分量也大为减弱了，见图 5-10(b)。机组运行状态良好。

第三节 油膜涡动和油膜振荡的诊断

一、振动特征识别

由滑动轴承支撑的转轴，同滚动轴承支撑的转轴不一样，它具有不稳定性。在临界转速下出现不稳定能导致剧烈的振动。由不稳定产生的振动同由其他故障（如不平衡）产生的振动存在着一定的差别。由轴不平衡产生的，轴的振动是由不平衡力引起的，在同一频率上发生，并与力的大小成正比。而不稳定性会把能量变成一个与转速无关的自激振动。这种差别对判断故障起到很重要的作用。

（一）油膜涡动和油膜振荡产生机理

油膜支撑转动的不稳定性主要是由于轴承违背工作姿态（角度和偏心）而产生的，这已在第二章学习过。因为流体中有黏性损失，轴与轴承最小缝隙处前面的压力比后面的低，这个压差的变动在旋转的切向产生了引起油旋（或叫油膜涡动）不稳定的力，油膜涡动的速度稍小于 1/2 转速（一般为转速的 0.43～0.48 倍），油膜涡动产生后就不消失，随工作转速升高，其涡动频率也不断增加，频谱图中半频谐波的振幅也不断增大，使转子振动加剧，如表 5-7 所示，如果转子的转速继续升高到第一临界转速的 2 倍时，其涡动频率与第一临界转速相同，产生共振，振幅骤增，振动非常剧烈。若继续提高转速，则转子的涡动频率保持不变，始终等于转子的固有频率，这种现象称为油膜振荡。油膜涡动和油膜振荡是既有密切联系又有区别的两种不同现象。轴承发生油膜涡动时，尽管其振幅较小，对轴承的润滑和工作影响不大，但是它所产生的附加动力载荷，易使机器零部件发生松动和疲劳失效；轴承发生油膜振荡时，振幅急剧增加，振动剧烈，由于油膜破裂而引起轴承以及轴承零件和机组损坏，往往造成灾难性的事故。

（二）油膜振荡的振动特征

故障一般发生在高速运行的设备上，通常转速大于两倍一阶临界转速；只出现在油润滑滑动轴承上。其振动特征见表 5-7。

（三）油膜涡动和油膜振荡的诊断方法

油膜涡动最重要的标志是振动频率接近转频一半，半频谐波具有峰值；而油膜振荡振动频率等于转子的固有频率，振幅接近或超过基频振幅，且油膜振荡时有强烈吼叫声。

二、诊断实例

【例 5-5】 某大型合成气透平压缩机组，其低压缸、中压缸和高压缸分别安装于蒸汽透平的两侧，其相互位置及各测试点的分布如图 5-11 所示。

机组各转子之间用齿轮联轴器联接。压缩机低压缸是多级离心式的，级间为梳齿密封，轴端采用浮环密封，径向轴承与止推轴承均采用可倾瓦轴承。机组的设计工作转速为 11230r/min，压缩机低压缸转子的第一、第二阶临界转速分别为 4165r/min、14500r/min。

该机组由于透平及低压缸发生强烈振动，曾分别造成严重停机事故，后来压缩机低压缸又发生强烈振动，其主要特征如下。

表 5-7　油膜振荡的振动识别特征

序号	识别参数	特　征	图　形
1	波形	$x(t)=A\sin\omega t+B\sin\left(\frac{1}{2}\omega t+\varphi\right)$ 波形中有明显的低频波动规律	A O t
2	频谱	频谱有组合频率特征，该组合频率由基频与半频形成，次谐波非常丰富	$G(f)$/dB $1/2f_0$ f_0 $2f_0$ $3f_0$ f/Hz
3	相位	变动大，极不规则	
4	振幅	振动异常剧烈，振幅骤增，次谐波振幅波动较大，半频谐波具有峰值，而且半频谐波振幅接近或超过基频振幅	A 频率 $G(f)$/dB ω_n $2\omega_n$ f/Hz
5	轴心轨迹	扩散的不规则轨迹	
6	进动方向	正进动	
7	敏感参数	工作转速高于第一临界转速的 2 倍时才发生，振荡频率等于转子的固有频率，即 $\Omega=\omega_n$ 不随工作转速变化。在升速进程中，升速越快，“惯性效应”越明显，油膜振荡在较大的转速内随时可能出现； 载荷轻、容易发生； 对润滑油的温度、黏度及压力变化敏感； 对轴承结构及几何参数变化敏感； 对密封等动力激振力的作用敏感	

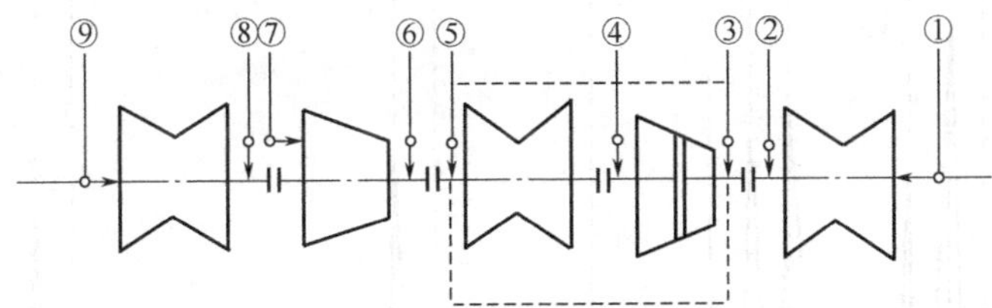

图 5-11　透平压缩机组

①—低压缸轴位移；②—低压缸轴振动；③—高压透平轴振动；④—中压透平轴振动；⑤—低压透平轴振动；⑥—中压缸轴振动；⑦—中压缸轴位移；⑧—高压缸轴振动；⑨—高压缸轴位移

① 强振前测点①的频谱中，2 倍频谐波振幅接近于基频振幅，两者相差约 4dB，如图 5-12所示，次谐波振幅随工作转速升高而增加，并有波动现象。

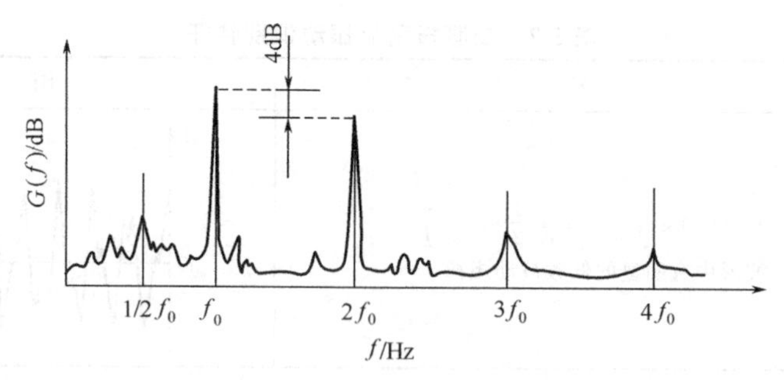

图 5-12　强振前频谱

② 发生强烈振动时，测点①的振幅由 37μm 突然增加到 83μm 以上。

③ 转子的一阶固有频率由 74Hz 增加到 80Hz，其振幅超过基频，见图 5-13。

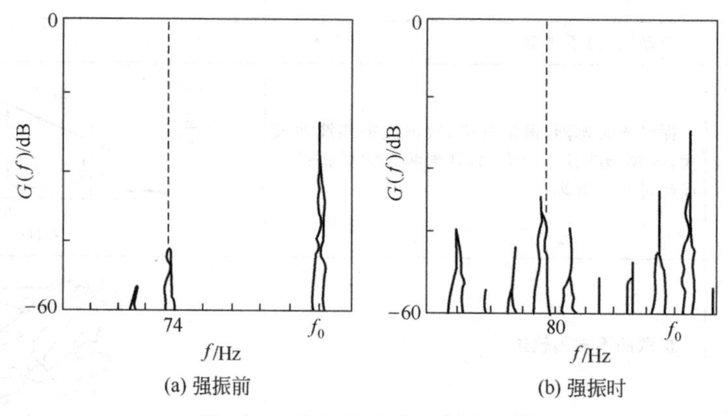

图 5-13　发生强振时次谐波频谱

④ 强振时振动域波形畸变，如图 5-14(a)，而频谱中出现的超谐波与谐波是由基频与半

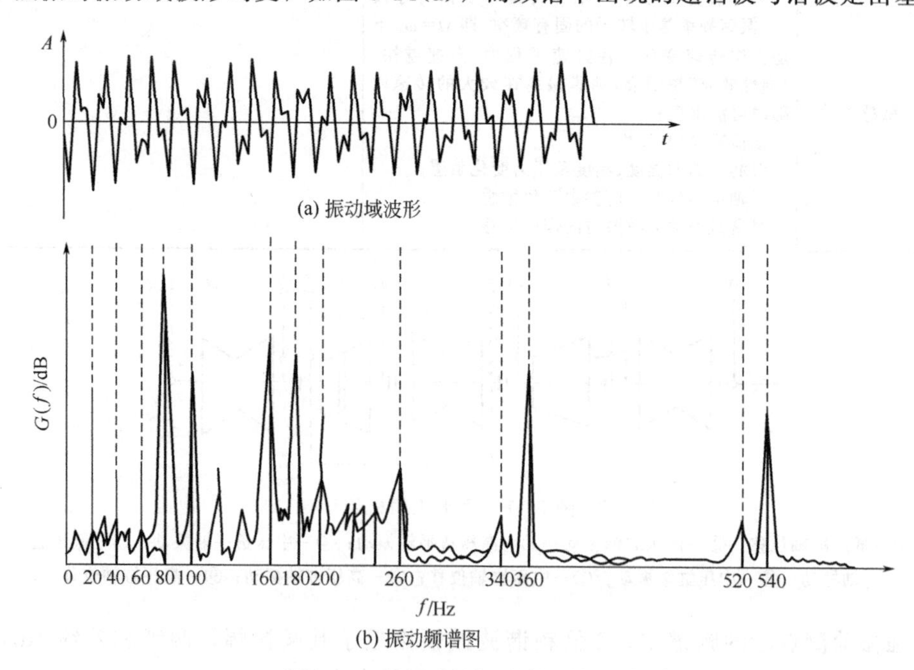

图 5-14　强振时的振动波形与频谱

频构成的组合频率，见图 5-14(b)。

⑤ 发生强烈振动时，频谱图半频次谐波振幅及其他次谐波振幅大幅度波动，转子轨迹不仅由椭圆变为双椭圆等，其大小也随次谐波振幅波动而变化，如图 5-15(a) 及图 5-15(b) 所示，当轴心轨迹发散为不规则形状［图 5-15(c)］瞬间，爆发了强烈振动，轴心轨迹的涡动为正进动。

⑥ 轴承润滑的温度变化对机组运行的稳定性有明显的影响，例如机组在 10450r/min 运行时，当润滑油温由 42℃升到 50℃时，低压缸由稳定状态变为失稳状态，其轴心位置的变化见图 5-16。

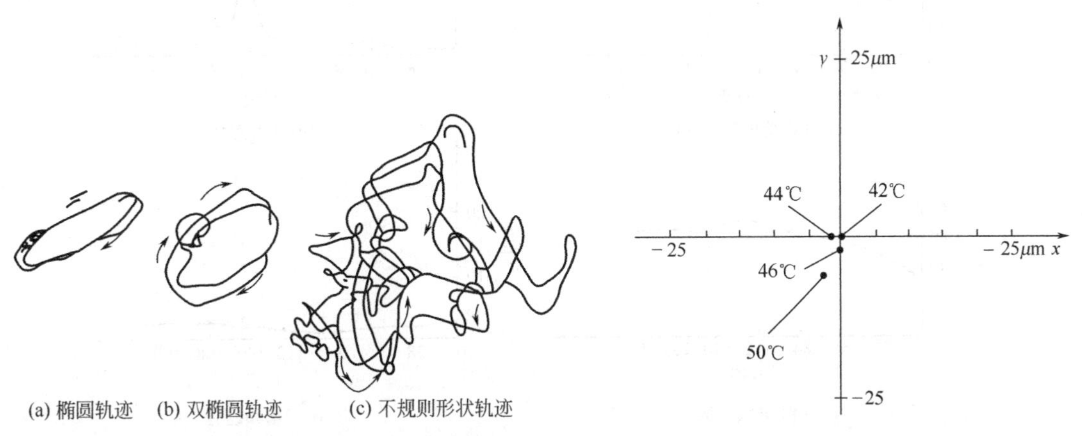

图 5-15　从正常运行到强烈振动的轴心轨迹变化

图 5-16　油温变化对轴心位置的影响

⑦ 机组发生强振时振动异常剧烈，声音异常。

诊断意见：转子的刚度较差，而且压缩机低压缸的可倾瓦轴承，由于安装不符合技术要求，稳定性降低，失去了可倾瓦轴承的性质，转子对外界干扰力很敏感；另一方面，转子的对中不良，而且低压缸 1、2 段之间由于密封产生气隙激振力等，转子在强干扰力的综合作用下，低压缸因轴承油膜失稳而最终导致油膜振荡，振动异常强烈。

生产验证：将压缩机低压缸的可倾瓦轴承以及转子的对中严格按技术要求进行安装，并把低压缸的 1、2 段之间的气封进行了改进等，从而恢复并保证了该机组在满负荷下正常运行。

【例 5-6】 某化肥厂的 CO_2 压缩机组，某年 3 月 10 日开始振值渐增，至当年 9 月 4 日高压缸振动突然升到报警值。

在故障发生后，对高压缸转子的径向振动做了频谱分析，频谱如图 5-17(b) 所示，与

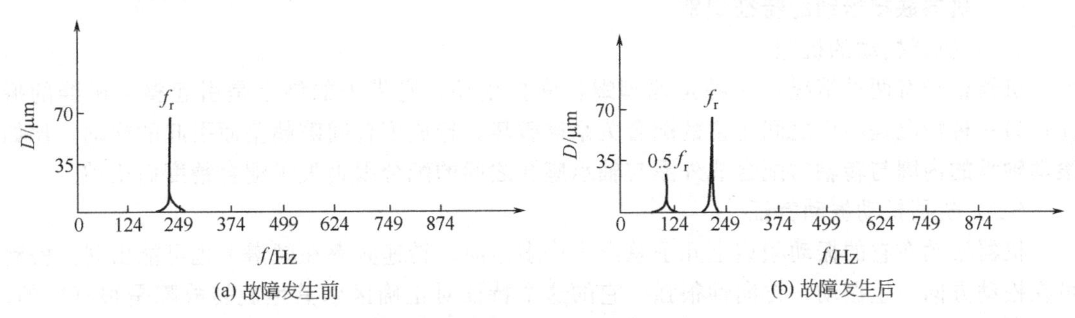

图 5-17　压缩机故障发生前后频谱图

故障发生前频谱［图 5-17(a)］进行比较发现，发生故障前振动信号中只有转频 f_r 成分，而故障发生后，频谱中除转频外，还有明显的半频成分。

工厂已将该机组列入重点管理设备，平时对机组整机振动值和重要的频率成分进行趋势管理，图 5-18 是在 190 天内的趋势管理图。

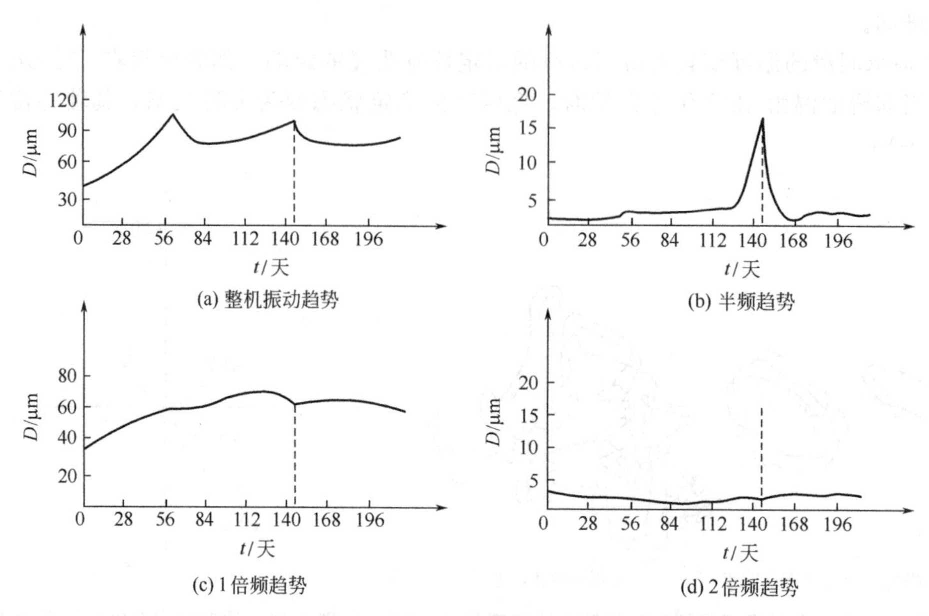

图 5-18　压缩机整机振动和特征频率幅值趋势管理图

在机器运行了 140 多天后，到 9 月 4 日，半频幅值突增，整机振幅也有所增大，但 1 倍频、2 倍频幅值变化很小，故判断压缩机高压缸轴承存在油膜振荡。之后对工艺参数进行了调整，改善了运行状态，振值降低，频谱半倍频成分已经消失，只存在转频成分，说明油膜振荡已消失，但转子还存在不平衡状态。

此例利用油膜振荡的标志性特征，即近似半频特性，并辅以趋势管理所提供的信息，作出了准确的故障诊断，说明了频率分析在简易诊断中具有重要意义。

第四节　机器联接松动的诊断

机械松动是旋转机械比较常见的故障，对此应有足够重视。

一、机器联接松动的特征识别

（一）机器松动的机理

机器松动有两种情况：一种是地脚螺栓联接松动，它带来的结果是引起整个机器的振动；另一种情况是零件之间正常的配合关系被破坏，造成配合间隙超差而引起的松动，比如滚动轴承的内圈与转轴的配合或外圈与轴承座孔之间的配合因丧失了配合精度而松动。

（二）机器松动振动特征

机器松动在它的振动频谱上几乎总产生许多谐波，转速频率在频谱上也可能出现。松动可在松动方向产生振动，方向性很强。它的这个特征对正确区别其他旋转故障是很有用的。机器松动振动特征见表 5-8。

表 5-8　机器松动振动特征

识别参数	特　征	备　注
振动形态及振幅	非线性振动系统，基频振幅过临界时具有跳跃现象，振幅随着负荷的增加而增加，方向性明显	
波形	基波与次谐波、超谐波的叠加 $x(t)=A\cos\omega t+B\cos(\alpha t+\varphi)$ $\alpha=\frac{1}{n}\omega$ 或 $n\omega$	
频谱	除基频外，$\frac{1}{2}f$、$\frac{1}{3}f$…分数倍频及 $2f$、$3f$…整数倍频有峰值。地脚螺栓松动时，基频奇数倍谱峰突出	
相位	与工作转速同步	
轴心轨迹	紊乱	
进动方向	正进动	
敏感参数	工作转速增大或减小到某一值时，振幅会突然增大或减小，有跳跃现象，对转速比、负荷、偏心率等变化很敏感	

（三）诊断要点

不论是地脚松动还是配合松动，都要依据振动频率、振动方向和振动幅值变化的规律进行诊断。

二、诊断实例

【例 5-7】 某发电厂一发电机组，结构见图 5-19。

在汽轮机检修后，对该机组进行了振动测量，前后轴承的振动值见表 5-9。其中测点①水平方向振值较大，对其振动信号作频谱分析，频率结构见图 5-20。振动信号所包含的主要频率成分都是奇数倍转频，尤以 3 倍频最突出。另外，观察其振动波形（图 5-21），振幅变化很不规则，含有高次谐波成分。据此判断汽轮机后轴承存在松动。

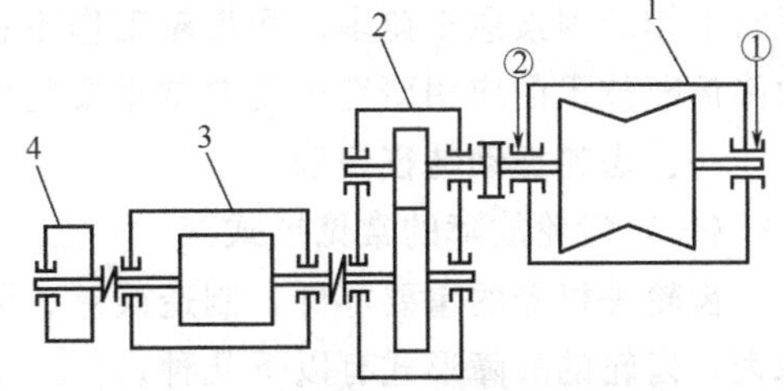

图 5-19　汽轮发电机组结构简图

1—汽轮机；2—减速器；3—发电机；4—励磁机

①，②—测点

表 5-9　汽轮机前后轴承振动值

方　位	测点①	测点②
H	87	29
V	14	6
A	26	27

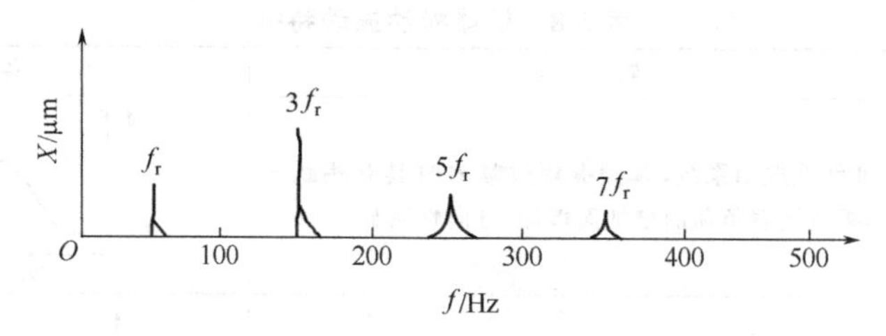

图 5-20 测点①水平方向振动频谱

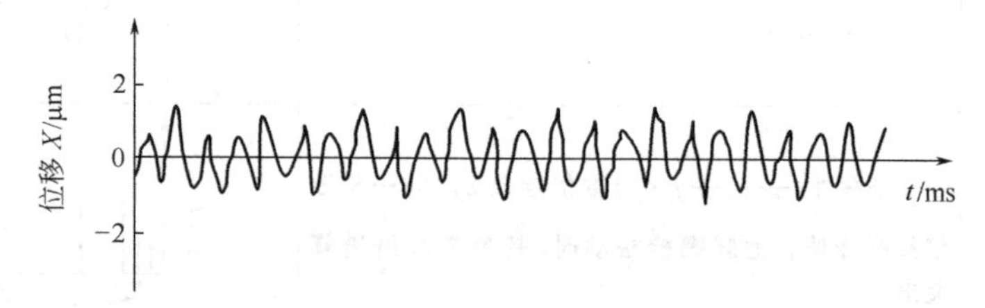

图 5-21 测点①水平方向振动波形

停机检查时发现汽轮机后轴承的一侧有两颗地脚螺栓没有拧紧，预留热膨胀间隙过大。旋紧螺母后，振幅则从 87μm 下降至 26μm，其余各点的振动值也有所下降。

这个诊断实例的启示在于，判断松动故障，频率特征仍是最重要的信息。水平振值大，说明振动的方向特征是有条件的，只能在诊断时作为参考。

第五节 齿轮故障的诊断

现代机械对齿轮传动的要求日益提高，既要求齿轮能在高速、重载、特殊介质等恶劣环境条件下工作，又要求齿轮传动具有高平稳性、高可靠性等良好的工作性能，使得影响齿轮正常工作的因素愈来愈多。而齿轮工作不正常又是诱发机器故障的重要因素。因此，对齿轮故障诊断技术的应用研究也是非常重要的课题。

一、齿轮振动特征识别

（一）齿轮故障的常见形式

齿轮是机器的重要零件，制造误差、装配误差及运行中的损伤等是机器发生故障的主要原因，齿轮的故障形式有以下几种。

（1）断裂 超负荷运转或受到突然冲击（如突然反转），有异物卡住而影响传动或受到周期性交变应力引起材料疲劳都会形成断裂。断裂可以是瞬间出现，也可以是先出现裂纹，逐步发展为断裂。

（2）磨损 齿与齿的啮合表面间，不可避免地有杂物微粒存在，使齿面产生磨损，磨下的微粒如没有足够的润滑油将其带走，又反转来加剧齿面的磨损，微粒如果较硬，会嵌入轮齿表面，对另一个轮齿形成研磨，将加快磨损过程。

（3）擦伤 齿面在相对压力下造成油膜破裂，由于干摩擦而出现局部高温，材料软化，产生相互“涂抹”作用，接触区甚至会形成咬焊，产生严重擦伤。

（4）表面剥离 与轴承一样，由于表面材料疲劳而接触应力超过疲劳极限，便会使表面由微裂而发展到小块剥落，甚至积聚为大块剥离。大块剥离引起实际承载面积减少而发生断裂。齿轮故障产生的振动频谱是特殊的，很容易辨认，但要解释就比较困难，其原因主要是传感器安装困难，不容易接近故障点，另外在多个齿轮传动系统中，齿轮构成一个复杂的啮合系统，多个振源与转速相互影响。因此通过早期定期检测，对于查找故障有很大的帮助。

（二）齿轮振动信号的频率结构

齿轮振动信号中包含着多种频率成分，下面介绍最主要的三种。

（1）齿轮啮合频率　单位时间内轮齿啮合的次数叫齿轮啮合频率，在数值上它等于齿轮的齿数乘以旋转频率，即

$$f_c = z f_r = \frac{nz}{60} \tag{5-1}$$

式中　f_c——齿轮啮合频率，Hz；

f_r——齿轮回转频率，Hz；

z——齿轮齿数；

n——齿轮转速，r/min。

一对互相啮合的齿轮，其啮合频率对每一个齿轮都是相等的。

（2）齿轮自振频率　有缺陷的齿轮，一般在运行中产生高频脉冲，这通常会激起齿轮的自振频率（亦称固有频率）成分。自振频率成分的出现是齿轮失效的一个关键性指标。直齿圆柱齿轮自振频率按下式计算

$$f_n = \frac{1}{2\pi}\sqrt{\frac{k}{m}} \tag{5-2}$$

式中　f_n——齿轮自振频率，Hz；

k——齿轮副的弹性常数；

m——齿轮副的当量质量。

齿轮固有频率一般为1～10kHz，比滚动轴承的固有频率要低一些，固有频率的成分经过曲折的途径传到齿轮箱时一般已经衰减了。

（3）齿轮边频带　齿轮边频带也叫齿轮旁瓣，当齿轮存在故障时，由于载荷波动而产生幅值调制，因转速波动而产生频率调制，因此频谱图上啮合频率或固有频率两旁会产生一系列边频，这些边频可反映各种不同的缺陷，如齿轮轮齿不均匀啮合，齿侧游隙超差，齿轮偏心较大，轮齿局部缺陷，齿轮载荷变化等。因此，齿轮的边频带是判断齿轮故障非常有价值的信息。

（三）齿轮诊断中常用的信息分析方法

（1）功率谱分析　功率谱分析在理论上和实际应用中都比较成熟，在现场诊断中得到了最广泛的应用。对齿轮大面积磨损、点蚀等故障的诊断采用功率谱分析效果很好，但对局部故障敏感性较差。

（2）细化谱分析　采用细化谱分析可以提高分辨率，有助于识别齿轮的边频结构。

（3）倒谱分析　倒谱分析方法在诊断齿轮故障时特别有效，能很好地识别出齿轮边频结构。另外，倒谱分析对齿轮信号的传递路径不甚敏感，这方便了测点的选择。

（四）齿轮故障振动特征识别

判别齿轮技术状态，最好的方法就是分析齿轮振动信号频率成分的变化，这可从下面两方面进行分析。

(1) 啮合频率与齿轮故障　通过齿轮啮合频率的变化可判别齿轮状态，主要依据有两条：一是看啮合频率幅值的消长；二要看啮合频率谐波的分布。

啮合频率的变化，反映出啮合齿轮的齿形发生了变化。如轮齿的均匀磨损造成的齿形偏差，会产生啮合频率的谐波信号（图 5-22）。

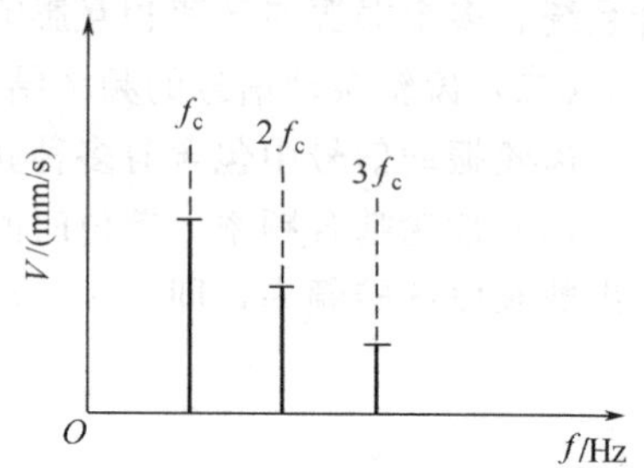

图 5-22　齿轮啮合频率及其谐波变化
f_c—啮合频率

齿形的误差使得啮合频率成分发生变化，特别表现在谐波成分幅值的变化上，其高次谐波的幅值增长大于啮合频率幅值的增长。故通过啮合频率识别齿轮状态，一般要看谐波的变化，至少要根据前 3 阶谐频（即 f_c、$2f_c$ 和 $3f_c$）来判断。

(2) 边频带与齿轮故障　由于齿轮啮合运转时产生的调制作用，齿轮振动信号的频谱上形成了边频带结构。

当齿轮存在故障或加工精度的误差时，齿轮啮合频率受故障频率调制会产生大量的边频带。反映在谱图上，啮合频率是载频，故障齿轮的转频及其倍频是调制频率，它们对称地分布于啮合频率的两旁。

边频带结构反映了齿轮的故障状态，发生故障的齿轮振动会增加，这通常会反映在边频分量的变化上。因此，边频带的存在和变化包含着齿轮状态的很有价值的信息。

幅值调制边频带的形成可能有两种原因，一种是由于齿轮的局部缺陷，如齿轮分度圆附近产生了点蚀，调制产生分布较宽的边频带；另一种是齿轮整体的缺陷（分布范围较宽），如齿轮均匀磨损，会产生陡而窄的边频带，这两种情况下的时域波形和频谱结构见图 5-23。

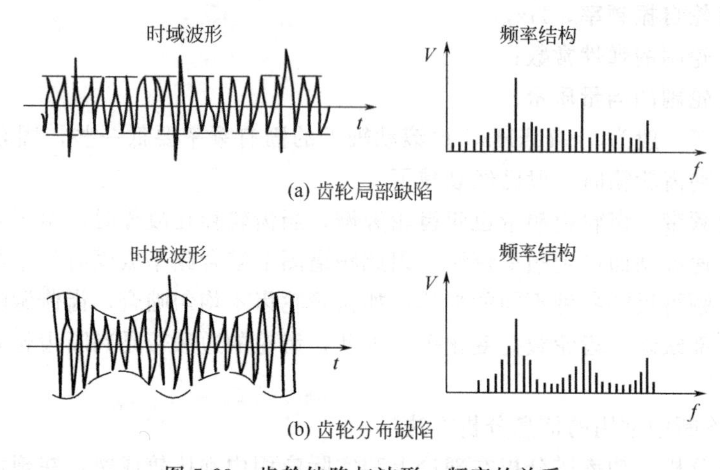

图 5-23　齿轮缺陷与波形、频率的关系

当转速不稳定时，将产生调频所形成的边频带。调频现象不严重，故障诊断时仅考虑二、三对边频带即可。

若调频和调幅同时存在，边频带常表现为非对称分布形式。

频谱的边频带信息在故障诊断中有两个含义：一是说明齿轮某种故障的存在；二是它隐含着故障部位的特性，在多数情况下可以利用边频带两根谱线之间的“距离”找到故障源，即判断出故障齿轮。因为在调制信号的频谱中，其谱线是以啮合频率 f_c 为中心，以故障齿轮的转频 f_r($f_0=f_r$) 为间距呈对称分布的，一对边频可以表示为 $f_c \pm f_r(f_0)$。如果有若干对边频，则可以表示为 $mf_c \pm nf_r(f_0)(m、n=1,2,3\cdots)$。

但是，如果两个互相啮合的齿轮齿数相同，这时由于两个齿轮的转频相同，就无法根据 f_r 来判别故障齿轮了。齿轮啮合的振动特征见表 5-10。

表 5-10　齿轮振动特征

齿轮状态	特　征	波　形	频　谱
正常	f_c 及 f_r	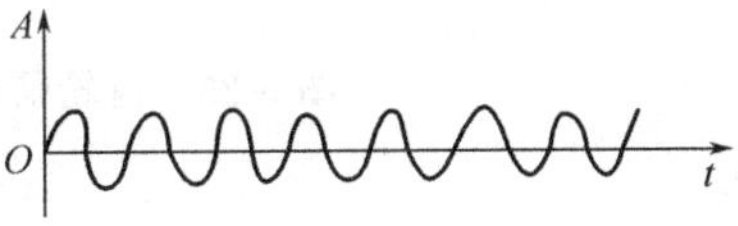	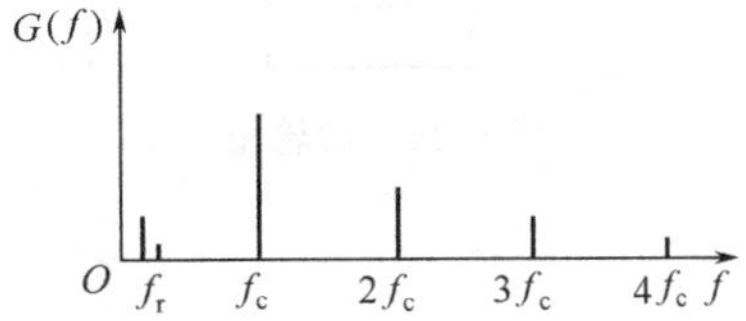
齿轮所有齿全面磨损、齿面有裂纹、点蚀、剥落或一端接触等	f_r、mf_r	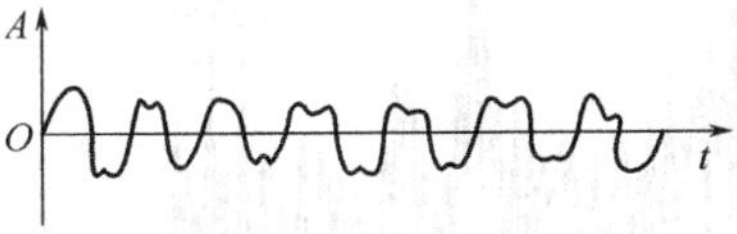	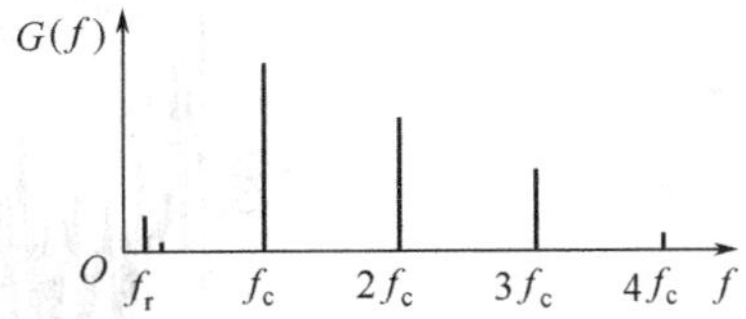
齿轮偏心	f_r 及 nf_c	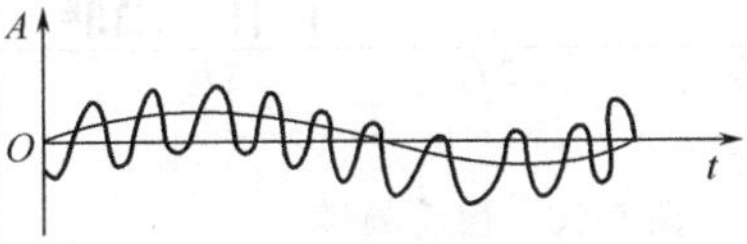	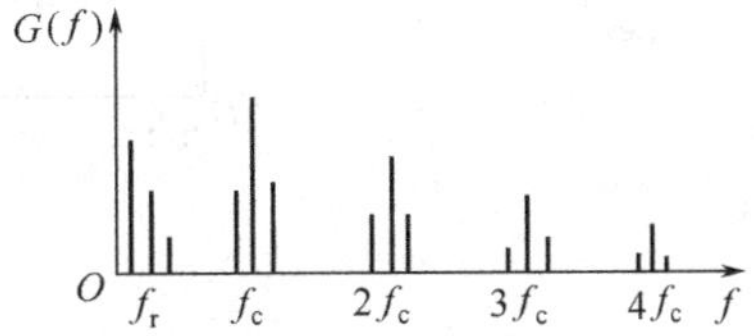
不同轴	$nf_c \pm f_r$	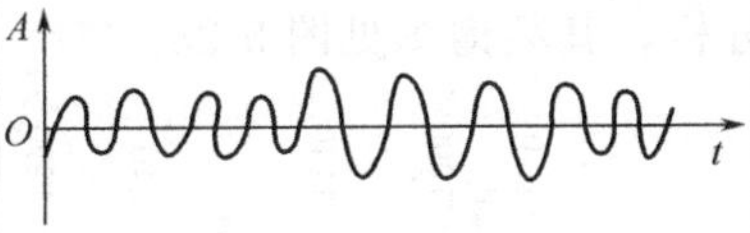	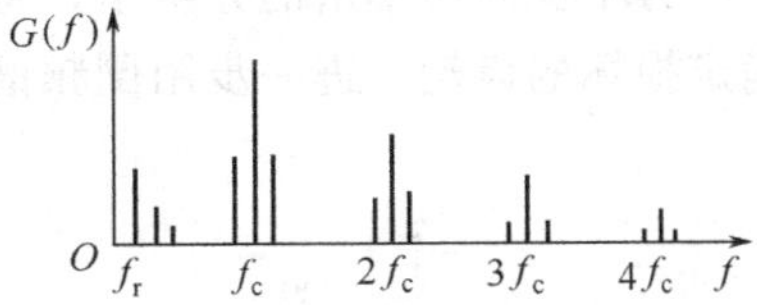
局部异常（齿面局部磨损、断齿、齿根有大的裂纹、齿形误差、基节误差及间隙误差等）	mf_r 及 f_c	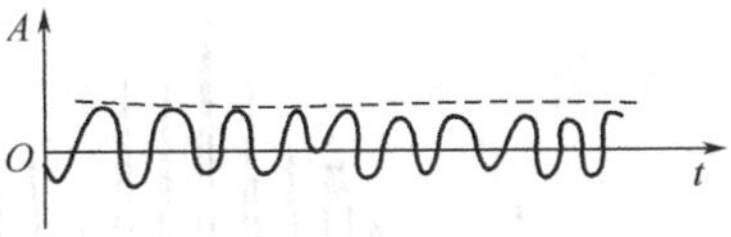	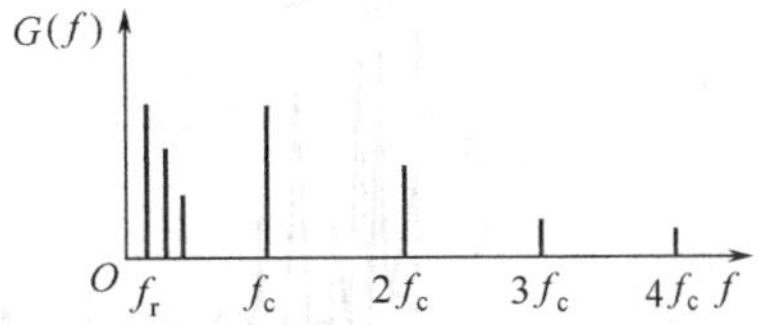
齿距误差	mf_r、nf_c 及 $mf_r \pm nf_c$	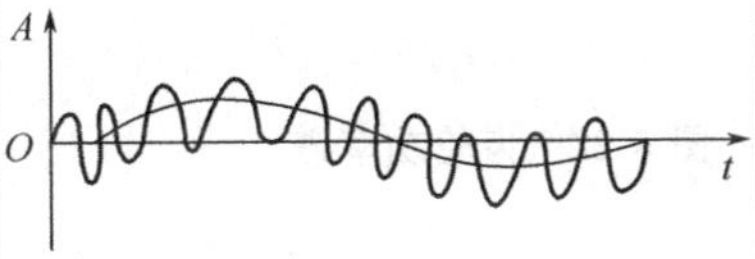	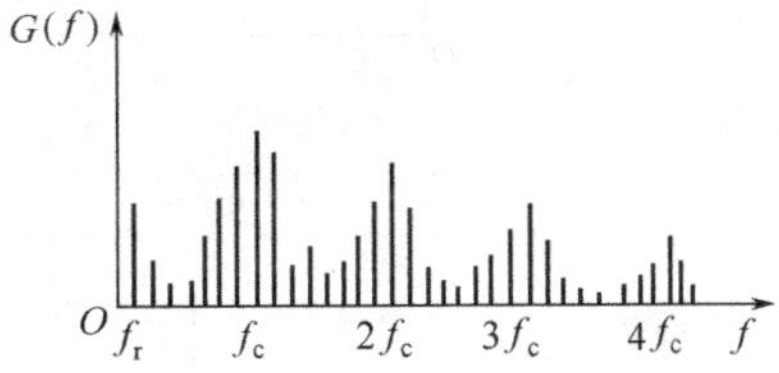

二、诊断实例

【例 5-8】 某机器的齿轮箱如图 5-24 所示，由一对齿轮组成，$z_1=24$，$z_2=16$，电动机的工作转速 $n_1=2975\text{r/min}$，输出工作转速为 $n_2=4463\text{r/min}$，齿轮箱发生了异常振动，噪声很大。将采集的振动信号进行数据处理后，其时域波形及频谱图分别如图 5-25 及图 5-26 所示。

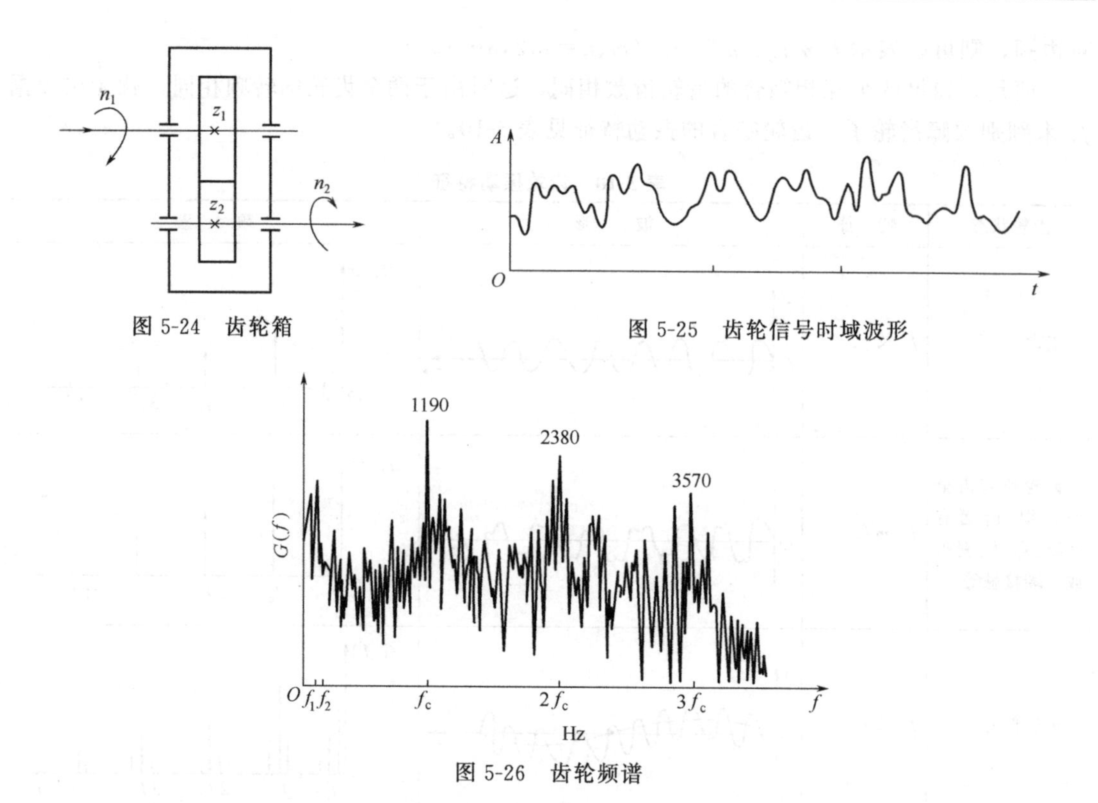

图 5-24 齿轮箱

图 5-25 齿轮信号时域波形

图 5-26 齿轮频谱

为了提高功率谱的分辨率，将分析频率范围缩小为 2000Hz 时，功率谱见图 5-27。为了确定损坏的齿轮，进一步用倒频谱分析，其频谱图见图 5-28。

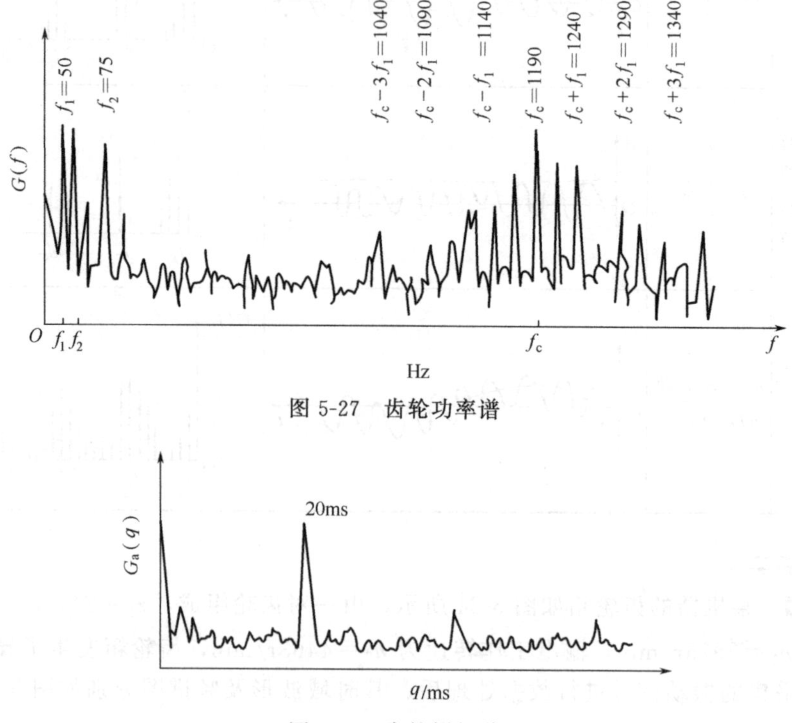

图 5-27 齿轮功率谱

图 5-28 齿轮倒频谱

齿轮传动的转频 $f_{r1}=n_1/60=49.6\text{Hz}$，$f_{r2}=n_2/60=74.4\text{Hz}$，啮合频率为 $f_c=n_1z_1/60=n_2z_2/60=1190\text{Hz}$，由倒频谱知，边带频为 49.6Hz。各边带频见表 5-11。

表 5-11 上下边带频率

序号	边带名称	(f_c+nf_{r1})/Hz	边带名称	(f_c-nf_{r1})/Hz
1	一次上边带	1190+49.6=1239.6	一次下边带	1190−49.6=1140.4
2	二次上边带	1190+2×49.6=1289.2	二次下边带	1190−2×49.6=1090.8
3	三次上边带	1190+3×49.6=1338.8	三次下边带	1190−3×49.6=1041.2

诊断意见：由于边带频率为 49.6Hz，根据其时域波形和振动特征知，该齿轮箱所发生的异常振动是由齿轮 1($z_1=24$) 激励产生的，而且该齿轮的齿面已全部磨损。

生产验证：该齿轮箱经解体检验知，齿轮 1 的齿面已全部损坏，更换新齿轮后运行正常。

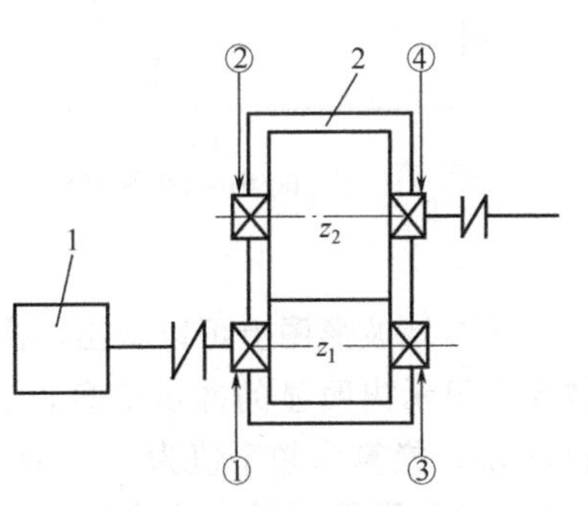

图 5-29 轧机传动系统
1—电动机；2—减速机
①～④—测点

【例 5-9】 某厂一台设备减速器，大修后运行振动值很大，对其进行了振动诊断。减速器结构见图 5-29。电动机为可调速电动机，工作转速 500r/min，功率 970kW，小齿轮齿数 50，大齿轮齿数 148。

当电动机转速调至 150r/min 时，减速器振动值 V_{rms} 见表 5-12。

表 5-12 电动机转速为 150r/min 时减速器振动值 单位：mm/s

测点	①		②		③		④	
	V	A	V	A	V	A	V	A
振动值	5.5	7.8	15.4	13.6	9.5	8.3	12.3	14.8

从测量值来看，低速轴轴承测点②、测点④的振动值均大于高速轴轴承测点。

电动机转速为 150r/min 时，对测点②垂直方向（V）作频率分析，低速轴转速为 51r/min，转频为 0.85Hz，谱图见图 5-30。

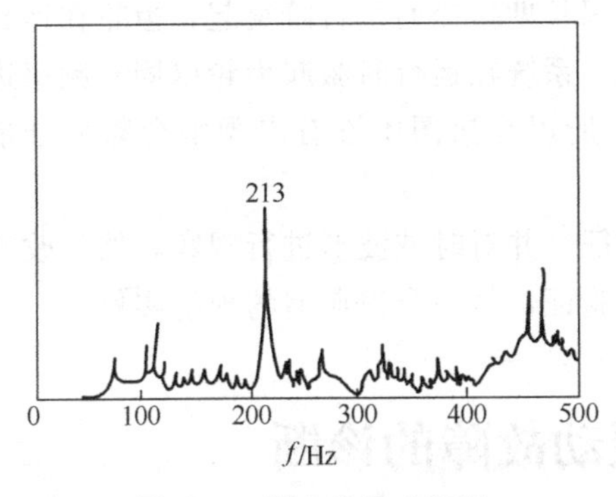

图 5-30 测点②振动频谱

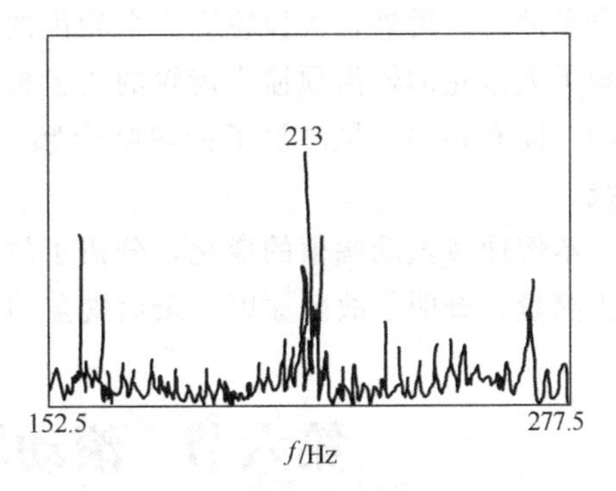

图 5-31 测点②振动细化谱

从频谱图上看，啮合频率（$f_c=0.85\times148=125.8\text{Hz}$）点谱线并不突出，却在 213Hz 频率点出现峰值。进一步对 213Hz 附近的频段作细化谱分析，谱图如图 5-31 所示。发现 213Hz 点两旁的边频间隔为 0.85Hz，恰好是低速轴转频。

在该转速下，又对测点①和测点②垂直方向的振动信号做时域波形分析，其波形图分别见图 5-32(a)、(b)。

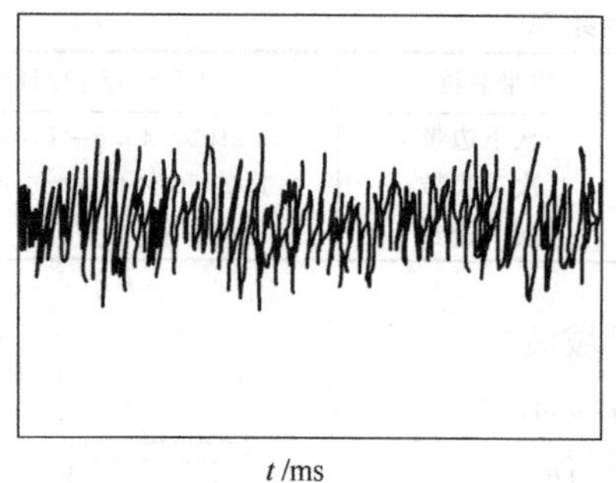

(a) 测点①时域波形

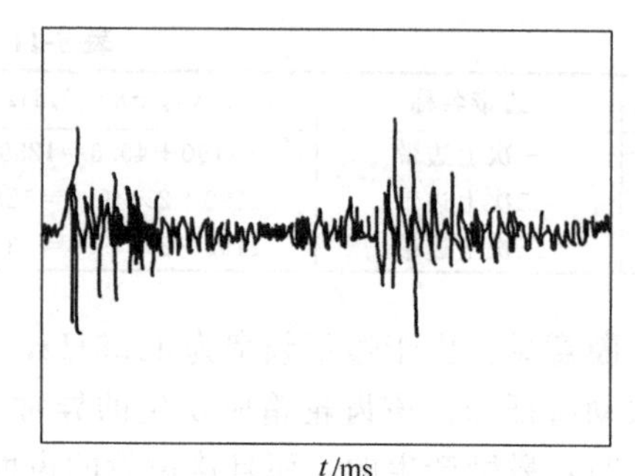

(b) 测点②时域波形

图 5-32 时域波形分析

从时域波形图上可以看出，高速轴（测点①）振动波形正常，低速轴（测点②）的时域波形中显示出明显的冲击信息，其脉冲间隔约为 1176ms，换算为频率值为 0.85Hz(1000÷1176＝0.85Hz)，即等于低速轴转频。

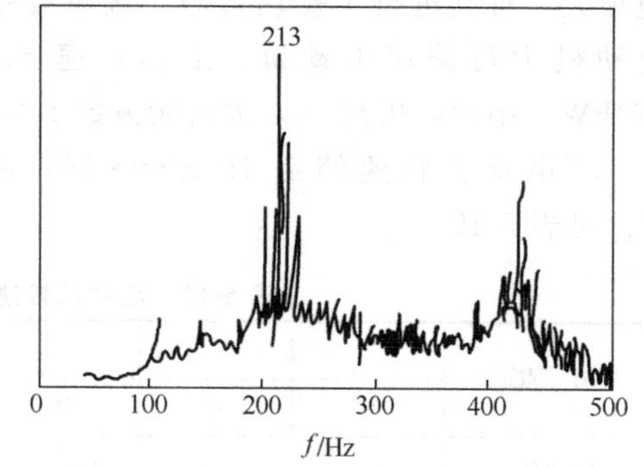

图 5-33 电机 500r/min 时②点频谱

为了进一步查明原因，把电动机转速调至 500r/min，对测点②垂直方向做频谱分析，其频谱图见图 5-33，其 213Hz 频率峰值依然存在，它不随转速而变化。此时，该频率的边频谱线的间隔为 25Hz，等于低速轴转频。由此可以判断 213Hz 是齿轮的固有频率。机器运行中，由于齿轮啮合的强烈冲击激发了齿轮以固有频率振动，因此推断齿轮存在严重故障（如轮齿变形等），故障齿轮是从动轴上的大齿轮。

通过检修发现两个齿轮的轮齿表面的錾锉痕迹很明显，凹凸不平，造成轮齿啮合时产生了严重冲击。另外，大齿轮有 3 个轮齿的齿顶边缘因长期挤撞而呈台阶突起，齿轮在运转时出现了大齿轮的轮齿顶撞小齿轮的轮齿根部的现象，系统在运行时激起齿轮以固有频率进行振动。固有频率分量湮没了齿轮啮合频率的分量，所以在谱图中没有出现啮合频率分量的谱线。

本例通过振动幅值的变化，分析了故障频率特征，并对时域波形进行观察，然后改变转速再测量，查明了故障原因，最后揭盖检查得到了验证，是一个很典型的现场实例。

第六节　滚动轴承振动故障的诊断

滚动轴承是机器上的易损件，轴承的损坏会引起许多机械故障，会导致机器剧烈的振动和噪声，降低设备效率，甚至引起设备损坏。在诊断滚动轴承故障的方法中，以振动诊断应用最广泛，最有效。

一、滚动轴承故障的特征识别

（一）滚动轴承振动原因

滚动轴承产生振动的原因比较复杂，主要原因有以下几点。

① 滚动轴承工作时，一般为内座圈旋转，外座圈固定，当轴旋转时，滚动体便在内外座圈之间滚动。虽然座圈的滚动面加工得非常平滑，但是从微观上看仍有小的凹凸，滚动体在这些有凹凸的面上滚动时，产生交替激振力。通常由于凹凸是无规则的，所以激振力具有随机的性质。当有疲劳剥落、磨损、塑性变形、锈蚀、断裂及胶合等故障出现时，表面的凹凸不平度增大，作用在内、外座圈上的激振力也增大，它有多种频率成分，所以，由轴承外座圈和轴承座构成的振动系统，由激振力的作用所产生的振动是由各种频率成分组成的随机振动。

② 滚动体在通过负荷区时，有时为一个滚动体通过负荷区，有时却为两个滚动体同时通过负荷区，旋转轴的中心随着滚动体的位置而上下移动产生振动。

③ 轴承由于安装润滑等原因产生随机振动。

④ 轴承外部传来振动。

（二）滚动轴承振动信号的频率结构

特征频率分析法是对滚动轴承实施振动诊断的基本方法。滚动轴承的振动频率成分非常丰富，每一个元件都有各自的故障特征频率。因此，通过频谱分析不但可以判断轴承是否存在故障，而且可以对轴承中损坏元件的部位作出准确判断。由于滚动轴承振动信号是高频信号，早期故障的振动信号十分微弱，往往湮没在其他相对强烈的振动之中，因此，通过对振动信号作频率分析可以避免漏检的情况。

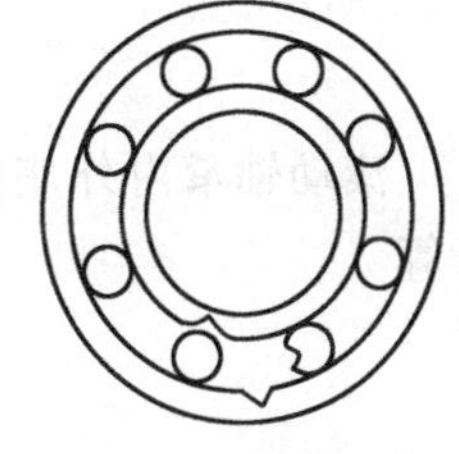

图 5-34　轴承元件疲劳点蚀

1. 通过频率

当滚动轴承某元件出现局部损伤时（图 5-34），机器在运行中就会产生相应的振动频率，称为故障特征频率，又叫轴承通过频率。各元件的通过频率分别计算如下。

（1）内圈通过频率 f_i　即单位时间内内圈上的某一损伤点与滚动体接触的次数。

$$f_i=\frac{Z}{2}f_r\left(1+\frac{d}{D}\cos\alpha\right) \tag{5-3}$$

（2）外圈通过频率 f_0　即单位时间内外圈上的某一损伤点与滚动体接触的次数。

$$f_0=\frac{Z}{2}f_r\left(1-\frac{d}{D}\cos\alpha\right) \tag{5-4}$$

（3）滚动体通过频率 f_b　即单位时间内滚动体上某一损伤点与内圈或外圈接触的次数。

$$f_b=\frac{1}{2}f_r\times\frac{D}{d}\left[1-\left(\frac{d}{D}\right)^2\cos^2\alpha\right] \tag{5-5}$$

（4）保持架通过频率 f_c

$$f_c=\frac{1}{2}f_r\left(1-\frac{d}{D}\cos\alpha\right) \tag{5-6}$$

式中　f_r——滚动轴承内圈的回转频率，Hz；$f_r=n/60$，n 为内圈的转速，r/min；

d——滚动体直径，mm；

D——轴承平均直径，mm；

Z——滚动体个数；

α——压力角（又称接触角）。

图 5-35 表示出了滚动轴承各结构参数的含义。

上述公式适用于轴承外圈固定内圈转动的情况。如果轴承内圈固定，外圈转动，那么计算公式中的加减符号要变换。

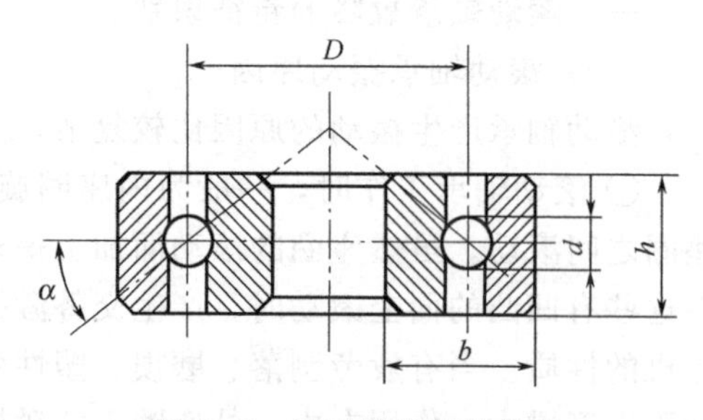

图 5-35　滚动轴承结构尺寸

2. 固有频率计算

机器在运行过程中，滚动轴承由于局部缺陷或结构不规则会发生冲击振动，激发各个元件以其固有频率振动。此时，轴承振动的时域曲线是以零件回转间隔为包络的高频振动曲线。如图 5-36 所示的时域波形曲线，就是轴承外座圈有严重点蚀时产生的冲击振动的波形图像。

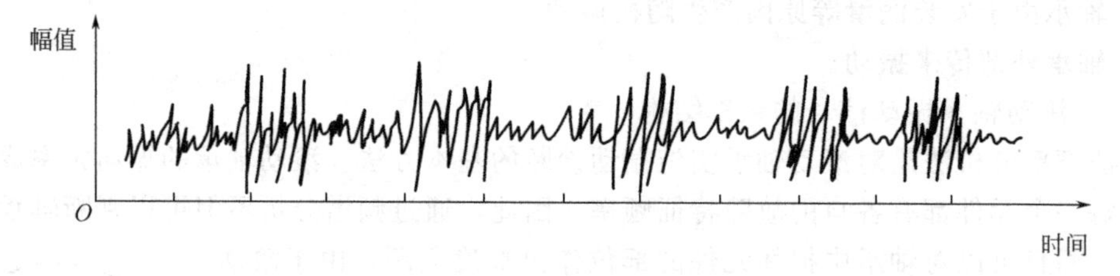

图 5-36　冲击振动的时域波形

滚动轴承内外座圈在自由状态下，径向弯曲振动的固有频率 f_n（Hz）可按下面公式计算

$$f_{\mathrm{n}}=9.4\times10^{5}\times\frac{h}{b^{2}}\times\frac{K(K^{2}-1)}{\sqrt{K^{2}+1}} \tag{5-7}$$

式中　h——套圈宽度，mm；

b——套圈厚度（图 5-35），mm；

K——固有频率的振动阶数，$K=1,2,3\cdots$，其意义参见图 5-37。

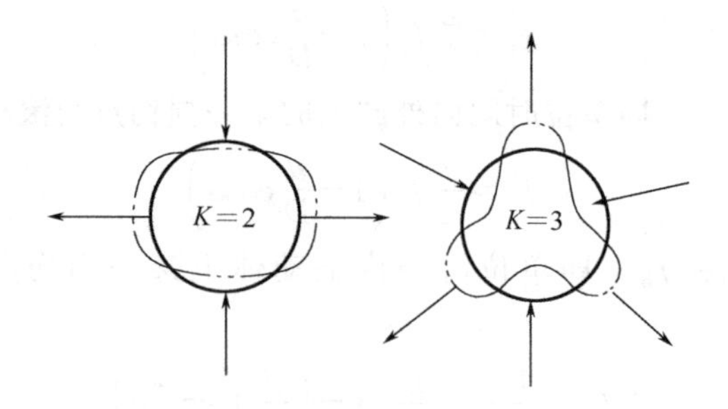

图 5-37　振动阶数示意图

滚动体固有频率 f_{bn}（Hz）的计算公式

$$f_{\mathrm{bn}}=\frac{4.8\times10^{4}}{r} \tag{5-8}$$

式中　r——滚动体半径，mm。

滚动轴承的固有频率一般为 1～20kHz，有时高达 80kHz。

（三）滚动轴承故障振动特征

1. 轴承内滚道损伤

轴承内滚道产生剥落、裂纹、点蚀等损伤时（图 5-38），若滚动轴承无径向间隙，会产生频率为 nZf_i（$n=1,2\cdots$）的冲击振动。

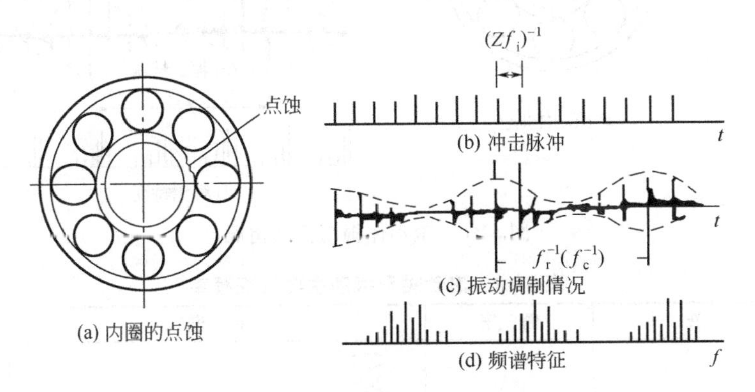

图 5-38　内滚道损伤振动特征

通常滚动轴承都有径向间隙，且为单边载荷，根据点蚀部分与滚动体发生冲击接触位置的不同，振动的振幅大小会发生周期性的变化，即发生振幅调制。若以轴旋转频率进行振幅调制，这时的振动频率为 $nZf_i \pm f_r$（$n=1,2\cdots$）；若以滚动体的公转频率（即保持架旋转频率）f_c 进行振幅调制，这时的振动频率为 $nZf_i \pm f_c$（$n=1,2\cdots$）。

2. 轴承外滚道损伤

当轴承外滚道产生剥落、裂纹、点蚀等损伤时（图 5-39），在滚动体通过时也会产生冲击振动。由于点蚀的位置与载荷方向的相对位置关系是一定的，所以，这时不存在振幅调制的情况，振动频率为 nZf_0（$n=1,2\cdots$），振动波形见图 5-39。

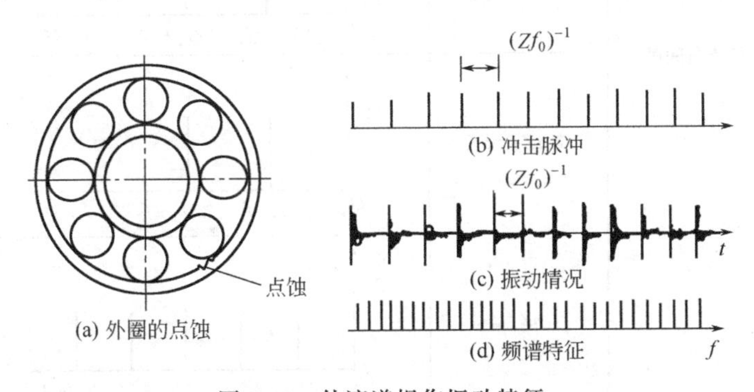

图 5-39　外滚道损伤振动特征

3. 滚动体损伤

当轴承滚动体产生剥落、裂纹、点蚀等损伤时，缺陷部位通过内圈或外圈滚道表面时会产生冲击振动。

滚动轴承无径向间隙时，会产生频率为 nZf_b（$n=1,2\cdots$）的冲击振动。通常滚动轴承都有径向间隙，因此，同内圈存在点蚀时的情况一样，根据点蚀部位与内圈或外圈发生冲击接触的位置不同，也会发生振幅调制的情况，不过此时是以滚动体的公转频率进行振幅调制，这时的振动频率为 $nZf_b \pm f_c$（$n=1,2\cdots$），见图 5-40。

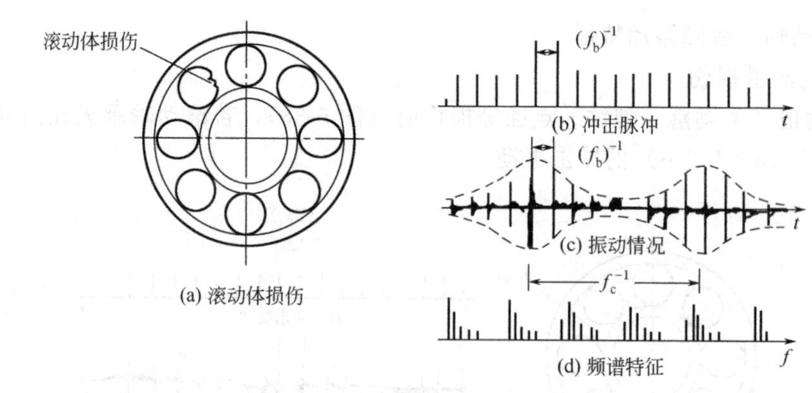

(a) 滚动体损伤　(b) 冲击脉冲　(c) 振动情况　(d) 频谱特征

图 5-40　滚动体损伤振动情况

表 5-13　滚动轴承振动主要特征频率

故障类别	条　件	频　率	频　谱	备　注
轴承偏心		nf_r	$G(f)$；O　f_r　$2f_r$　$3f_r$　$4f_r$　$5f_r$　f	$n=1,2\cdots$
内圈点蚀	无径向间隙	nZf_r	$G(f)$；O　Zf_r　$2Zf_r$　$3Zf_r$　$4Zf_r$　$5Zf_r$　f	$n=1,2\cdots$
	有径向间隙	$nZf_i \pm f_r$	$G(f)$；O　$2Zf_i-f_r$　$2Zf_i+f_r$　f	$n=1,2\cdots$
		或 $nZf_i \pm f_c$	$G(f)$；O　$2Zf_i-f_c$　$2Zf_i+f_c$　f	$n=1,2\cdots$
外圈点蚀		nZf_0	$G(f)$；O　Zf_0　$2Zf_0$　$3Zf_0$　$4Zf_0$　$5Zf_0$　f	$n=1,2\cdots$
滚动体点蚀	无径向间隙	nZf_b	$G(f)$；$2f_b$　$4f_b$　$6f_b$　f	$n=1,2\cdots$
	有径向间隙	$2nZf_b \pm f_c$	$G(f)$；$2f_b-f_c$　$2f_b+f_c$　$4f_b-f_c$　$4f_b+f_c$　f	$n=1,2\cdots$

4. 轴承偏心

当滚动轴承的内圈出现严重磨损等情况时，轴承会出现偏心现象，当轴旋转时，轴心（内圈中心）便会绕外圈中心摆动，见图 5-41，此时的振动频率为 nf_r（n=1,2…）。

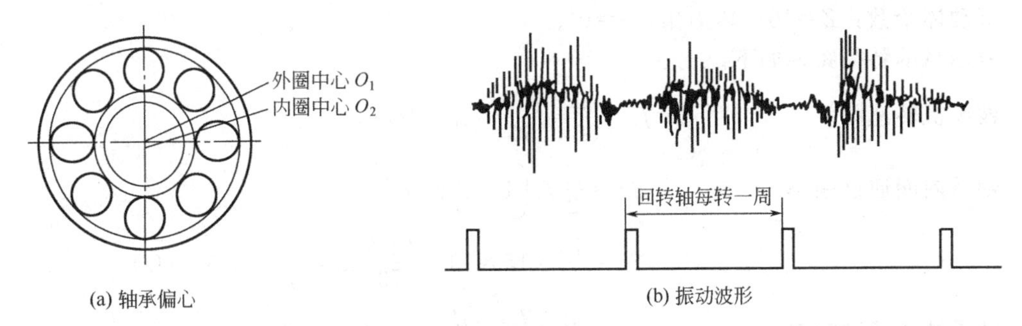

(a) 轴承偏心　　(b) 振动波形

图 5-41　滚动轴承偏心振动情况

滚动轴承故障主要振动特征频率见表 5-13。

二、诊断实例

【例 5-10】 某机器的 204 滚动轴承（d=7.94mm，D=33.9mm，Z=8）轴的转速 n=1580r/min，机器在运行中出现了异常振动。经计算该轴承的频率为：轴转动频率 f_r=26.35Hz，内座圈通过频率 f_i=130.06Hz，滚动体通过频率 f_b=106.35Hz，外座圈通过频率 f_0=80.7Hz，将轴承的振动信号进行数据处理，其时域波形、功率谱及倒谱见图 5-42。

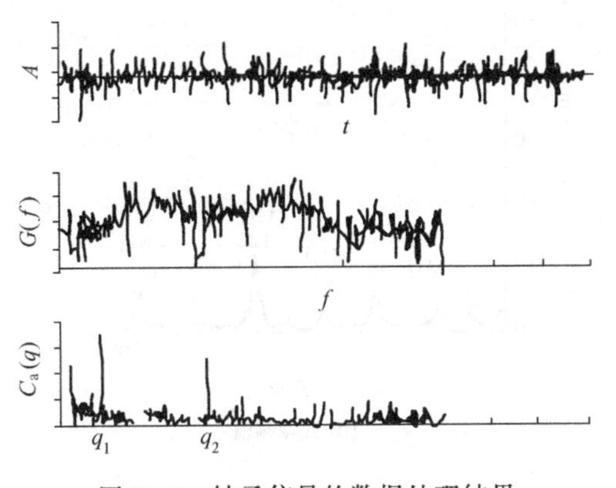

图 5-42　轴承信号的数据处理结果

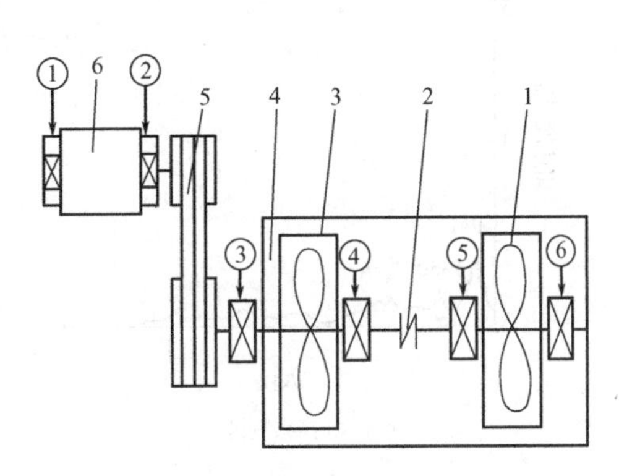

图 5-43　鼓风机系统

1—叶轮；2—联轴器；3—蜗壳；4—风室；5—带机构；6—电动机

①～⑥—测点

由图可知，轴承的故障频率为 106Hz，其边带频率为 26.35Hz。

诊断意见：滚动体有缺陷，轴承不合格，存在轻微的不平衡。

生产验证：拆机检查，滚动体已损坏，有较大的波纹，更换合格轴承后，机器运行正常。

【例 5-11】 一台单级并流式鼓风机，电动机功率 30kW，电动机转速 1480r/min，经减速风机转速 900r/min。两个叶轮叶片均为 60 片，同样大小的两个叶轮分别装在两根轴上，中间用联轴器连接，每轴由两个滚动轴承支承，风机结构见图 5-43。

某日该机组测点③的振动加速度从 0.07g 逐渐上升，10 天后达到 0.68g。为查明原因，对测点③的振动信号进行了频谱分析。

轴承的几何尺寸如下。

轴承型号：210；滚动体直径：$d=12.7$mm；轴承节径：$D=70$mm。

滚动体个数：$Z=10$；压力角：$\alpha=0°$。

故轴承的特征频率如下。

鼓风机转速频率
$$f_r=\frac{n}{60}=\frac{900}{60}=15\ (\text{Hz})$$

轴承内圈通过频率
$$f_i=\frac{Z}{2}f_r\left(1+\frac{d}{D}\cos\alpha\right)$$
$$=\frac{10}{2}\times15\times\left(1+\frac{12.7}{70}\cos0°\right)=88.6\ (\text{Hz})$$

轴承外圈通过频率
$$f_0=\frac{Z}{2}f_r\left(1-\frac{d}{D}\cos\alpha\right)$$
$$=\frac{10}{2}\times15\times\left(1-\frac{12.7}{70}\cos0°\right)=61.3\ (\text{Hz})$$

滚动体通过频率
$$f_b=\frac{1}{2}f_r\times\frac{D}{d}\times\left[1-\left(\frac{d}{D}\right)^2\cos^2\alpha\right]$$
$$=\frac{1}{2}\times15\times\frac{70}{12.7}\times\left[1-\left(\frac{12.7}{70}\right)^2\cos0°\right]=40.6\ (\text{Hz})$$

图 5-44 是测点③的时域波形和高低两个频段的频谱。

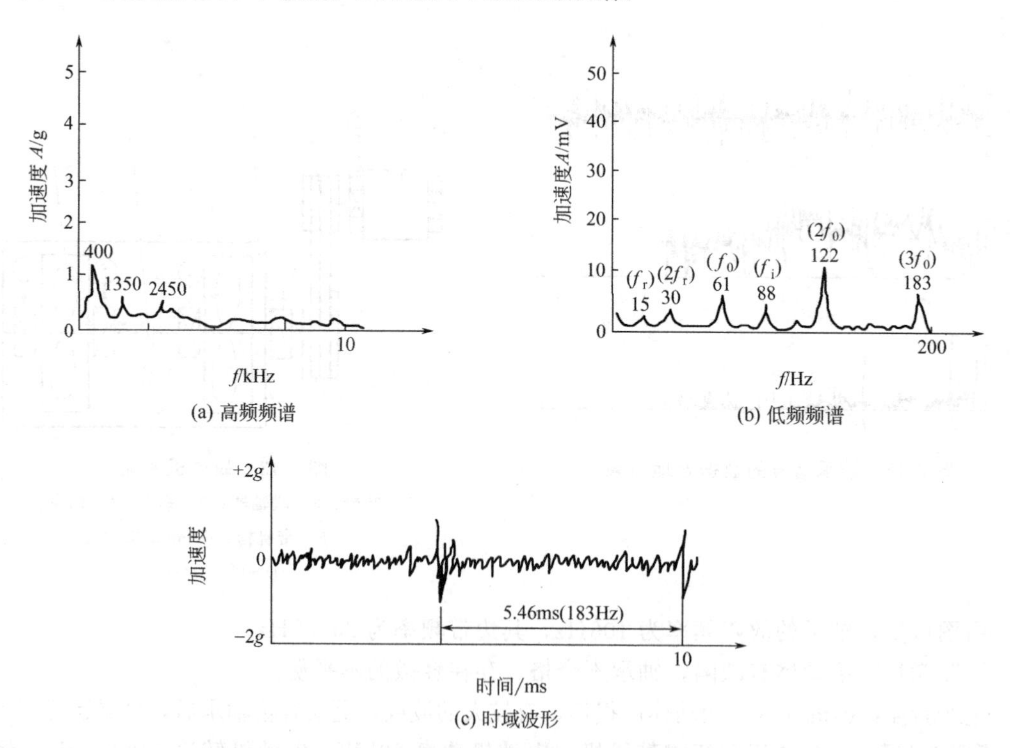

图 5-44　测点③的时域波形和振动频谱

在图 5-44(a) 所显示的高频段加速度信号的频谱图上，出现了 1350Hz 和 2450Hz 频率成分，形成小段高频峰群，可以判定这是轴承元件的固有频率。图 5-44(b) 是低频段的频谱，图中清晰地显示出转速频率 f_r(15Hz)，外圈通过频率 f_0(61Hz)，内圈通过频率 f_i(88Hz)及外圈通过频率的 2 次、3 次谐波（122Hz 和 183Hz），图 5-44(c) 是加速度时域波形，图上显示出间隔为 5.46ms 的波峰，其频率亦为 183Hz(1000÷5.46＝183Hz)，即为外圈通过频率的 3 次谐波，与频谱图显示的频率相印证［图 5-44(b)］。

诊断意见：根据两个频段分析所得到的频率信息，判断轴承外圈存在故障，如滚道剥落、裂纹或其他伤痕。同时估计内圈也有一些问题。

生产验证：停机检查发现，轴承内、外圈都有很长的轴向裂纹，与诊断结论一致。

第七节　转子与静止件摩擦故障的诊断

在透平、压缩机等高速旋转机器中，转子与静止件的摩擦是常见的故障之一，接触摩擦时机器造成的危害往往具有破坏性，如不及时发现和处理，便会造成机器的严重损坏。

一、振动特征识别

（一）摩擦振动的原因

产生摩擦振动的原因很多，诸如转子质量不平衡增大，轴受热弯曲、受力弯曲，气流波动，喘振等都可能产生转子与静子摩擦。转子与静止件的接触摩擦，按其接触方式可分为径向摩擦和轴向摩擦：转子的外缘与静止件接触而引起的摩擦称为径向摩擦，如密封、滑动轴承、叶轮外缘的摩擦等；转子在轴向与静止件接触而引起的摩擦称为轴向摩擦，如叶轮侧面与隔板、壳体的摩擦等。

（二）摩擦的振动特征

1. 径向摩擦振动特征

(1) 频率特征　转子和定子之间发生径向摩擦，从表现程度上分析有两种情况。一种是转子与定子发生偶然的或周期性的局部碰擦；另一种是转子与定子的接触弧度较大，甚至发生 360°的接触摩擦。不论何种摩擦形式，在频率上都有比较明显的特征。

摩擦振动是非线性振动，频率成分分布范围较宽，除了转频外，还有 $2f_r$、$3f_r$ 等高次谐波以及 $\frac{1}{2}f_r$、$\frac{1}{3}f_r$ 等低次谐波成分，见图 5-45。

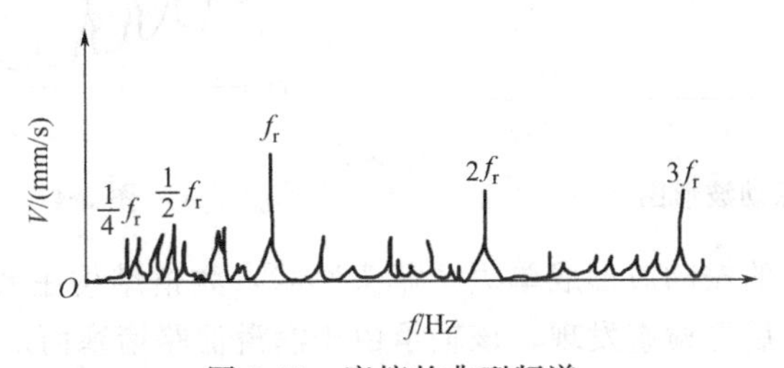

图 5-45　摩擦的典型频谱

有时摩擦还可能激起系统的固有频率振动，如碰到一个在不同转速下都出现的未知高频分量，很可能就是机器的固有频率。

(2) 幅值变化　摩擦振动在幅值变化上呈现非稳定状态，局部碰擦时更为突出。随着故障扩大，摩擦弧度增加，其转频幅值反而有所下降，$2f_r$、$3f_r$……高次谐波幅值却有所增长，发展下去将导致转子失稳。

（3）波形特征　转子与定子之间的径向摩擦，在时域波形上常常表现为削波状态。

2. 轴向摩擦振动特征

轴向摩擦时，转子的振动响应没有明显的异常特征，所以诊断轴向摩擦时，不能用波形、轨迹和频谱去识别，必须寻求新的敏感参数。

由于干摩擦的作用，使基频响应相对下降，同时有高频成分出现，所以干摩擦具有阻尼特征，干摩擦力正比于转子与静止件间的干摩擦系数和轴向力，由轴向干摩擦而引起的系统阻尼的增加是显著的，因此系统阻尼的变化可作为诊断轴向摩擦的识别特征。

（三）摩擦故障的诊断

对转子与静止件摩擦的诊断，应分为径向摩擦和轴向摩擦两种不同的情况。

1. 径向摩擦的识别方法

（1）转子发生摩擦而没有失稳　振动的波形有削波效应，频谱中高频谐波很丰富，相位点依次逆向转动，轴心轨迹紊乱，但轨迹为正进动。

（2）转子由于摩擦发生失稳　波形严重畸变，振幅超差，频谱中除基频外各谐波振幅增大，轴心轨迹逆向旋转，相位点变化无常。

2. 轴向摩擦的识别方法

（1）监测系统阻尼的变化　轴向摩擦时，阻尼显著升高。

（2）监测系统效率的变化　轴向摩擦时，系统效率有所下降。

（3）监测转子的振动频率　轴向摩擦时，基频分量相对下降，同时有高次谐波出现。

二、诊断实例

【例 5-12】　一台高压水泵及电动机，电机轴转速为 1485r/min，泵轴转速 225r/min，水泵的轴承为滑动轴承，设备运行中发现水泵轴承的垂直方向振动强烈。其振动信号的时域波形见图 5-46，频谱见图 5-47。

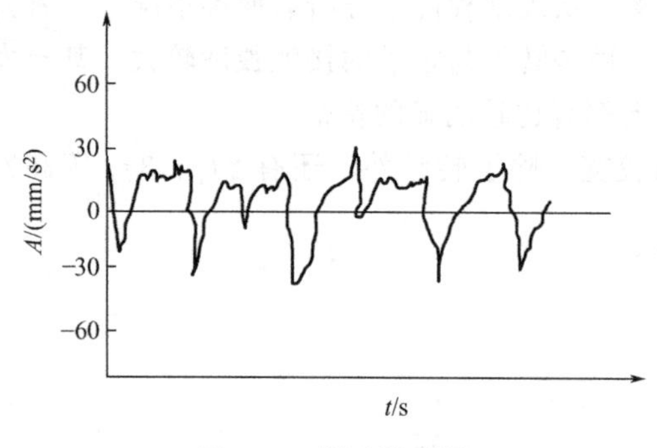

图 5-46　振动波形图

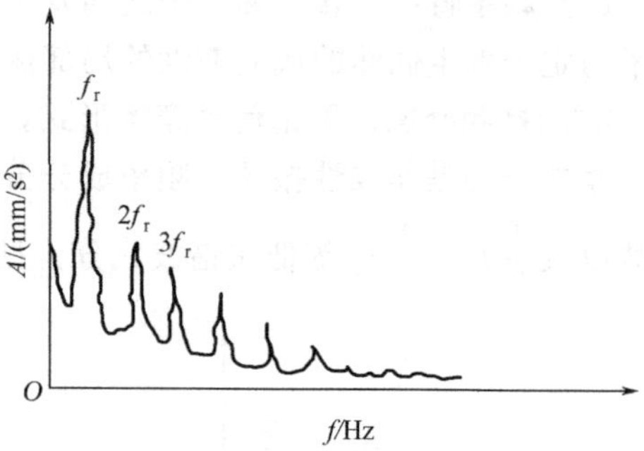

图 5-47　振动频谱图

水泵轴承垂直方向的振动波形成单边“截头”状，频谱结构主要是转频及其高次谐波，都呈典型的摩擦特征。后经检查发现，该轴承由于润滑油路堵塞而形成干摩擦。

第八节　往复式空压机振动故障的诊断

往复机械是指那些主要功能由往复动作完成的机械，如内燃机、往复式空气压缩机（简称空压机）和柱塞泵等。在生产企业中，往复机械设备占有一定比例的数量，应用很广泛，也是现场诊断的主要对象。

一、故障的特征识别

(一) 往复式空压机振动诊断特点

往复式空压机的结构原理如图 5-48 所示，在工作过程中，电动机带动曲柄连杆机构 1，活塞杆拖动活塞 2 在气缸 3 内作往复运动，完成从吸气到排气的工作循环。十字头将活塞杆与曲柄连杆机构连接起来，这样曲轴的旋转运动就转变为活塞的往复运动。

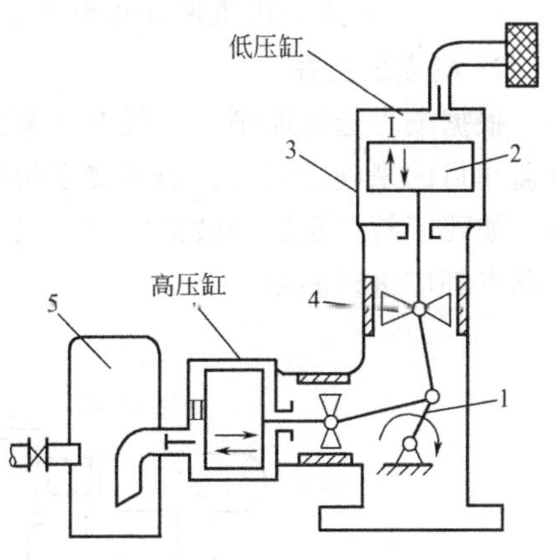

图 5-48　往复式空压机结构

1—曲柄连杆机构；2—活塞；3—汽缸；4—十字头；5—储气罐

对往复式空压机进行振动诊断时，具有以下几个方面的特点。

① 振动频率范围很宽，不易识别激励源的特征频率。

② 零件数量多而且形状复杂，难于靠近进行振动测量。

③ 激励源振动的传递途径及其对表面振动的影响不明朗。

④ 同一部件可出现不同故障，表现出不同振动特征。

⑤ 进行振动测量时，存在较多的干扰源。

⑥ 对振动敏感点选择及判据的确定，在理论和经验上都不太成熟。

故在对往复机械进行诊断时要注意两个问题。

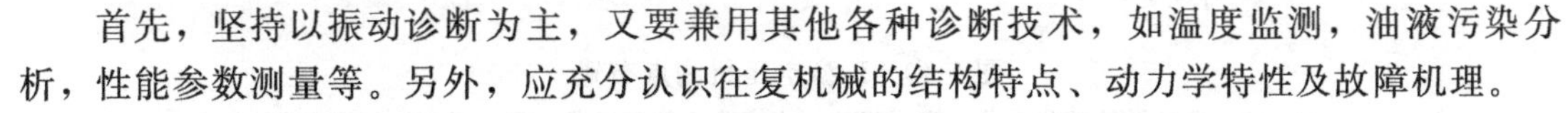

首先，坚持以振动诊断为主，又要兼用其他各种诊断技术，如温度监测，油液污染分析，性能参数测量等。另外，应充分认识往复机械的结构特点、动力学特性及故障机理。

(二) 往复式空压机常见的故障振动特征

对空压机进行故障诊断，最可靠有效的还是振动诊断方法，常见故障特征如下。

1. 气门漏气

振动信号频率成分分布范围很宽，在缸盖上测得的振动响应中高频成分增加。

2. 连杆与曲柄销间隙增大

在功率谱图中峰群主要集中在 1.7～2.3kHz 频段内，且时域波形中可明显地看到冲击特性。

3. 连杆铜套与活塞销之间的间隙增大

功率谱图中峰群主要分布在频带 0.4～1.3kHz 和频带 1.6～2.4kHz 范围内，且随着间隙增大振动能量向高频带集中。

4. 缸套与活塞间隙增大

功率谱图中峰群主要集中在 0.8～1.4kHz 和 1.5～2.2kHz 范围内。当间隙较小时，峰群在两频带中分布较均匀；间隙增大时，峰群向高频带转移。

在诊断中可用从缸体上测得的总振级来判断缸套与活塞间隙的临界状态，方法如下

$$P_{ac}=CP_{ao} \tag{5-9}$$

式中　P_{ac}——故障状态的临界振级（加速度），m/s^2；

P_{ao}——良好状态下的初始振值（加速度），m/s^2；

C——系数，$C=3.5$～4.5。

当实测总振级等于或大于 P_{ac}时说明空压机已处于严重的故障状态。

5. 拉缸

出现拉缸故障时，位于气缸中部的总振级下降，振动明显低于正常值，在振动功率谱图中，高频成分（>3kHz）增加。

（三）往复式空压机振动诊断方法

1. 测点的选择

根据测点选定原则，一般对往复式空压机的测点布置如图 5-49 所示，振动测量时应根据监测目的来确定测点。如果要了解某一个部位的运行状态，则只需测量其中一个点或几个点。如要了解低压缸的磨损情况，只须在测点⑦进行测量；要全面了解各个部位的情况，每个测点都应进行测量。

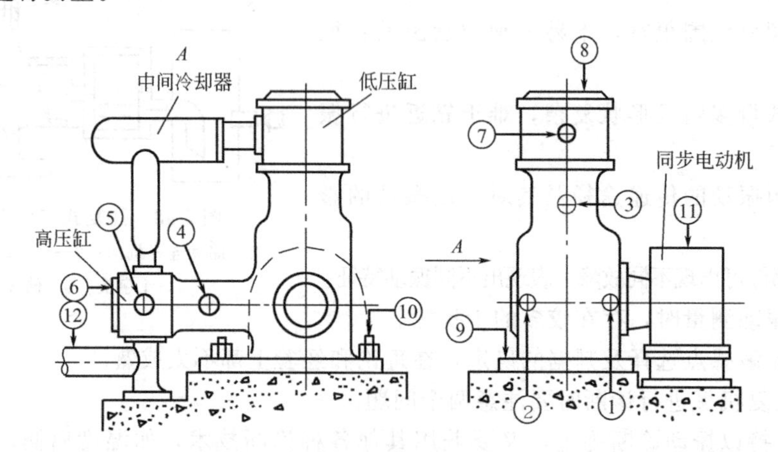

图 5-49　L 型空压机测点布置

①，②—曲轴轴承部位；③，④—滑块（十字头）部位；⑤，⑦—活塞、缸套部位；⑥，⑧—气阀部位；⑨，⑩—地脚基础部位；⑪—同步电动机；⑫—排气管

2. 测量参数的确定

因往复式空压机的各个运动部位都具有不同程度的冲击性，选用振动加速度参数测量灵敏度好，最能反映机器运行状态。

3. 选择分析频段

在实际应用中，一般按监测部位选择频段，当监测具有冲击性的部位时，由于大多是高频振动，一般采用 1～5kHz 的分析频段；而对地脚、电动机的振动测量，一般选用 0～1000Hz 的频段。

4. 实施状态判别

（1）相对标准判别　将空压机在良好状态下的振动值作为“初始值”，把实测值与之比较，按实测值为初始值的倍数来判断空压机的状态。此外，还可用正常状态下建立的基准频谱为标准，将实测频谱与基准谱进行比较，即可判别空压机的状态。

（2）类比判别　类比判别是用得最多而且方便有效的方法。将同一个企业型号相同、规格一致的空压机（一般都有备用机组）统一管理，把各台机组在相同部位测得的参数值或同一种振动频谱进行比较，从而判断出各空压机的实际状态。

（3）综合判别　所谓综合判别，就是采用相对判别与类比判别相结合的方法进行诊断，从而达到更高的准确率。

二、诊断实例

【例 5-13】 某厂 1$^{\#}$ 5L-40/8 型空压机，安装已经多年，因振动严重超差，一直未能投入正常使用。为了找到确切的原因，采用类比判别方法对其进行了振动测量分析，将本机与处于良好状态的 5$^{\#}$ 机器进行对比。两机同型号、同规格、且在相同工况下运行，其结构简图和测点布置见图 5-49。图 5-50 分别是 1$^{\#}$ 机地脚⑨、地脚⑩和机座⑨、机座⑩的振动信号功率谱图。5$^{\#}$ 机地脚和机座的振动信号功率谱图见图 5-51。

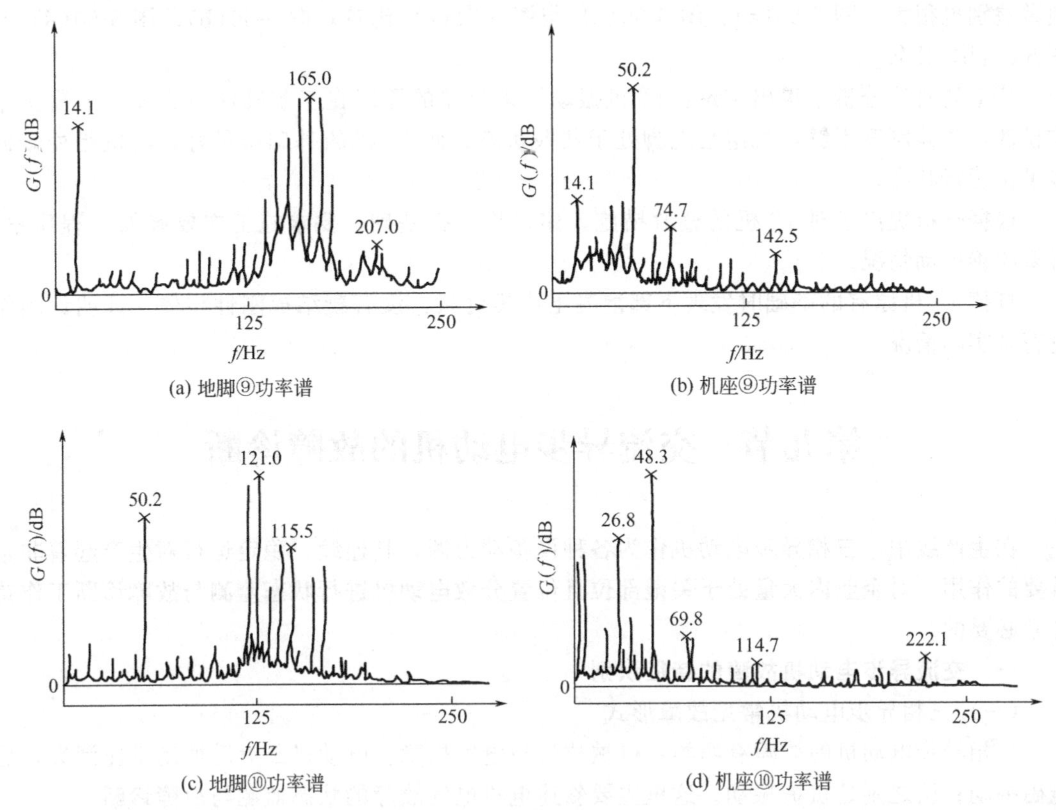

图 5-50　1$^{\#}$ 机地脚及机座功率谱图

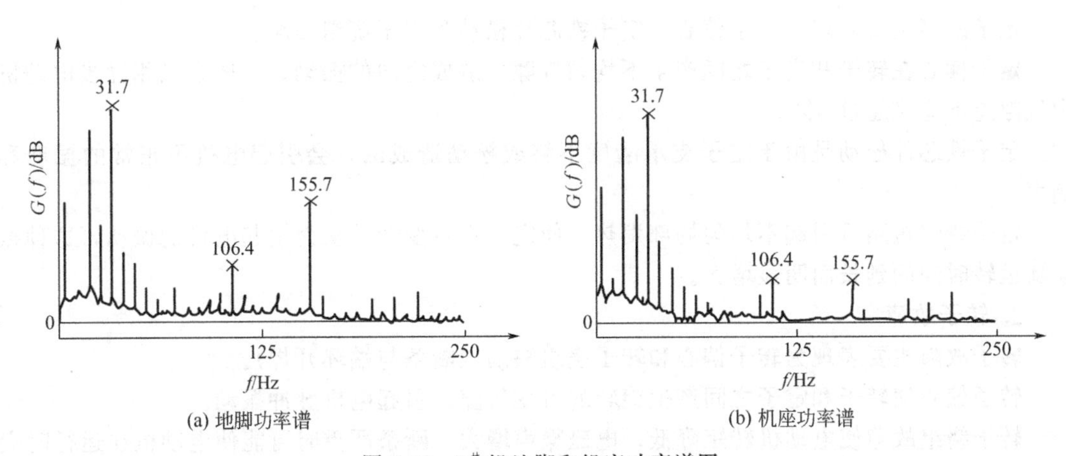

图 5-51　5$^{\#}$ 机地脚和机座功率谱图

对比分析两机地脚和机座的频谱结构，发现有以下几个特点。

(1) 1# 机地脚和机座的频谱比较　同一测点之间的地脚和机座的频谱差别很大；不同测点的地脚与地脚之间及机座与机座之间的频谱也有一定的差别［图 5-50(a) 和图 5-50(c)，图 5-50(b) 和图 5-50(d)］。

(2) 5# 机地脚和机座的频谱比较　同一测点地脚和机座的频谱非常相似［图 5-51(a) 和图 5-51(b)］。

(3) 1# 机与 5# 机对应测点频谱比较　两机对应测点处地脚与地脚，机座与机座之间的频谱差别也很大［图 5-50(a)、图 5-50(c) 与图 5-51(a) 比较；图 5-50(b)、图 5-50(d) 与图 5-51(b) 比较］。

从上述对比分析中得出结论：1# 机振动严重超差的原因在于基础质量太差，混凝土结构松散，整体刚度不够，机组与地脚处于共振状态。而 5# 机的基础质量好，与机组处于同步平稳运行状态。

根据分析提出了对 1# 机的整改措施，建议重新打基础，要求施工中要确保工程质量，可望改善振动情况。

打掉 1# 机原有的基础时发现下部混凝土成蜂窝状，没有凝结成刚性整体。证明诊断结论符合实际情况。

第九节　交流异步电动机的故障诊断

在生产线中，三相异步电动机作为各种设备动力源，其连续、稳定运行对生产起着非常重要的作用。对企业内大量处于关键部位且位置分散电动机进行状态监测与故障诊断工作是非常必要的。

一、交流异步电动机故障的特征识别

(一) 三相异步电动机常见故障形式

三相异步电动机的故障有两类：机械故障与电气故障。电动机断电后振动迅速消失，是电磁振动；反之则是机械振动。这里主要叙述电机电气故障的状态监测与故障诊断。

1. 定子故障

定子故障主要表现为定子偏心、定子铁芯片松动和定子绕组短路。

定子偏心在转子和定子之间产生不均匀气隙，造成定向的振动。一般在三相异步电动机中气隙差不应该超过 5%。

定子铁芯片松动是由于定子支承刚度不够或松动造成的，会引起电机不正常的振动和响声。

定子绕组短路可引起不均匀局部发热，使定子本身变形，从而引起电机的振动，这种振动随运转时间的延长而明显增大。

2. 转子故障

转子故障主要表现为转子偏心和转子绕组缺陷（断条与端环开焊）。

转子偏心使转子和定子之间产生旋转的可变气隙，引起电机脉冲振动。

转子绕组故障使电动机转矩降低，电磁噪声增大。断条严重时可能使电动机在运行时突然停下来，或空载时不能启动。

(二) 三相异步电动机故障诊断方法

1. 振动信号分析法

电机故障引起的电磁振动，蕴含着自己的振动特征频率。测量振动信号时，传感器尽可能径向安装在电机的外壳上。

（1）电磁振动信号的频率结构

① 电源频率 f_L：国内电源频率为 50Hz。

② 滑差频率 f_S：即一秒钟内三相异步电动机同步转速与实际转速之差。

$$f_S=(n_S-n_N)/60 \tag{5-10}$$

③ 极通过频率 f_P

$$f_P=Pf_S \tag{5-11}$$

④ 转了条通过频率 f_B：·秒钟内单根电子条转动次数。

$$f_B=mf_r \tag{5-12}$$

式中　n_S——同步转速，r/min；

n_N——实际转速，r/min；

P——极对数；

m——转子条数；

f_r——转频。

（2）三相异步电动机故障振动特征

① 定子故障。三相异步电动机若有定子偏心、铁芯片松动和定子绕组短路，频谱分析时转频、电源频率及其他的谐频都会产生峰值，特别是 2 倍电源频率峰值突出（图 5-52）。

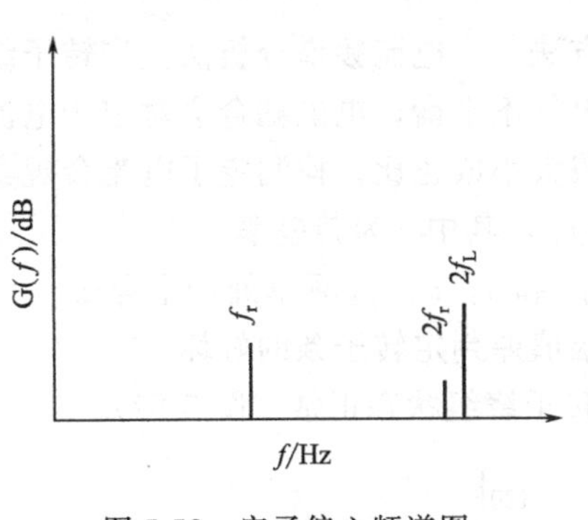

图 5-52　定子偏心频谱图

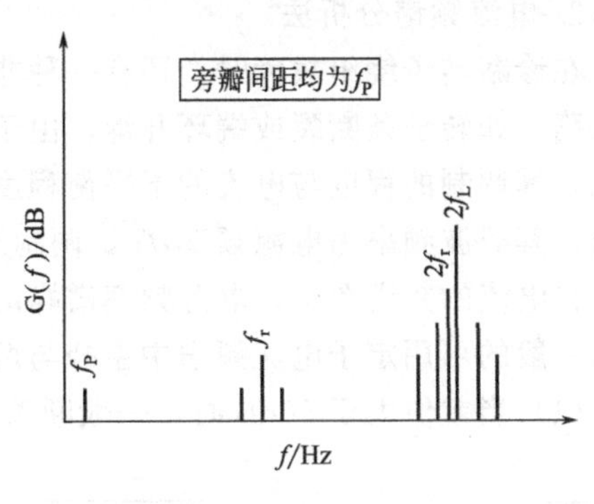

图 5-53　转子偏心频谱图

② 转子偏心。偏心的转子产生极通过频率、转速频率及其 2 倍谐频峰值、电流频率及其 2 倍谐频峰值，特别电流 2 倍谐频峰值突出，且转频与电流频率峰值两侧有极通过频率边带（图 5-53）。

③ 转子绕组缺陷。转子条断裂、端环开焊或铁芯片短路，产生大的转频峰值及其第一到第六谐频的峰值，且每组峰值两侧有极通过频率的边频带（图 5-54）。

转子条松动或已脱开则除较大的转频峰值外，在转子条通过频率及其 2 倍谐频处产生峰值，特别 2 倍谐频峰值突出，在通过频率及其谐频两侧还分布着 2 倍电源频率的边频带（图 5-55）。

④ 相位故障（接头松动）。松动或断裂的接头引起的相位问题产生 2 倍电源频率的较大峰值，且其两侧有 1/3 倍或 2/3 倍电源频率的边带（图 5-56）。

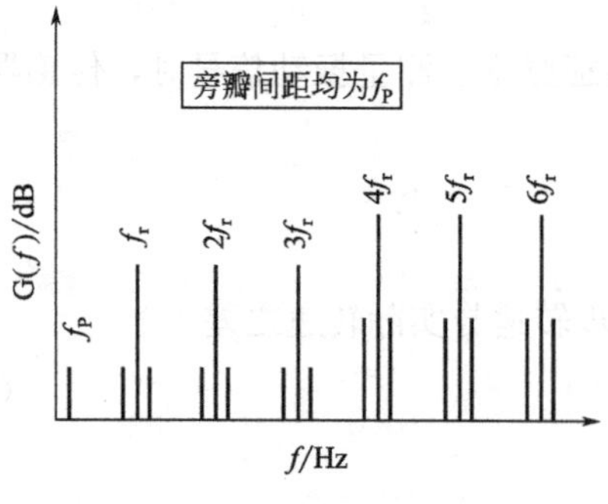

图 5-54 转子条断裂时频谱图

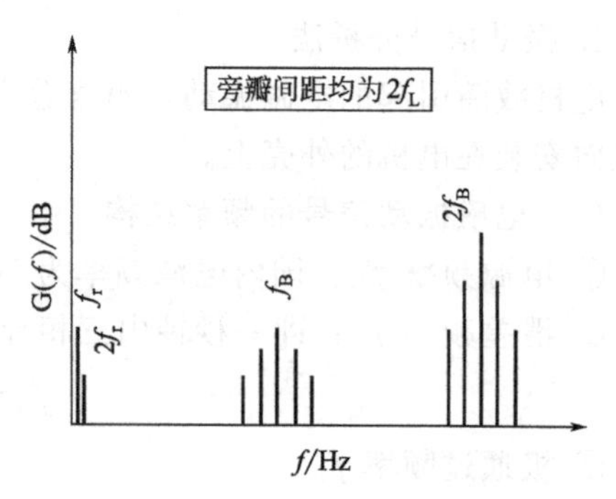

图 5-55 转子条脱开时频谱图

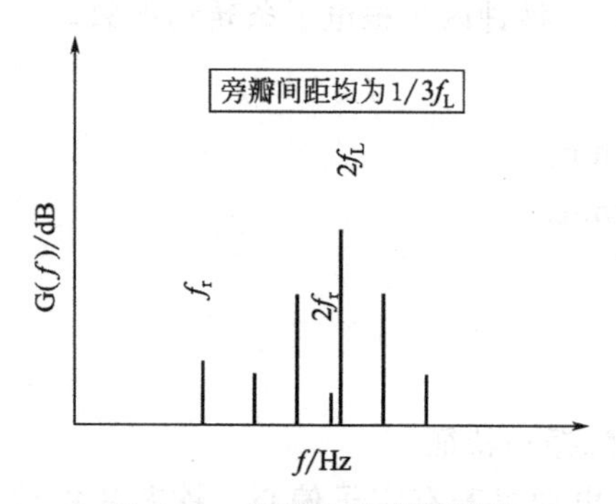

图 5-56 接头松动时频谱图

2. 电流频谱分析法

在诊断转子绕组故障时，还有一种非常有效的方法——电流频谱分析法。当转子绕组存在缺陷，如转子条断裂或端环开焊，由于转子回路电气不平衡，电磁耦合会对定子电流进行调制，其调制的程度与电流的不平衡程度及电机负载大小成正比。检测定子电流会观察到调幅波，其载波频率为电源频率 f_L，调制波频率为 $2sf_L$，其中 s 为转差率。

在电流的频谱图中，电源频率谱峰两侧 f_L-2sf_L 和 f_L+2sf_L 频率处产生旁瓣。

一般的可用定子电流频谱中主峰与两个旁瓣的幅值差判定转子条的好坏。

(1) 当差值大于 50dB 时，一般断条率<2%，转子绕组状态正常（图 5-57）。

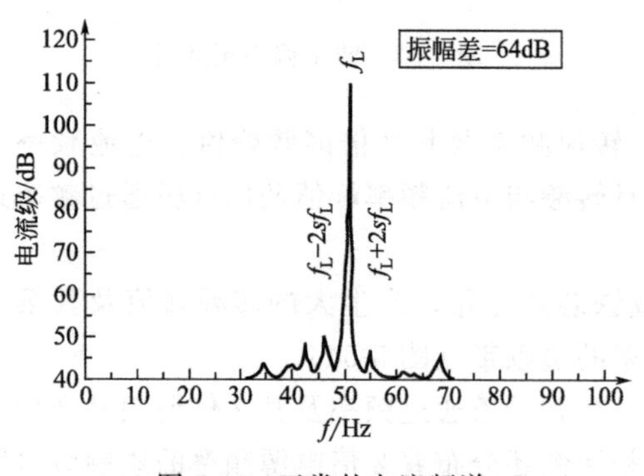

图 5-57 正常的电流频谱

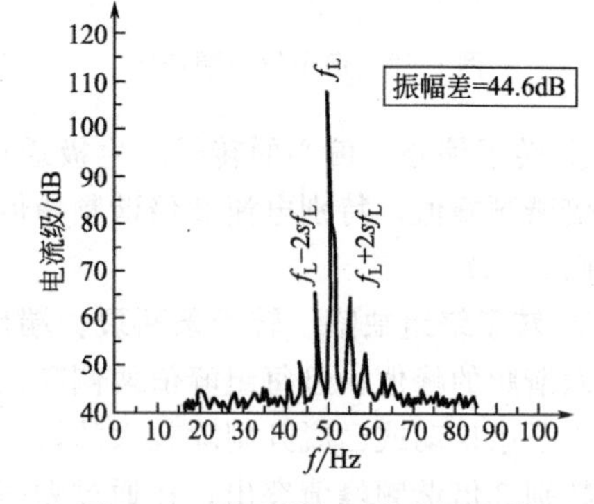

图 5-58 转子断条时的电流频谱

(2) 当差值小于 45dB 时，一般断条率>4%，转子绕组处于非正常状态，应高度注意，适宜时机进行检修（图 5-58）。

目前有两种方法对电机定子电流进行检测。

（1）使用钳形电流表和数据采集器定期采集电流信息，通过专用软件进行分析。

（2）使用专用仪器，通过采集电流及电压六路信号，并利用专用软件进行分析（如第四章第五节介绍的EXP3000电机综合监测分析仪）。

在监测时应注意：

（1）三相电源电压应比较稳定和平衡；

（2）电机应接近满负载运行；

（3）如果发现三相定子电流有异常，应先排除可能的定子绕组故障，然后再诊断转子绕组的状态。

二、诊断实例

【例5-14】 某石化公司一台300kW六极交流异步电动机，同步转速1000r/min。6月15日技术人员在监测中发现此电机振动不正常，驱动端与非驱动端两向振值均有明显增大，非驱动端振动频谱图如图5-59与图5-60所示。

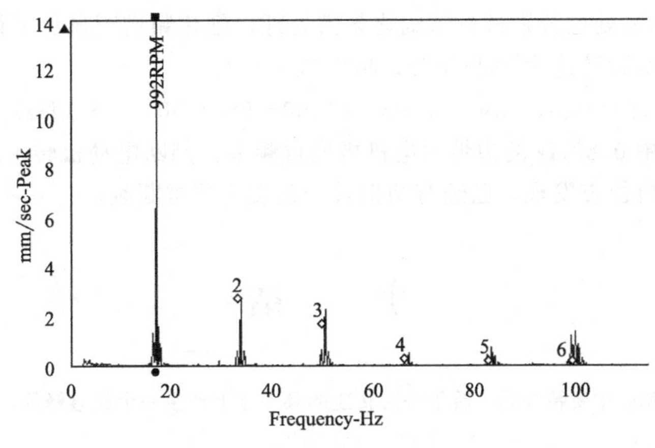

图5-59 非驱动端轴向频谱图

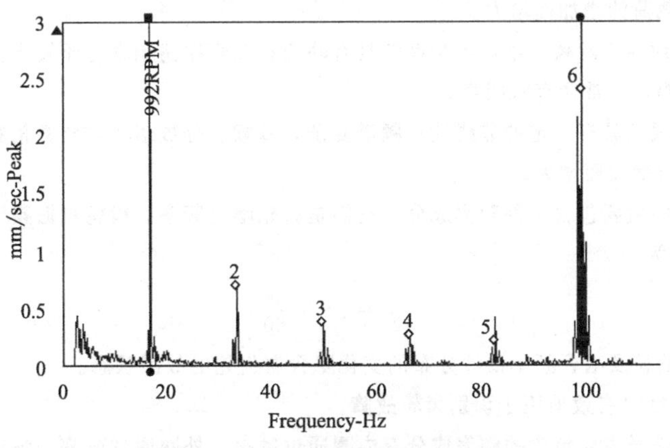

图5-60 非驱动端径向频谱图

图中显示，转频及其谐频占主导，并且带有一定数量的边带。

随即加大了监测力度，两天后发现其振值呈现上升趋势，尤其是6倍转频处峰值突出。为了看清6倍转频处的峰值组成，对频谱进行了局部放大处理（图5-61）。

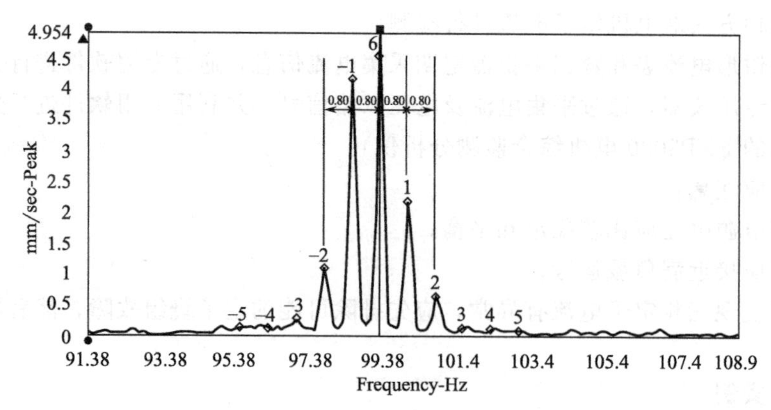

图 5-61　非驱动端轴向 6 倍频处的细化频谱图

细化频谱图显示，6 倍频左右两边各出现两组比较大的边带峰值，6 倍频处峰值达到 4.65mm/s，而其左边的边带也达到了 4.25mm/s。

随后对 1～5 倍频处也分别进行了细化频谱处理，细化频谱图显示了相同的特征。

分析：电机的实际转速为 984r/min，极对数 $P=3$。

则极通过频率 $f_P=P(n_S-n_N)/60=3\times(1000-984)/60=0.8$ (Hz)

诊断意见：图中 0.80Hz 的边带为电机极通过频率，判断电动机转子条出现断裂。

生产验证：停机检查发现，已经有两根转子条发生严重断裂。

小　　结

1. 转子不平衡故障的主要特征是：转子一阶转速的频率点上产生一个频谱峰值，且振幅随工作转速升降而增减。

2. 转子出现不对中故障时，与联轴器相邻的轴承处径向振动频谱二倍频点具有峰值；轴向振值大，基频点有峰值；振幅随载荷的增加而增大。

3. 油膜涡动频率约等于转频一半，半频谐波具有峰值；油膜振荡频率等于转子固有频率，半频谐波振幅接近或超过基频振幅，且常伴有吼叫声。

4. 由松动引起的振动具有一定的非线性；频谱复杂，基频、分数倍频与整数倍频处均有峰值；振动方向性很强；振幅随负荷增加而增大。

5. 齿轮振动信号中主要包含三种频率成分，它们是齿轮啮合频率，齿轮自振频率和齿轮边频带。

1）齿轮啮合频率为

$$f_c=zf_r=\frac{nz}{60}$$

啮合频率幅值的消长及啮合频率谐波分布的变化隐含着齿轮的故障状态。

2）齿轮边频带特征可有效地用于识别齿轮故障。

6. 滚动轴承振动信号主要包含的频率成分有内圈通过频率、外圈通过频率、滚动体通过频率、保持架通过频率和固有频率。

7. 径向摩擦振动波形有削波效应，频谱图中谐波成分丰富；由于轴向摩擦产生振动时，系统阻尼升高，系统效率下降且高次谐波具有峰值。

8. 分析振动频谱可以诊断三相异步电动机电气故障；分析电流频谱对转子回路的缺陷诊断尤为有效。

习　题

一、单选题

1.（　　）齿轮故障将增加齿轮啮合频率和它的谐波成分幅值，但不产生边频。

A. 不均匀分布故障　B. 齿轮偏心　C. 齿距误差　D. 均匀性磨损

2. 转子不平衡时，轴心轨迹为（　　）。

A. 椭圆形　B. 圆形　C. 方形　D. 三角形

3. 机器连接松动时，轴心轨迹图形是（　　）。

A. 椭圆形　B. 圆形　C. 方形　D. 紊乱形

4. 不对中使联轴器两侧转子振动产生（　　）的相位差。

A. 0°　B. 90°　C. 180°　D. 270°

5. 平行不对中主要引起（　　）振动。

A. 径向和轴向　B. 轴向　C. 径向　D. 周向

6. 油膜振荡的发生是由于滑动轴承的工作稳定性差引起的，而决定滑动轴承稳定性好坏的根本因素是轴在轴承中的（　　）。

A. 位置　B. 活动范围　C. 旋转速度　D. 偏心距大小

7. 转子不对中引起的振动对（　　）敏感。

A. 转速　B. 润滑　C. 载荷　D. 流量

8. 从理论上讲，转速升高一倍，则不平衡产生振幅增大（　　）倍。

A. 1　B. 2　C. 3　D. 4

9. 一般地，联轴器不对中时（　　）振动幅值较大。

A. 径向　B. 轴向　C. 水平　D. 周向

10. 机器故障中，轴心轨迹为香蕉形的是（　　）。

A. 不平衡　B. 不对中　C. 转子摩擦　D. 油膜振荡

11. 机器故障中，出现分数倍谐波频率的是（　　）。

A. 不平衡　B. 不对中　C. 连接松动　D. 油膜振荡

12. 机器故障中，时域波形会产生削波现象的是（　　）。

A. 不平衡　B. 不对中　C. 连接松动　D. 转子摩擦

13. 油膜振荡一经发生后，振动频率始终保持为（　　）。

A. 二阶临界转速　B. 一阶临界转速　C. 转速　D. 转速的0.5倍

14. 三相异步电动机电气故障诊断时，传感器应尽可能径向安装在电机的（　　）上。

A. 外壳　B. 前轴承座　C. 后轴承座　D. 底座

15. 三相异步电动机故障中，不会产生2倍电源频率振动峰值的是（　　）。

A. 定子偏心　B. 转子偏心　C. 转子条断裂　D. 接头松动

16. 振动不随润滑油温度改变而有明显变化的是（　　）。

A. 不平衡　B. 轴承磨损　C. 油膜振荡　D. 油膜涡动

17. 不可能因为（　　）而造成转子轴向振动过大。

A. 轴弯曲　B. 转子部件结垢　C. 轴裂纹　D. 联轴器不对中

二、判断题

（　　）**1.** 滚动轴承内圈外表面滚道有缺陷不会产生信号调制。

（　　）**2.** 只有工作转速等于一阶临界转速两倍的转子，才有可能产生油膜振荡。

（　　）**3.** 动不平衡是力不平衡和力偶不平衡的综合作用。

（　　）4. 轴承不对中时轴向振动较大。

（　　）5. 齿轮系统工作时，啮合频率振动成分及其谐波总是存在的。

（　　）6. 断电后振动消失，是电磁振动；反之是机械振动。

（　　）7. 对于交流异步电动机，可用定子电流频谱中主峰与两个旁瓣的峰值差判断转子条状态。

三、思考题

1. 转子不平衡与转子不对中主要振动特征有何异同？
2. 油膜涡动和油膜振荡的主要振动特征是什么？
3. 机器联接松动的主要振动特征是什么？
4. 幅值谱中边频带在故障诊断中有什么重要作用？
5. 在用频率分析法诊断轴承故障时，为什么分高频段和低频段进行诊断？
6. 径向摩擦振动主要特征是什么？
7. 往复式空压机的振动特点是什么？
8. 诊断三相异步电动机转子绕组故障采用的电流频谱分析法基本原理是什么？

第六章　油液污染诊断技术

机械设备中的液压油和润滑油携带有大量机械设备运行状态的信息，所以油液污染诊断技术是设备状态监测和故障诊断的又一重要方法。本章讲述磁塞检测法、光谱分析法和铁谱分析法。当机械零件发生磨损时，产生的磨粒随润滑油进入润滑系统中。润滑油就像机器的“血液”，油液污染诊断技术正是通过给机器“验血”，从而诊断机械的磨损状态及故障。本章将从诊断原理、分析方法以及分析仪器等方面加以研究讨论，最后说明油样分析法在故障诊断中的应用。

第一节　油液污染诊断技术概述

油液污染诊断技术（油液分析技术）又称为设备磨损工况监测技术，是一种新型的设备维护技术。油液在设备中的各个运动部位循环流动时，设备的运行信息会在油液中留下痕迹，通过对工作油液的合理采样并进行必要的分析处理，就能取得关于该机械设备各摩擦副的磨损状况、磨损部位、磨损机理以及磨损程度方面的信息，这些信息主要包括以下三个方面。

① 油液中设备磨损颗粒的分布。

② 油液本身的物理和化学性质的变化。

③ 油液中外侵物质的构成以及分布。

通过监测和分析油液中污染物的元素成分、尺寸、数量、形态等物理化学性质的变化，就可对设备技术状态做出科学的判断，这就是油液污染诊断技术。油样分析技术有如人体健康检查中的血液化验，已成为机械故障诊断的主要技术手段之一。

一、油样分析的含义

油样分析技术的内容非常广泛，主要有以下几个方面。

① 测定油品的品质。根据油品的品质决定润滑油或液压油是否继续使用（即油品理化性能指标检验）。

② 磁塞检查法。在设备的油路系统中插入磁性探头（磁塞，有柱形和探针形），用磁铁将悬浮在油液中的磨粒与油分离，并定期对磨粒进行测量和分析，推断机器的磨损状态和磨粒的来源和成因。

③ 颗粒计数器方法。对油样内的颗粒进行粒度测量，并按预选的粒度范围进行计数，从而得到有关磨粒粒度分布方面的信息以判断机器磨损的状况。

④ 油样光谱分析法。此法分为原子吸收光谱和原子发射光谱两种，主要是根据油样中各种金属磨粒在离子状态下受到激发时所发射的特定波长的光谱来检测金属类型和含量的。

⑤ 铁谱分析技术。其基本的方法和原理是把铁质磨粒用磁性方法从油样中分离出来，在显微镜下或用肉眼直接观察以进行定性及定量分析。这种方法不仅可以提供磨粒的类别和

数量的信息，而且还可进一步提供其形态、颜色和尺寸等直观特征。

以上这些有关油样的分析测试都可用作机械设备故障诊断的信息来源，在生产实践中都有这方面的应用。但在机械故障诊断这个特定的技术领域中，油样分析技术通常是指油样的铁谱分析技术和油样光谱分析技术。它们的共性是都可用作铁磁性物质颗粒（光谱分析不仅限于铁磁性物质）的收集和分析，但各有不同的尺寸敏感范围，光谱分析检测磨粒有效尺寸范围为 0.1～10μm，一般在 2μm 时检测效率达到最高。但大多数机器失效期的磨粒特征尺寸多在 20～200μm 之间。这一尺寸范围对于磨损状态的识别和故障原因的诊断具有特殊的意义。但这一尺寸范围大大超过光谱分析法分析尺寸的范围，因而不可避免地导致许多重要信息的遗漏，这是光谱法的不足之处。目前它主要用于有色金属磨粒的检测和识别。铁谱分析对铁质磨粒进行定性及定量分析，其分析磨粒尺寸的范围约从 0.1～1000μm，它包含了对故障诊断具有特殊意义的 20～200μm 尺寸范围。图 6-1 为各种油样分析方法对磨粒尺寸敏感范围的比较。

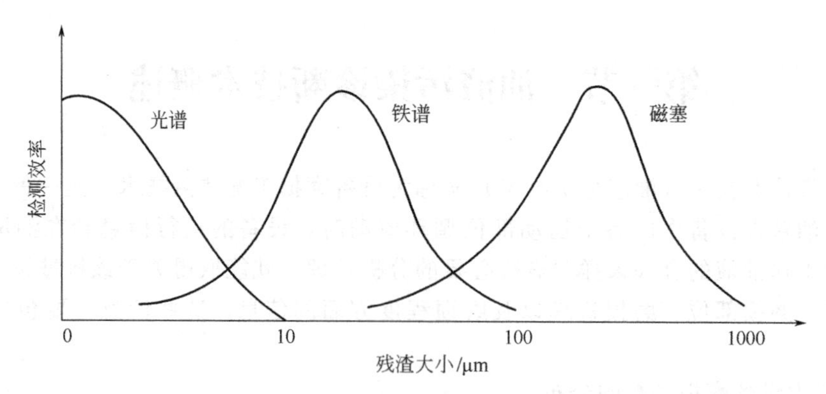

图 6-1　各种油样分析技术的检测效率

二、磨粒的形成机理与识别

用作机械故障诊断手段的油液污染诊断技术，主要是指磁塞、油样铁谱分析、油样光谱分析。通过对油样进行分析，可以获取如下几方面的信息。

① 根据主要磨粒的形成、颜色和颗粒大小等特征来判断机器磨损的严重程度。

② 磨粒的大小和形貌反映了磨粒产生的原因（如疲劳、剥落、腐蚀），即磨损形成的机理。

③ 磨粒的材质成分反映了机器磨损的具体部位，即哪个零件哪个部位磨损。

由此可见，在数以百万计的千姿百态微观物质中准确地识别各类磨粒，便是每个运用油样分析技术开展设备故障诊断工作的人员所必须掌握的一项技术。

识别磨粒可以判断摩擦副所处的状态，在此介绍几种主要磨粒类型的识别方法。

1. 正常摩擦磨损颗粒

正常磨粒指机器的摩擦面经跑和后进入正常运转状态下所产生的磨损颗粒，这时磨粒的形态特征是一些具有光滑表面的“鳞片”状颗粒，其特征为长度从 0.15μm 到 0.5μm 甚至更小。厚度为 0.15～1μm 之间的剪切混合层在剥落后形成的不规则的碎片，见图 6-2。

2. 切削磨损颗粒

切削磨损颗粒的形状类似车床机加工产生的切屑，其形态为卷曲的细带状，只是尺寸在微米数量级，见图 6-3。

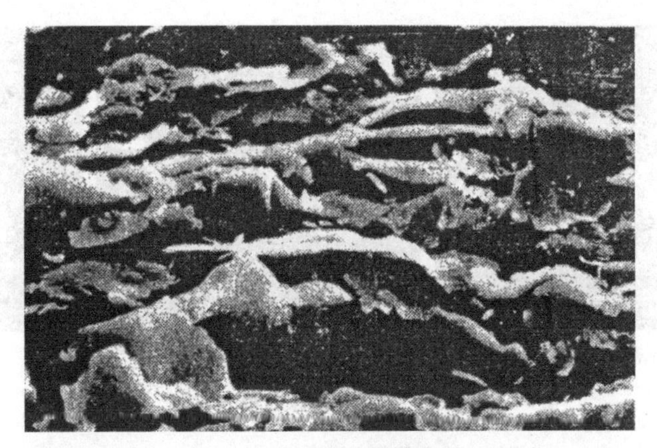

图 6-2　正常摩擦磨损典型磨粒形貌

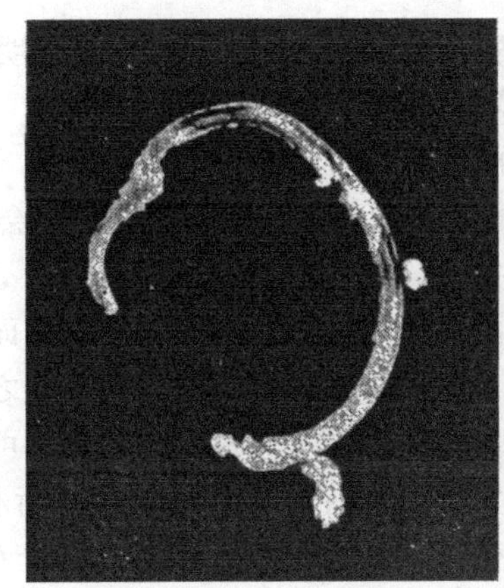

(a) 二体磨料磨损磨粒

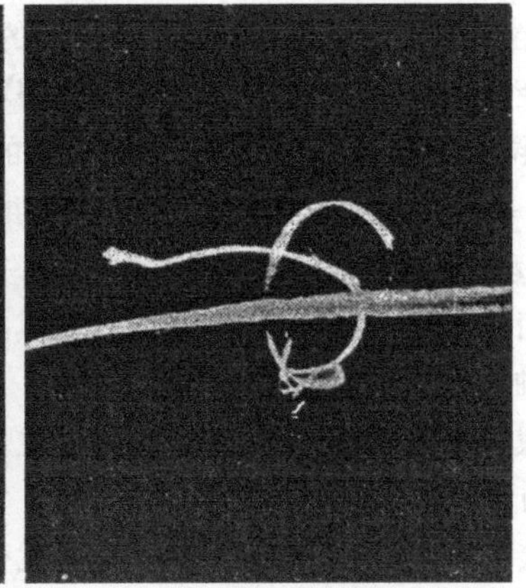

(b) 三体磨料磨损磨粒

图 6-3　切削磨损典型磨粒形貌

产生切削磨损颗粒的原因大致有以下两种。

① 摩擦副中一个摩擦表面切入另一摩擦表面形成（二体磨料磨损）。这种磨粒通常都比较粗大。

② 润滑系统中的外来污染杂质、沙粒或是系统内的游离零件磨粒，均可嵌入摩擦副中较软的摩擦表面，在摩擦过程中产生微切削（三体磨料磨损），磨粒呈带状。这种方式产生的磨粒粒度与污染颗粒的粒度成正比。

切削磨损颗粒是非正常磨损颗粒，对它们的存在数量需要重点监测。若系统中大多数切削磨损颗粒的长度为几微米，宽度小于 1μm，可以判定润滑油系统中有粒状污染物存在；但如果系统中长度大于 50μm 的大切削颗粒数量急剧增加时，则表明机器中某些摩擦副的失效已迫在眉睫了。

3. 滚动疲劳颗粒（滚动轴承）

产生于滚动轴承的疲劳点蚀或剥落过程中的磨粒，磨粒包括三种不同形态：疲劳剥落磨粒、层状磨粒和球状磨粒，见图 6-4。

① 疲劳剥落磨粒是在滚动轴承发生了点蚀或麻点时形成的，是疲劳表面凹坑中剥落的碎屑，碎屑的表面光滑，边缘不规则，片状，磨粒的最大粒度可达 100μm。如果系统中大

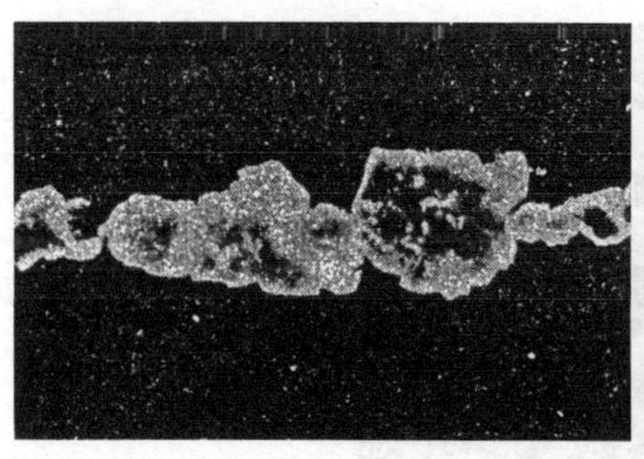
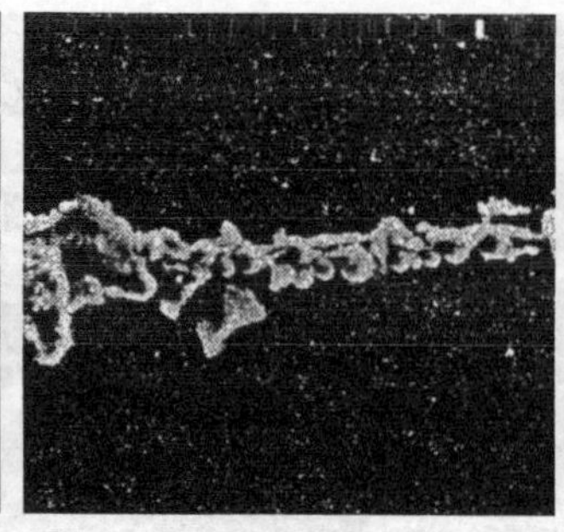
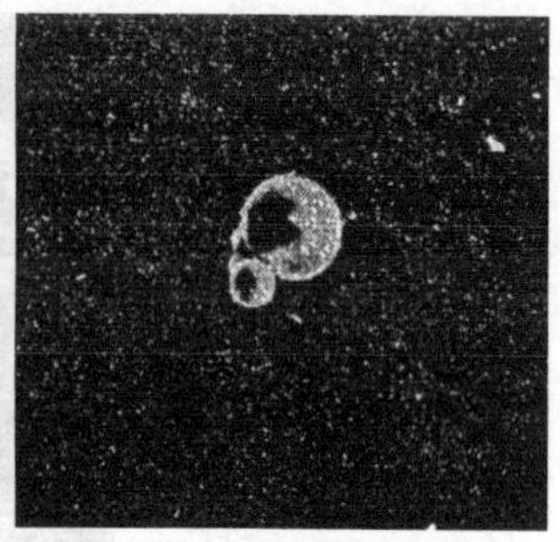
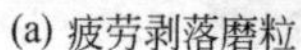

(a) 疲劳剥落磨粒 (b) 层状磨粒 (c) 球状磨粒

图 6-4 滚动疲劳颗粒典型形貌

于 10μm 的疲劳剥落磨粒有明显的增加，这就是轴承失效的预兆，可对轴承的疲劳磨损进行初期预报。

② 球状磨粒是在轴承的疲劳裂纹中产生的。一旦出现球状磨粒，就表明轴承已经出现了故障，球状疲劳磨粒都比较小，这种球状磨粒的直径约为 1～5μm。

③ 层次磨粒是磨粒被滚压面碾压而形成的薄片，在这类磨粒的表面常带有一些空洞。磨粒尺寸为 20～50μm，厚度约为 1μm。层屑磨粒在轴承的整个使用期内都会产生。

4. 滚动-滑动复合磨损（齿轮系）

主要是由齿轮节圆上的材料疲劳剥落形成的。产生的残渣具有光滑的表面和不规则的外形，磨粒的长轴与厚度之比为（4∶1）～(10∶1)。拉应力使疲劳裂纹在剥离之前向轮齿的更深处发展，促成块状磨粒（较厚磨粒）的产生。与滚动轴承相似，齿轮疲劳可产生大量的尺寸大于 20μm 的磨粒，但不会产生球状磨粒。如图 6-5 所示，当齿轮因载荷和速度过高时，齿廓摩擦表面会被拉毛，这一现象一旦发生就会很快影响到每一个轮齿，产生大量的磨粒。这种磨粒都具有被拉毛的表面和不规则的轮廓，在一些大磨粒上具有明显的表面划痕。由于胶合的热效应，通常有大量氧化物存在，并出现局部氧化的迹象，在白光照射下呈棕色或蓝色的回火色，其氧化程度取决于润滑剂的组成和胶合的程度。胶合产生的大颗粒磨粒比例并不十分高。

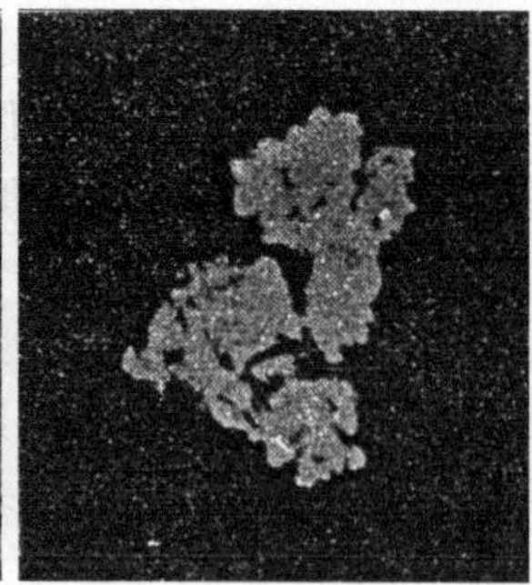
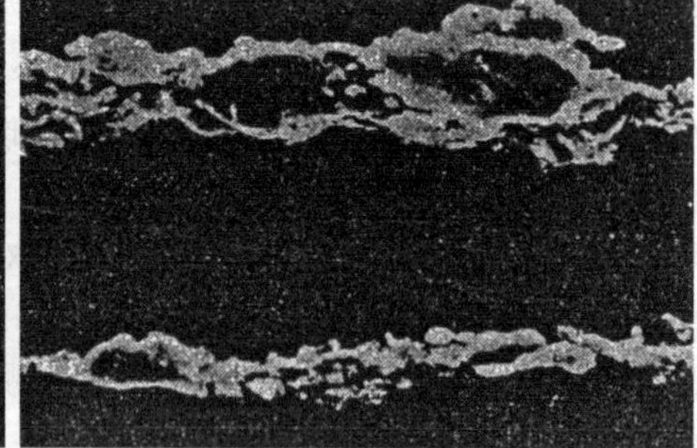

(a) 疲劳剥离磨粒 (b) 过载过速磨粒 (c) 热效应磨粒

图 6-5 滚动-滑动复合磨损典型磨粒形貌

5. 严重滑动磨损

严重滑动磨损是在摩擦表面的载荷或速度过高的情况下，当接触应力超过极限时，剪切混合层失去“动态平衡”，变得很不稳定，残渣呈大颗粒脱落，一般为片状或块状，这类磨粒表面有划痕，有直的棱边，磨粒的尺寸范围在 15μm 以上，出现这类磨粒时表明磨损已进入灾难性阶段了，见图 6-6。

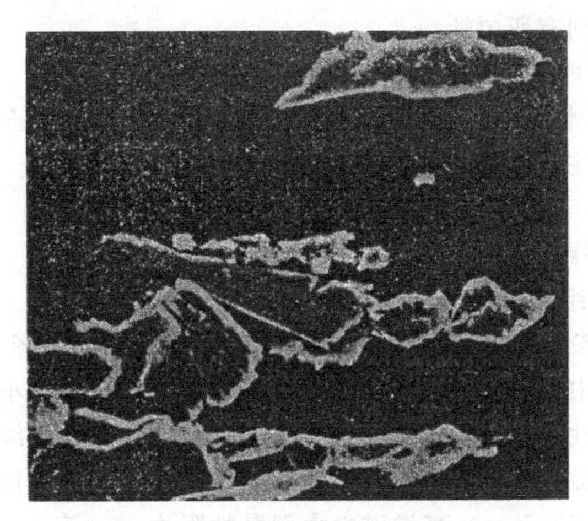

图 6-6　严重滑动磨损典型磨粒形貌

第二节　铁谱分析技术

一、铁谱分析的原理及特点

1. 铁谱分析原理

油样铁谱分析法的基本原理是在不拆卸设备状态下，抽取该设备带有磨粒的润滑油样并按严格的操作步骤稀释在玻璃试管里或玻璃片上，使之通过一个高强度、高梯度的强磁场，油中的微粒在谱片上迅速沉积。沉积的分布规律受微粒的尺寸、形状、密度、磁化率及油的物理特性等因素影响。用铁谱显微镜观察残渣形貌，用光学显微镜还可以从残渣的色泽判断其成分，也可以用电子显微镜进行观察和用 X 射线能谱仪或 X 射线波谱仪对磨粒中的各种元素进行准确的测定，油样铁谱分析提供磨损残渣的数量、粒度、形态和成分四种信息。目前，应用铁谱技术来分析机器的磨损状态，主要是从以下几方面来进行的。

① 根据磨粒的浓度和颗粒的大小等特征，它反映机器磨损的严重程度。

② 根据磨损量对机器的磨损进度进行量的判断。

③ 根据磨粒的大小和外形，就可以判断磨粒产生的原因，如由正常的轻微磨损产生，由跑合磨损、微切削磨损、疲劳磨损、腐蚀磨损和破坏磨损等产生。

④ 根据磨粒的材质成分来判断机器磨损的具体部位及磨损零件，也就是磨粒的发源地。

由此可见，铁谱技术是一项技术性较高、涉及面较广的磨损分析与状态监测技术。

2. 铁谱技术的特点

① 可以有效地诊断机械磨损类故障。

② 同时进行磨粒的定性检测和定量分析　能够观察磨粒的形态、尺寸、颜色、表面特征和对磨粒进行定量分析测量磨粒量、磨损烈度、磨粒材质成分等，这不仅给分析机械设备磨损状态、故障原因和研究设备失效机理等提供了更全面而宝贵的信息，而且大大提高了机械设备状态监测的可靠性。

③ 能够准确监测机器中一些不正常磨损的轻微征兆，具有磨损故障早期诊断的效果。

④ 对非磁性材料难以做定量分析，故在对如柴油机这种含有多种材质磨擦副的设备进行故障诊断时，往往感到有所欠缺。

⑤ 须反复试验才能取得有代表性的油样和分析数据。

⑥ 作为一门新兴技术，铁谱分析的规范化不够，分析结果对操作人员的经验有较大的依赖性，若缺乏经验，往往会造成误诊或漏诊。

二、铁谱仪

典型的铁谱分析仪器有直读式和分析式两种类型。

1. 直读式铁谱仪的组成及工作原理

直读式铁谱仪由微粒沉淀系统和光电检测系统两部分构成（图 6-7）。沉淀系统主要是一根斜放在高强度磁场中的玻璃沉淀管，其作用是使磨粒按尺寸大小分开沉淀。油样流经沉淀管时，油样中的铁磁性颗粒受到重力、浮力、磁力和黏性阻力的综合作用，在随着油样流过沉积管的过程中，因磁力的大小和磨粒的体积成正比，而油的黏性阻力近似与磨粒表面积成正比，所以对大颗粒（>5μm）来说磁力大于黏性阻力，一流入沉淀管便首先沉淀下来。小颗粒（1～2μm）则往下流动，另一方面磁力大小还决定于磁场强度和磁场梯度，由于沉淀管斜放，磁场梯度由油样入口至出口逐渐增强，较小的磨粒最终也要依尺寸大小依次沉淀下来。光电检测系统的作用是检出因磨粒沉淀而引起的管的光强（透射）变化显示出光密度值，间接反映出磨粒的数量和尺寸分布情况，由距进口 1mm 左右的导光孔测出的是大颗粒沉淀区的光密度值（D_L），而距第一导光孔 5mm 处的第二导光孔测得的是小磨粒沉淀区光密度值（D_s）。沉淀管内磨粒的分布见图 6-8。

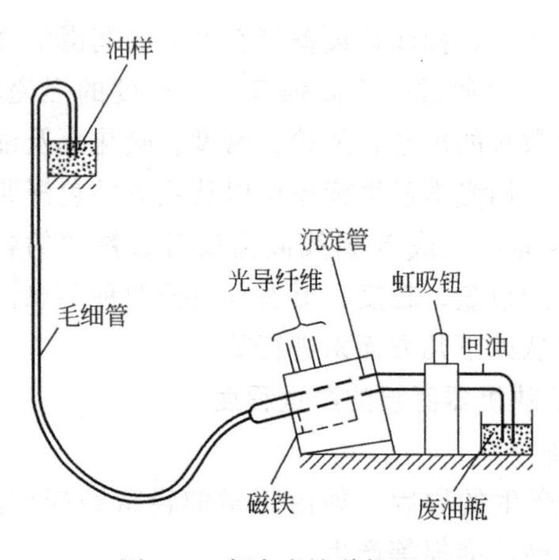

图 6-7 直读式铁谱仪原理

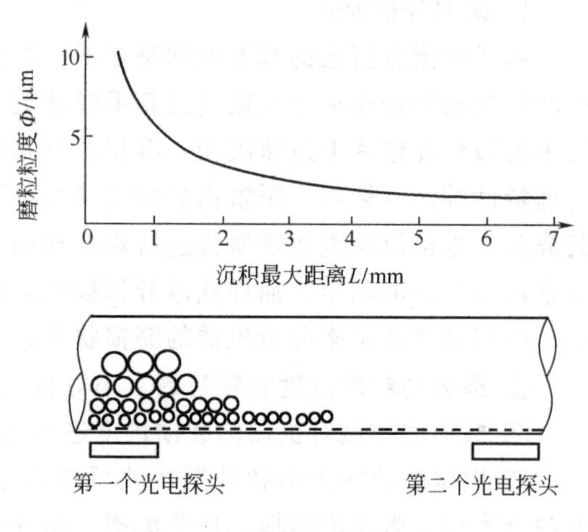

图 6-8 沉淀管内磨粒的分布

2. 分析式铁谱仪的组成及工作原理

分析式铁谱仪是最早开发出来的铁谱仪，它包含了铁谱技术的全部基本原理。实际上它是一个分析系统，由铁谱仪和铁谱显微镜组成。

（1）铁谱仪

铁谱仪是制备铁谱基片的装置，它的结构与工作原理简图如图 6-9 所示，它由磁铁装置、微量泵、铁谱基片和胶管支架等所组成。铁谱仪工作时，先将微量泵的流量调至使分析油液沿基片连续稳定流动为宜，玻璃基片安放在高强度、高梯度的磁铁装置上端并与水平面成一定倾斜角，这样可沿油流方向形成一逐步增强的高强度磁场，同时又便于油液沿倾斜的基片向下流动，从玻璃基片下端经导流管排入废油杯中。油样中的铁磁性金属磨粒在基片上流动时受到高梯度磁力、液体黏性阻力和重力联合作用，按尺寸大小有序地沉积在玻璃基片上，磨粒在磁场中磁化后相互吸引而沿垂直于油样流动方向形成链状条带。各条带之间磁极又相互排斥而形成均匀的间距而不会产生叠置现象。铁谱基片上再经四氯乙烯溶液洗涤、清除残余油液和固定处理后便制成了可供观察和检测的铁谱片。

图 6-10 为铁谱片的磨粒尺寸分布。用于沉积磨粒的玻璃基片又称铁谱基片，在它的表面上制有 U 形栅栏，用于引导油液沿基片中心流向下端的出口端到废油杯。

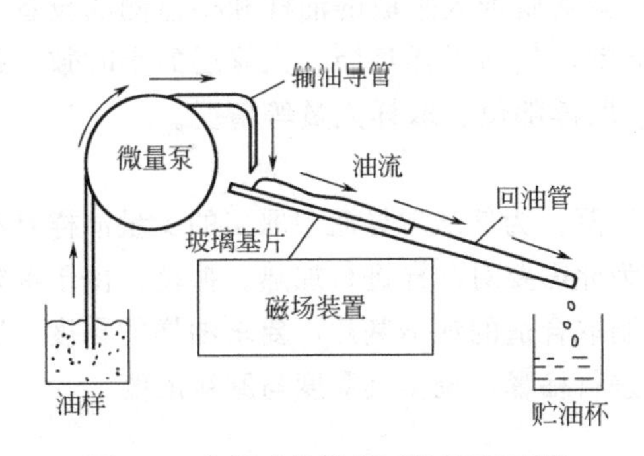

图 6-9　分析式铁谱仪工作原理简图

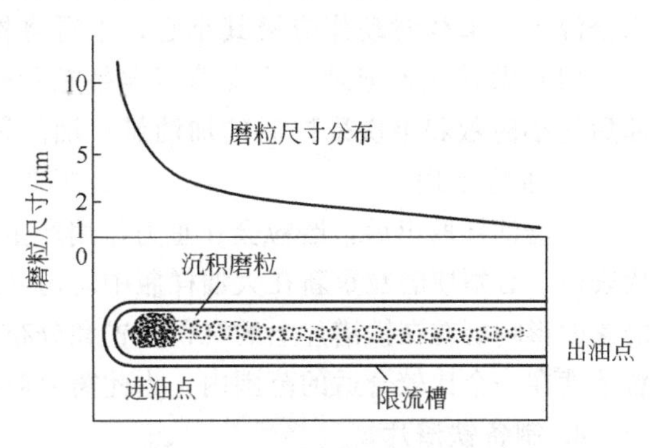

图 6-10　铁谱片的磨粒尺寸分布

(2) 铁谱显微镜

铁谱显微镜是一种双色光学显微镜。配用双色显微镜或扫描电子显微镜（SEM）的原因是磨粒中的金属磨粒不透明，而各种化合物、聚合物磨粒以及外来的污染颗粒是透明或半透明的。应用普通显微镜难以清楚地观察与鉴别。铁谱双色显微镜具有透射（绿色）和反射（红色）两套照明系统，两个光源可单独使用也可以同时使用，使分析鉴别功能大为加强。铁谱显微镜配有光密度计和铁谱读数器，可对铁谱基片同时进行定性定量分析。它还同时带有摄影装置，可方便地观察记录在谱片上的磨粒的尺寸分布、形态、表面形貌、成分及数量等情况。

三、铁谱分析过程

润滑油中的固体颗粒来源有三个方面：系统内部残留微粒、系统外侵微粒和摩擦副运行中生成的磨粒，为获得可靠的分析结果，需要正确的取样和进行油样处理。取样的频率取决于铁谱分析所表明的变化趋势以及工作因素。

1. 了解被监测的设备情况

要对被监测设备作出全面正确的监测诊断结论，就必须对该设备有一个全面的了解，主要了解的内容包括以下几个方面。

① 功能。即机器的重要程度。

② 使用期。大修后所使用的时间。

③ 机器的运转条件。如机器是处于正常载荷还是超载、超速运行，温度情况如何，有无异常等。

④ 设备运转历史及其维护保养情况。

⑤ 润滑油性能。如生产厂家、牌号、批号等。

⑥ 可能有初期致命伤的新设备。

2. 采样

一个合适的油样的抽取方法是保证获得正确分析结果的首要条件。关键是要保证取出的油样具有代表性，因此，铁谱技术要求采样时应遵循以下几条基本原则。

(1) 取样部位　应尽量选择在机器过滤器前并避免从死角、底部等处采样。

(2) 取样间隔　取样间隔要根据机器的运行情况、重要性、使用期、负载特性等因素来确定。

(3) 取样规范　对某一待监测的设备，除了要固定取样位置、固定停机后（或不停机）取样时间外，还应绝对保证样品容器清洁无污染，即无上次使用的残油、无其他污染颗粒和水分混入。取样时动作应极其小心，不得将外界污染杂质带入采取的油样和待监测的设备。

(4) 做好原始记录　认真填写样品瓶所贴的标签，包括采样日期、大修后的小时数、换油后的小时数和上次采样后的加油量、油品种类、取样部位、取样人员等情况。

3. 油样处理

铁谱油样取出后，磨粒会在重力作用产生自然沉降。为使从取样瓶中取出的少量油样具有代表性，必须使磨粒重新在大油样瓶中均匀悬浮，为此需要对油样进行加热、振荡。由于油样的黏度影响磨粒在铁谱片上的沉积位置和分布，为制取合适的铁谱基片，要求油样的黏度、磨粒浓度在一个比较合适的范围内，为此需要对油样进行稀释，调整其黏度与磨粒浓度。

4. 制备铁谱片

铁谱片的制备是铁谱分析的关键步骤之一，是在铁谱仪上完成的。要保证制谱的质量和提高制谱的效率，要用合适的稀释比例和流量，这样制出的谱片链状排列明显，切光密度读数在规定的范围内。由于铁谱基片的制备专业性较强，影响因素较多，一般由专业操作者来完成，这里不再详述。

四、铁谱的定性分析

铁谱的定性分析主要是对其磨粒的形貌（包括颜色特征、形态特征、尺寸大小及其差异等）和成分进行检测和分析，以便识别磨损的类型，确定磨粒故障的部位，判别磨损的严重程度和失效的机理等。以下介绍利用铁谱显微镜光源的不同照明方式进行分析的方法。

(1) 白色反射光　利用白色反射光可以观察磨粒的形态、颜色和大小。在白色反射光照射下，铜基合金呈黄色或红褐色，而钢、铁和其他金属粒子多呈银白色。有的钢质磨粒由于在形成过程中产生热效应而出现回火现象，其颜色处于黄色和蓝色之间。这样就可判断磨损的成分和严重程度。

(2) 白色透射光　有的磨粒是透明、半透明和不透明的，都可利用白色透射光来观察和分析磨粒。例如游离金属由于消光率极大，所以亚微米级厚度的磨粒也不透光而呈黑色。一部分元素和所有的化合物的磨粒都是透明的或半透明的。显示的色调可以作为材料性质的特征，如 Fe_2O_3 磨粒呈红色。

(3) 双色照明　红色光线由谱片表面反射到目镜，而绿色光线由下方透射过谱片到达目镜，双色照明比单色照明可以有更强的识别能力。例如金属磨粒由于不透明，谱片上的金属磨粒吸收绿光而反射红光，呈现红色。化合物如氧化物、氯化物、硫化物等均为透明或半透明的，能透射绿光而显示绿色，而有的化合物的厚度达几个微米则部分吸收绿光或部分反射红光而呈黄色或粉红色。这样通过对颜色的检验就可以初步判别磨粒的类型、成分或来源。

(4) 偏振光照明　利用偏振光照明方式可更深入、快捷、简便地观察磨粒，这对于鉴别氧化物、塑料及其他各种固体污染物特别有效，同时根据基片上磨粒沉积的排列位置和方式，也可以初步识别铁磁性（铁、钴、镍等）和非铁磁性磨粒。一般铁磁性磨粒按大小顺序呈链状排列，而非铁磁性磨粒则无规则地沉积在铁磁性磨粒行列之间。

定性分析还可利用电子扫描显微镜、X射线以及对基片进行加热回火处理等方法。这里不再详述，请参考有关书籍。

五、铁谱的定量分析

铁谱技术定量分析的目的是要确定抽取油样时机器所处的磨损特征和磨损状态，这对进行设备诊断决策十分重要。因此定量分析主要是指：

① 对铁谱基片上大颗粒的尺寸以及它们在颗粒总数中的相对含量进行定量检测；

② 对铁谱片上磨粒总数进行定量检测。

其方法是利用联装在铁谱显微镜上的铁谱读数器来完成的。铁谱读数器由光密度计和数字显示部分组成。利用光密度计检测基片上不同位置磨粒微粒沉积的光密度即可求出磨粒微粒的大小、数量和形状，提供机械设备磨损的数据，具体方法和判别指标如下所述。

直读式铁谱仪测取的定量参数是光密度值 D_i，它的含义是透过清洁玻璃片的一束光线的亮度 I'_0 与同样一束光透过带有磨粒沉积层的谱片光亮度 I'_p 之比，取以10为底的对数，即

$$D_i = \lg \frac{I'_0}{I'_p} \tag{6-1}$$

读数范围为0～190。

分析式铁谱仪的定量参数是覆盖面积百分比，其定义是在1.2mm直径视场中磨粒覆盖面积的百分数。其值可通过测取谱片上的光密度值计算出来，由于光强度与透光面积成比例，即

$$\frac{I'_0}{I'_p} = \frac{A'_0}{A'_0 - A'_p} \tag{6-2}$$

式中　A'_0——铁谱显微镜上光密度孔径面积，mm；

　　A'_p——光密度孔径被颗粒遮盖的面积，mm。

由上两式可得

$$D_i = \lg\left(\frac{I'_0}{I'_p}\right) = \lg\left(\frac{A'_0}{A'_0 - A'_p}\right) \tag{6-3}$$

由式(6-3)可得颗粒遮盖面积的百分率，亦称百分覆盖面积 A_i

$$A_i = 1 - \frac{1}{10^{D_i}} \tag{6-4}$$

磨损指标常选用的是磨损烈度指数 I_0（或 A_0），它是一个判别磨粒发展进程的指标，利用铁谱显微镜测定谱片上分别代表大颗粒的 D_L（或 A_L）和代表小颗粒的 D_S（或 A_S），定义为

$$I_0 = (D_L + D_S)(D_L - D_S) = D_L^2 - D_S^2$$
$$A_0 = (A_L + A_S)(A_L - A_S) = A_L^2 - A_S^2 \tag{6-5}$$

其中，$(D_L - D_S)$ 或 $(A_L - A_S)$ 代表大于5μm以上的磨粒在磨损进程中所起的作用，称为磨损烈度，它是表征不正常磨损状态的严重程度的指标。制定这个指标的根据是正常磨损过程中最大磨粒尺寸在15μm左右，多数为几微米，大磨粒的光密度和小磨粒的光密度差值不大，一旦急剧磨损，磨粒数量剧升，大、中磨粒急剧增多，D_L 便要显著地大于 D_S。

$(D_L + D_S)$ 或 $(A_L + A_S)$ 是大、小磨粒覆盖面积所占百分比之和，称为磨粒浓度（也称磨损量）。其值越大表示磨损的速度越快。而磨损烈度指数 I_0 则是以上两者的组合，因而

综合反映了磨损的进程和严重程度，即全面地反映了磨损的状态。但这一指标并不是唯一的，目前文献上还在不断地定义一些新的指标，如大颗粒百分比，累计总磨损值等，这里就不一一介绍了。

六、铁谱技术的应用实例

在机械设备状态监测与故障诊断技术中，油液污染监测诊断技术是最能体现现代机械设备状态监测的发展趋势特点的，它能满足设备状态诊断监测的四个基本要求。

① 指明故障发生的部位。

② 确定故障的类型。

③ 解释故障产生的原因。

④ 预告故障继续恶化的时间。

铁谱技术对油液中的磨粒分离具有操作的简便性、观测的多样性和沉积的有序性以及对大磨粒的敏感性等优点而在机械设备状态监测与故障诊断中得到了非常广泛的应用。特别是对低速回转机械及往复机械来说，利用振动和噪声监测技术判断故障较为困难，铁谱分析就成为首选手段。如煤矿机械，无论是固定设备还是采掘设备，大多属低速、重载设备，有的还是行走设备，井下环境特别恶劣，除大量的粉尘和煤尘外，还伴随有强烈的撞击和振动，不仅安装在线的仪器和传感器困难，而且还要求传感器具有防爆性能，因此通过采集机械中的润滑油（或液压油）对其进行铁谱分析来监测机械传动系统（或液压系统）的运行工况是煤矿机械故障诊断的重要手段。目前铁谱技术主要应用在以下几个方面。

① 齿轮箱磨损状态监测。

② 柴油机磨损状态监测。

③ 滚动轴承和滑动轴承磨损状态监测。

④ 飞机发动机磨损状态监测。

下面仅以几个铁谱监测实例来简单说明铁谱技术在机械设备状态监测与故障诊断技术中的应用。

1. 液压系统的监测诊断

图 6-11 所示是一台铲车液压系统从正常磨损至失效的光密度读数变化曲线。由图可以看出，在 1000h 以后，I_0 值和（D_L+D_S）值都急剧增加，说明系统已处于剧烈磨损阶段。从 1408h 起，系统已处于破坏性磨损工况，油样中发现几个尺寸在 100～175μm 的大磨粒，这标志着系统即将损坏，必须立即进行维修。

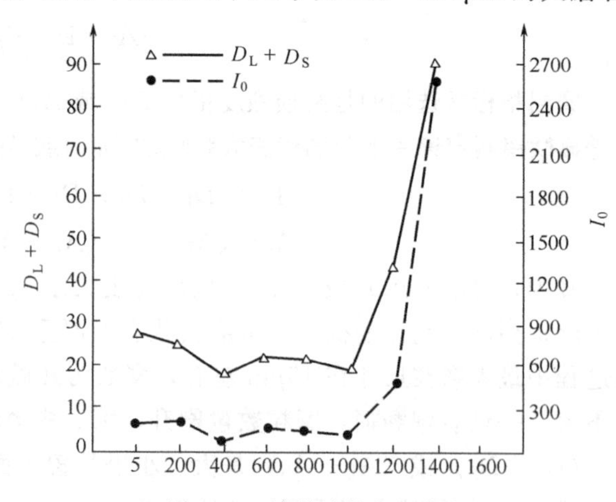

图 6-11　铁谱读数变化曲线

2. 开滦矿务局开展铁谱监测实例

荆各庄矿在对其主井提升机进行铁谱监测中发现油样中出现大量 5μm 左右的巴氏合金磨粒，同时伴有少量切削磨粒，表明该机轴瓦已处于破坏性磨损的临界状态。两天后，该机发生突然停机故障。经拆机发现，轴瓦已严重磨损，充分证明铁谱监测的结果与实际工况是相吻合的。赵各庄矿带式输送机的 1 号减速箱在一次取油样中发现大量球形颗粒，判断为滚动轴承工作不正常，后经拆检发现第二轴滚动轴承的轴承架已磨损，出现了事故隐患。由于预报和处理及时，防止了可能由此产生的停机事故。

3. 太原煤炭气化总公司开展铁谱监测实例

总公司自 1992 年 7 月以来对其焦化厂离心鼓风机、煤气厂煤压机及选煤厂振动筛等重点专用设备进行了铁谱监测，确保了煤气的正常供应和企业的正常生产。例如，针对煤压机电机轴承频繁损坏（平均每 2 个月报废一个轴承）的情况，对其油样进行了铁谱分析，发现谱片上有中等数量的正常磨粒（$<15\mu m$），有少量的切削磨粒，少量的疲劳剥块（$16\sim30\mu m$），中等数量的层状磨粒（$<46\mu m$），还有少量的深色金属氧化物和摩擦聚合物以及少量直径小于 $3\mu m$ 的球状颗粒和煤屑砂粒等其他杂质，经分析判断是电机轴承润滑不良导致电机轴承产生疲劳破坏。公司及时进行了轴承供油系统结构改造，改造后一年多，电机轴承运行良好。

第三节　光谱分析技术

一、油样光谱分析的简单原理

组成物质结构的原子是由原子核和绕核在固定轨道旋转的若干电子所组成的。例如镍有 28 个电子，铜有 29 个电子，原子内部能量的变化可以是核的变化也可以是电子的变化。核外电子所处的轨道与各层电子所处的能量级有关。在稳定态下，各层电子所处的能量级最低，这时的原子状态称为基态。当物质处在离子状态下，其原子受到热辐射、光子照射、电弧冲击、粒子碰撞等外来能量的作用时，其核外电子就会吸收一定的能量从低能级跃迁到高能级的轨道上去，这时的原子处于激发态。激发态是一种不稳定状态，有很强的返回基态的趋势。因此其存在的时间很短，约为 10^{-8}s。原子由激发态返回基态的同时，将所吸收的能量以一定频率的电磁波形式辐射出去。原子吸收或释放的能量 ΔE 与激发的光辐射或发射的电磁波辐射的频率 ν 之间有以下关系

$$\Delta E=h\nu \ (\mathrm{J}) \tag{6-6}$$

其中 $h=6.624\times10^{-34}(\mathrm{J\cdot s})$，称为普朗克常数。再利用 $\lambda\nu=c$，上式可改写为另一种形式

$$\Delta E=\frac{hc}{\lambda} \ (\mathrm{J}) \tag{6-7}$$

其中 λ(m)为辐射波长，$c=3\times10^{8}(\mathrm{m/s})$ 为电磁波传递速度（光速）。上式说明，每种元素的原子在激发或跃迁的过程中所吸收或发射的能量 ΔE 与其吸收或发射的辐射线（电磁波）的波长 λ 之间是服从固定关系的。这里 λ 又称为特征波长。一些常用元素的特征波长有表可查。

根据式(6-7)，若能用仪器检测出用特征波长射线激发原子后其辐射强度的变化（由于一部分能量被吸收），则可知道所对应元素的含量（浓度）。同理，用一定方法（如电弧冲击）将含数种金属元素的原子激发后，若能测得其发射的辐射线的特征波长，就可以知道油样中所含元素的种类。前者称为原子吸收光谱分析法，后者称为原子发射光谱分析法。

通过对光谱的分析，就能检测出油样中所含金属元素的种类及其浓度，以此推断产生这些元素的磨损发生部位及其严重程度，并依此对相应零部件的工况作出判断，但不能提供磨

粒的形态、尺寸、颜色等直观形象。

二、油样光谱分析的特点

原子吸收光谱分析和原子发射光谱分析的主要性能特点基本相同。

1. 优点

① 具有很高的分析精度（可达 mg/kg 级）。

② 取样较少，适用范围较广，可测定的元素达 70 多种，不仅可以测定金属元素，也可以用间接原子吸收法测定非金属和有机化合物。

③ 其仪器设备的发展水平很高，具有很强的功能和自动化程度。如美国 Baird 公司的 FAS-2C 直读式发射光谱仪，Sperctro 公司的 Spect-Roil-W 型发射光谱仪等采用模块式结构并配有计算机存储及数据处理系统。其分析的油样不需要经过预处理，可同时分析 21～24 种元素，测量时间仅需 40s 左右，可直接读数或计算机打印结果。这种仪器适合于有多种材质摩擦副的设备如内燃机等的群体监测。

④ 仪器操作较简便。

2. 缺点

① 原子吸收光谱法其不足之处在于每测一种元素要换一种元素灯，比较麻烦。使用燃气火焰不方便也不安全，只有原子发射光谱可同时进行多元素测定。

② 有相当一些元素的测定灵敏度还不能令人满意。

③ 除检测元素含量和种类外不能提供磨粒的形态、尺寸、颜色等直观形象的信息，因此，要根据油样光谱分析的结果直接对摩擦副的状态作出判断有很大的困难。

④ 仪器价格昂贵，一台光谱仪的价格约为 50 万元人民币，对工作环境要求苛刻，只能在专门建造的实验室内工作。实验费用较高，故不便于推广应用。

三、磨损界限

光谱分析的磨粒最大尺寸不超过 10μm，一般当 2μm 时检测效率达到最高。最新的研究结果表明，大多数机器失效期的磨粒特征尺寸多在 20～200μm 之间，这一尺寸范围对于磨损状态的识别和故障原因的诊断具有特殊的意义。但这一尺寸范围大大超过光谱分析法分析尺寸的范围，因而不可避免地导致许多重要信息的遗漏，这是光谱法的不足之处。目前它主要用于有色金属磨粒的检测和识别。

第四节 磁塞技术

一、磁塞检测的基本原理

磁塞检查法是最早出现的一种检查机器磨损状态的简便方法。它是在机器的润滑油路系统中插入磁性探头（磁塞）用以搜集悬浮在润滑油液中的铁磁性磨粒，并定期观察所搜集到的磨粒大小、数量和形态以判断机器的磨损状态的一种检测方法。这种方法只能用于铁磁性磨粒的检测，而且当磨损程度严重，出现大于 50μm 以上的大尺寸磨粒时，才能显示其较高的检测效率。

二、磁塞的构造原理

磁塞有柱形和探针形两种，磁塞由一个永久安装在润滑系统中的主体和一个磁性探头组成。探头插入主体后磁铁暴露在循环着的润滑油中，当把磁性探头取下时，主体内的封油阀自动封闭油出口，防止漏油，其构造见图6-12。其工作原理如下：润滑油以一定的油压夹带磨损残渣由切向进油口进入敏感器上部的储油器。储油器为倒圆锥形，能使回旋的润滑油与它所夹带的残渣分离。后者在底部沉淀并通过底部的小孔进入敏感器内，附着在磁塞的端面上。当磁塞上附着的残渣达到一定数量时，由于磁通量的改变使控制电路动作，依靠磁塞上的凹轮槽的作用，使磁塞从敏感器旋出并报警。敏感器中封油阀的作用是在磁塞从敏感器中旋出的同时，在弹簧的作用下，将储油器底部的小孔封闭，以免润滑油从储油器中泄漏出来。

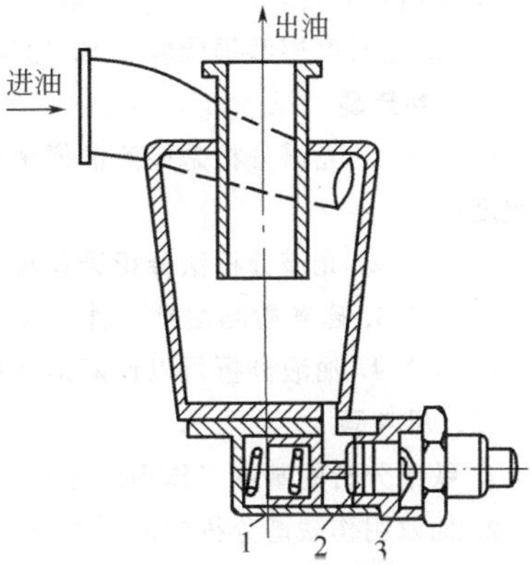

出油
进油
1
2
3

图6-12　磁塞的构造原理图
1—封油阀；2—磁塞；3—凹轮槽

三、磁塞的安装

磁塞应该安装在润滑系统中能得到最大捕获磨粒机会的地方，尽可能靠近被监测的磨损零件，中间不应有过滤网、油泵或其他液压件的阻隔。较合适的安装部位是管子弯曲部位的外侧，这样磨粒会因离心力而被带到磁铁处。在直管中安装时，应在安装处准备一个扩大部。如在燃气轮机的润滑系统中监控四个主轴承和增速箱关键部件磨损的磁塞应用时，当磁塞中磨粒过多时，控制线路动作，可以停止主机的运行。

小　结

1. 油液污染诊断技术通常指铁谱分析技术、光谱分析技术和磁塞技术。

2. 铁谱显微镜法和扫描电镜法可进行铁谱定性分析，即对磨粒形貌及成分进行检测和分析，从而确定故障部件，识别磨损类型、磨损的严重程度和失效机理。铁谱定量分析可确定磨损故障的发展速度。

3. 光谱分析是检测油样中所含金属元素的种类及其浓度，以推断产生这些元素的磨损发生部位及程度。

4. 磁塞技术用于铁磁性磨粒检测，且磨粒大于50μm时才有较高的检测效率。

习　题

一、单选题

1. 磁塞技术用于铁磁性磨粒检测，且磨粒大于（　　）μm时才有较高的检测效率。

A. 20　　B. 30　　C. 40　　D. 50

2. 油液污染诊断技术用于磨粒检测，如果系统中长度大于（　　）μm的大切削颗粒数量急剧增加时，则表明机器中某些摩擦副接近失效。

A. 20　　B. 30　　C. 40　　D. 50

3. 不属于油液污染分析的是（　　）。

A. 光谱分析　　B. 铁谱分析　　C. 磁塞分析　　D. 黏度分析

4. 较好的油液取样部位应是（　　）。

A. 进油管路　　B. 回油管路　　C. 油箱　　D. 齿轮箱

5. 磨粒识别时，厚度最小的是（　　）。

A. 正常摩擦磨损颗粒　B. 切削磨损颗粒　　C. 疲劳磨损颗粒　　D. 严重滑动磨损颗粒

二、判断题

（　　）**1.** 光谱分析是检测油样中所含金属元素的种类和浓度，以推断产生这些元素的磨损发生部位和程度。

（　　）**2.** 光谱分析法分析磨粒尺寸的范围最宽。

（　　）**3.** 磁塞检测法是一种油液污染诊断方法。

（　　）**4.** 油液分析可以诊断运动机械的磨损状态。

三、思考题

1. 铁谱分析的基本工作程序是什么？

2. 抽取用作铁谱分析的油样时应做哪些工作？

3. 谱片上磨粒识别时用什么仪器，各有什么特点？

4. 什么是铁谱定量分析？

5. 光密度计的分析原理是什么？

6. 简述直读式铁谱仪工作原理，用直读式铁谱仪可以分析磨粒哪些信息？

7. 简述分析式铁谱仪工作原理，用分析式铁谱仪可以分析磨粒哪些信息？

8. 双色铁谱显微镜由哪几部分组成？各种光源可照射判别什么材料？

9. 直读式铁谱仪与分析式铁谱仪在分析磨粒信息方面和性能上有什么区别？

10. 磁塞分析法有什么特点？

11. 简述油样光谱分析原理。

12. 油样光谱分析有哪些特点？

第七章　温度诊断技术

温度与机械设备的运行状态密切相关。润滑不良造成机件的异常磨损会使相应部位的温度升高——故障征兆；高温也会引发机械设备故障。所以温度监测与诊断技术在整个设备故障诊断技术体系中占有重要地位。本章介绍几种常见温度诊断技术（接触式测温和红外测温），重点讲述红外测温技术。

第一节　温度诊断概述

温度诊断技术是利用测量机件工作温度的方式，对机械设备的发热状态进行监测，从而判断设备的技术状态。

一、温度诊断原理

被监测对象温度不正常（超标或降低），意味着故障的产生或是引起故障的主要因素，这是温度诊断的基本原理。下面介绍设备滑动轴承温度和介质温度与故障的关系。

1. 滑动轴承温度与故障

轴承温度是指示轴承状态和负荷变化的最敏感的参数，一般大型旋转机械多采用滑动轴承，即轴瓦。过高的轴承温度表示正常的工作状态受到破坏，可能是超负荷、配合间隙不当或者是润滑不良、润滑油不符合要求等原因造成的。

① 在开停机过程中，测量轴瓦温度，过高的轴瓦温度预示着轴承的工作状态不正常，如推力平衡发生变化和止推轴承过载。

② 径向轴承发生摩擦时，轴瓦温度会在短时间内突然升高，随后由于间隙增大，油量流动增加，轴瓦温度有时会降低到正常温度以下。

③ 轴瓦温度是轴承载荷的敏感参数，而轴承的最大载荷所对应的轴瓦温度极限一般为 110～115℃。因此，通常轴瓦温度超过 90℃时应考虑轴承的正常工作状态是否发生了变化。

④ 润滑油温度变化与设备转子不对中、油膜振荡等故障相关。

2. 介质的温度与设备故障

介质的温度在设备状态监测与故障诊断过程中是非常有用的参数，因为一旦设备的状态发生变化，即在发生故障之前，温度通常会发生变化，因此介质温度是判断设备故障的敏感参数。

① 离心式压缩机的常见故障是喘振，入口介质温度高是引发喘振的主要因素之一。

② 蒸汽透平入口蒸汽温度高会引发机组的振动，从而引发设备故障。

③ 对于水泵、涡轮机，温度的变化对设备工作状况影响很大。

3. 温度诊断技术内容

一台运转中的设备，当其零部件产生故障时，设备的整体或局部的热平衡会受到影响或破坏，通过温度检测可捕捉到温度变化的信息，再对检测结果进行总结分析，从而可以逐步确诊出设备故障性质、部位和程度，进而预测故障发展趋势和设备的寿命。

构成温度诊断技术的主要内容包括以下四个方面。

① 信息检测。

② 信号处理。

③ 识别评价。

④ 技术预测。

二、温度诊断方法

根据测量时测温传感器是否与被测对象接触，将测温方式分为接触式测温和非接触式测温两大类。

1. 接触式测温

接触式测温是将测温传感器与被测对象接触，被测对象与测温传感器之间因传导热交换而达到热平衡，根据测温传感器中的温度敏感元件的某一物理特性随温度而变化的特性来检测温度。将测得的温度与界值温度进行比较，便可分析出被测对象的工作状态。目前，在各工业领域获得广泛应用的接触式测温方法主要有热电偶法、热电阻法两种。

(1) 热电偶测温工作原理　热电偶是基于热电效应原理进行测量的。当两种不同材料的导体组成一个闭合回路时，如果两端结点温度不同，则在两者之间会产生电动势，并在回路中形成电流。其电动势大小与两种导体的性质和结点温度有关，这一物理现象称之为热电效应。根据热电效应将两种电极配置在一起即可组成热电偶。

热电偶由两根不同材料的导体 A、B 焊接而成，如图 7-1 所示，焊合的一端 T 为工作端（热端），用以插入被测介质中测温，连接导线的另一端 T_0 为自由端（冷端）。若两端所处温度不同，仪表则指示出热电偶所产生的热电动势。

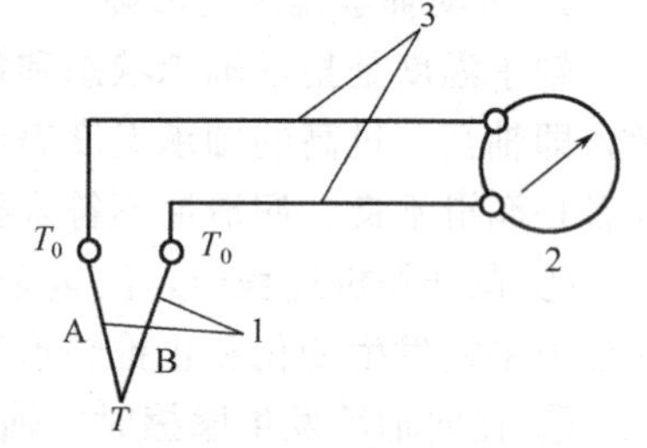

图 7-1　热电偶测温原理

1—热电偶；2—测量仪表；3—导线

热电偶的热电势与热电偶材料，两端温度 T、T_0 有关，而与热电极长度、直径无关。若冷端温度 T_0 不变，在热电偶材料已定的情况下其热电势 E 只是被测量温度的函数。根据所测得的热电势 E 的大小，便可确定被测温度值。

常用的热电偶有普通工业用热电偶和铠装热电偶两大类。

(2) 热电阻测温工作原理　导体的电阻会随着温度的改变而变化，热电阻法测温就是利用导体的这种特性来进行的。在机械监测与故障诊断领域中，常用的热电阻有工业用热电阻、铠装热电阻、标准热电阻以及半导体热敏电阻四大类。

2. 非接触式测温（红外测温）

非接触式测温主要是采用物体热辐射的原理进行的，因此，非接触式测温方法又称红外测温法。利用物体的辐射进行测温，只需把温度计对准被测物体，而不必与被测物直接接触，因此，它可以测量运动物体的温度且不破坏被测对象的温度场。从第二节开始将重点讲述这一内容。表 7-1 列出了红外测温与接触式测温的性能比较。

表 7-1　红外测温和接触式测温方式的性能比较

项　目	红　外　测　温	接　触　测　温
特点	① 非接触测温对被测物体无影响； ② 测物体表面温度； ③ 反应速度快，可测运动中的物体和瞬态温度； ④ 测温范围宽； ⑤ 测温精度高，分辨 0.01℃或更小； ⑥ 可对小面积测温，直径可达数微米； ⑦ 可对点、线、面测温； ⑧ 可进行远距离测量； ⑨ 可测量腐蚀性物体温度	① 接触测温对被测温度场有影响； ② 适合测瞬态温度； ③ 不便于测运动中的物体； ④ 测温范围不够宽； ⑤ 不便于同时测量多个目标
要求	① 知道被测物的发射率； ② 被测物的辐射能充分抵达红外探测器； ③ 尽量消除背景噪声	① 测温设备与被测物间接触良好； ② 被测物温度不能有显著变化

3. 红外诊断方法

(1) 表面温度判断法　遵照已有的标准，对设备显示温度过热的部位进行检测并按相关的规定判断它的状态是否正常的方法。

(2) 同类比较法　在同一类型被检设备之间进行比较的方法。所谓“同类”设备的含义是指它们的类型、工况、环境温度和背景热噪声相同或相近，可以相互比较的设备。具体做法是将同类设备的对应部位温度值进行比较，这样更容易判断出设备状态是否正常。在进行同类比较时，要注意排除它们同时存在热故障的可能性。

(3) 热谱图分析法　根据同类设备在正常状态和异常状态下的热谱差异来判断设备是否正常的方法。

(4) 档案分析法　将测量结果与设备的红外诊断技术档案相比较来进行分析诊断的方法。这种方法有利于对重要的、结构复杂的设备进行正确的诊断，应用这种方法需要预先为诊断对象建立红外诊断技术档案。

第二节　红外监测诊断技术及其应用

一、红外基础知识

1. 电磁波-红外线

电磁波包含着广阔的波谱范围，从波长小于几个皮米（10^{-12} m）的宇宙射线到电力传输用的长达数千米的电波，都属于电磁波的范围。日常所见的可见光，在电磁波谱中所占的范围极小。

2. 辐射的一些概念

受热物体内的原子或分子因获得能量而从低能量级跃迁到高能量级，当它们向下跃迁时，就可能发射出辐射能，这类辐射能称为热辐射。

热辐射有时也叫温度辐射，因为热辐射的强度及光谱成分取决于物体的温度，换言之，温度这个物理量对热辐射现象起着决定性的作用。热辐射的现象是极为普遍的，任何物体，只要温度高于绝对零度（−273.15℃），就有一部分热能变为辐射能，物体温度不同，辐射的波长组成成分不同，辐射能的大小也不同，该能量中包含可见光与不可见的红外线两部分。

温度在千摄氏度以下的物体，其热辐射中能量最强的波均为红外辐射；物体温度达到300 ℃时，其热辐射中最强波的波长为5μm，是红外线；到500 ℃左右时才会出现暗红色辉光；温度到800 ℃时的辐射已有足够的可见光成分，呈现“赤热”状态，但绝大部分的辐射能量仍属于红外线。只有在3000℃时，近于白炽灯丝的温度，它的辐射能才包含足够多的可见光成分。以上这些实例说明红外线辐射是热辐射的重要组成部分，俗称“红外辐射”。

红外辐射指的就是从可见光的红端到毫米波的宽广波长范围内的电磁波辐射，从光子角度看，它是低能量光子流。

3. 基本参数

为了更好地了解红外原理，在此先介绍几个常用的参数。

(1) 辐射能量 Q_e　光源辐射出来的光（包括可见光和不可见光）的能量称为光源的辐射能量，单位是cal、J。

(2) 辐射通量 Φ_e　在单位时间内通过某一面积的辐射能量称为通过该面积的辐射通量，可称为“辐射功率”，单位是W、cal/s。

(3) 辐出度 M_e　指在单位面积上的辐射通量，单位是 W/m^2。

(4) 光谱辐射量 Φ_λ　光在单位波长间隔内的辐射通量，单位是W/m。

(5) 光谱辐出度 M_λ　指光在单位波长间隔内的辐出度，单位是 W/m^3。

4. 名词术语

(1) 黑体　指能在任何温度下将辐射到它表面上的任何波长的能量全部吸收的物体；在同样温度和相同表面的情况下，黑体的辐射功率最大。黑体是假定的理想物体。

(2) 光谱发射率 ε　不同的物体辐射能力不同，理想黑体具有最大的辐射能力，为了对其他物体辐射能力进行衡量，引入了一个参量，即光谱发射率 ε，又称辐射系数，光谱发射率 ε 是指在相同温度条件下，实际辐射体辐出度与黑体的辐出度的比值。

黑体的辐射系数是1，而实际物体的辐射系数小于1。

(3) 灰体　如果辐射体的发射率 ε 是不随波长而变化的小于1的常数，那么这个辐射体就称为灰体。灰体和黑体之间只差一个小于1的常数。

(4) 选择性辐射体　发射率 ε 随波长而变的辐射体称为选择性辐射体。一般的辐射体都是选择性辐射体。

5. 吸收、反射与传输

如果把辐射体辐射的能量设定为1，该入射能量到达物体时，会产生三种情况：透射、吸收、反射，即入射辐射的一部分可以被吸收，一部分可以被反射，一部分可以被透射，假设透射率为 τ，吸收率为 α，反射率为 ρ，根据能量守恒定律可认为

$$\tau+\alpha+\rho=1 \tag{7-1}$$

善于发射的物体必定善于吸收，善于吸收的物体必定善于发射。

透明体的透射率 $\tau=1$，$\alpha+\rho=0$；

不透明体的 $\tau=0$，$\alpha+\rho=1$。通过此公式可以看出，不透明体的吸收能力和它的反射能力呈相反的关系，即吸收能力强的物体其反射能力必定弱，反之，反射能力强的物体其吸收能力必定弱。红外辐射对各种物体的作用见图7-2。

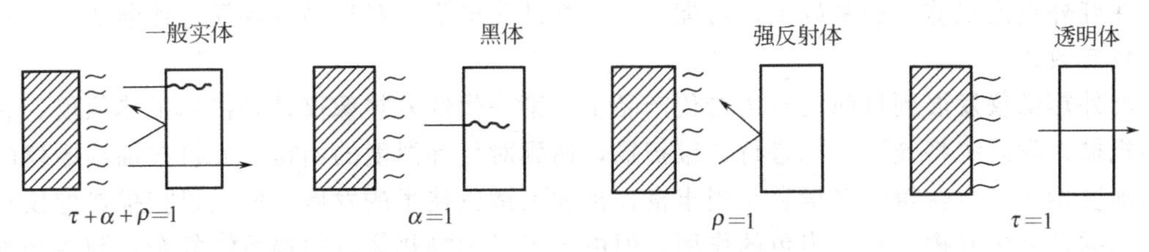

图 7-2 红外辐射对各种物体的作用

6. 影响红外辐射测量的主要因素

(1) 大气的衰减作用 利用红外辐射测量目标温度时，红外辐射自目标发射出来后，要经过大气传播才能到达检测仪器。传播过程中要受到气体的吸收、散射及某些变化的影响。

大气的衰减作用主要来源于两个方面：即大气中各种气体对红外辐射的吸收作用和大气中悬浮颗粒对辐射的散射作用。

大气的主要气体氮气、氧气、氩气，它们在广阔的红外领域内对红外辐射吸收很少，对波长 15μm 以下的红外辐射无吸收作用，但多原子气体分子如：水蒸气、二氧化碳等对红外线有强烈的吸收作用，对大气中的红外辐射影响很大，基本上决定了大气的红外透过特性。

另外大气中还含有许多固态和液态悬浮物，如灰尘、烟、雾、雨、雪等，红外辐射在被传输过程中遇到微粒，会偏离原来的方向，使原传输方向的辐射变弱。

(2) 背景辐射的影响 在进行红外监测时，除了目标本身的红外辐射，还存在目标对太阳辐射和环境辐射的反射以及设备本身和周围设备的辐射。

在红外监测过程中，经常面对天空背景，天空背景辐射主要由太阳和大气中的热辐射组成。当仪器观测方向远离太阳时，太阳的直接辐射是可以忽略的，但此时大气散射的太阳长波辐射仍有一定的影响。同时应该注意大气成分对天空背景辐射的重要影响。当大气中含有较多水蒸气时，会在水蒸气发射带的光谱范围内有比较高的天空背景辐射。

当在高空进行红外监测时，就有了地面背景辐射。地面背景辐射的组成与发射表面的材料、形状、温度、面积等表面性质有关。

(3) 物体的发射率 物体红外辐射的关键是物体发射率，它的大小与材料的性质、温度和表面状态直接相关。

二、红外测温仪

红外检测仪按检测物体的点、线、面可依次分为：红外点温仪（红外测温仪）、红外行扫描仪、红外热电视和红外热像仪。

红外测温仪是最轻便、直观、快速的非接触测温仪，它常用于测量物体的一个点（相对较小的面积）的温度，这种红外仪器只能测量物体较小的一部分，当需要检测物体大面积的温度时，必须进行人工扫描，即按一定的方向和路线在被检测区域内选择多点，实施多次测量才能完成。红外点温仪结构简单、轻巧便携、价格低廉使用十分方便，因而成为现场检测的通用手段。

红外行扫描仪可以检测物体一条线上的温度，可称为红外线线温仪，它往往是通过与被检目标本身的规律运动，或飞机携载的方式合作完成对被检目标的全面扫描检测。因此，红外行扫描仪的应用不够广泛。红外热电视可以对被检目标进行二维温度场检测，它的检测效率要大大超过红外点温，价格又比热像仪低得多。虽然它的技术指标无法达到高性能热像仪的水平，但它不需要制冷，而且性能指标正在不断提高。对于生产现场设备的大面积普测来说，在红外点温仪监测的基础上，再配合使用红外热电视，对提高现场简易诊断的水平和层次比较有效。

红外热像仪发展到目前已有第二代产品了。第一代红外热像仪是光机扫描热像仪，它是利用机械光学系统将被测目标进行二维扫描，达到对目标温度的面检。光机扫描热像仪的成像清晰度相当好，获得的热信息相当丰富，再加上微机技术的发展，使光机扫描热像仪在红外技术的发展中发挥了相当出色的作用。但由于光机扫描热像仪扫描系统复杂，制造和维护都十分不便，为此又研制出第二代红外热像仪，其特点是取消了高速运动的机械扫描机构，采用自扫描的固体器件做成凝视型的红外焦平面热像仪。

（一）红外点温仪

1. 红外点温仪分类

红外点温仪是一种非成像的红外温度检测和诊断的仪器，它是以黑体辐射定律为理论依据，通过对被测目标红外辐射能量进行测量，经黑体标定，从而确定被测目标的温度。

红外点温仪有多种不同类型，根据测温范围、结构形式和设计原理可以分为以下几种类型。

（1）按测温范围分类　红外测温仪的测温范围很广，从－100℃到6000℃。测温范围一般可分为：高温（高于900℃）、中温（300～900℃）和低温（低于300℃）。

（2）按结构形式分类　一般分为便携式和固定式。

（3）按设计原理分类　可分为全辐射测温仪、单色测温仪和比色测温仪三类。

① 全辐射测温仪。将目标辐射的波长从零到无穷大的全部辐射能量进行接收测量，由黑体校定出目标温度，其特点是结构简单、使用方便，但灵敏度较低，误差较大。

② 单色测温仪。通过测量被测目标在某一波段的辐射，选择单一辐射光谱波段接收能量进行测量，靠单色滤光片选择接收特定波长的目标辐射，以此来确定目标温度，特点是结构简单、使用方便、灵敏度高，并能抑制某些干扰。适用于高温和低温范围测量。

以上两类测温仪，由于各种目标的比辐射率不同，因而存在比辐射率带来的误差。

③ 比色测温仪。靠两组（或更多）不同的单色滤光片收集两相近辐射段的辐射能量在电路上进行比较，由此比值确定目标温度，可以基本上消除比辐射率带来的误差。其特点是结构较为复杂，灵敏度较高，受测试距离和其间吸收物的影响较小。适用于中高温范围测量。

2. 红外点温仪的基本组成

红外点温仪由以下几个部分组成：光学系统、红外探测器、信号放大与处理系统和结果显示与输出系统，见图7-3。

（1）光学系统　红外点温仪的光学系统就是红外辐射的接收系统，它是红外探测器的窗口。光学系统的主要作用是收集被测目标的红外辐射能量，进而把它们会聚到红外探测器的光敏面上。

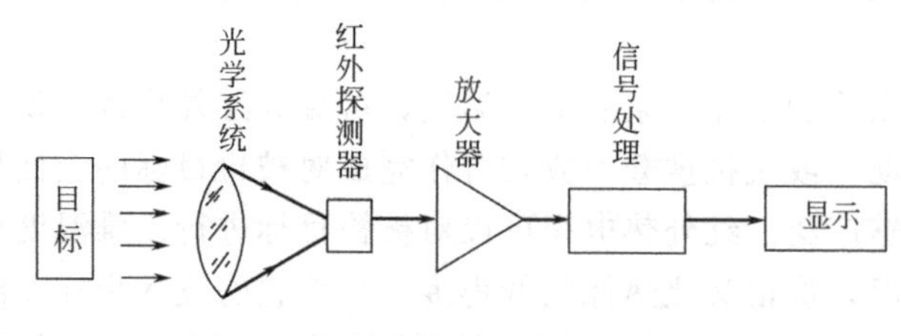

图7-3　红外点温仪的主要组成部分

另外，红外点温仪的光学系统还具有限定接收目标辐射光谱范围的功能，这是通过滤光片实现的；滤光片可以改变入射的红外辐射通量及光谱成分，以消除或减少散射辐射或背景影响，并分出具有特定波长范围的红外辐射。

光学系统的场镜设计原理可分成“反射式”、“折射式”和“干涉式”三种。根据工作方式的不同，红外点温仪的光学系统还可分为“固定焦点式”和“调焦式”。

(2) 红外探测器　红外点温仪的核心部分，它的功能是将被测目标的红外辐射能量转变为电信号。红外探测器对红外点温仪的性能起着关键的作用。测温仪中使用的红外探测器有两大类：光探测器和热探测器。光探测器具有灵敏度高、响应速度快等特点，但只能在特定的红外光谱波段使用，适于高速、高温度、高分辨率测温仪；热探测器对红外光谱无选择性，使用方便、价格便宜，但响应慢、灵敏度低，适于测温精度要求不太高的测温仪。

(3) 信号放大与处理系统　对于不同类型、不同测温范围、不同用途的红外点温仪，由于红外探测器种类的不同、设计原理的不同，其信号处理系统也就不同，但信号处理系统要完成的主要功能是相同的，即抑制噪声、线性化处理、辐射率调整、环境温度补偿、根据要求输出信号等。

(4) 显示系统　用于显示被测目标温度值，一般有两种方式：普通表头指示和数字指示，数字显示不仅直观，而且精度高。为了便于记忆和储存，大多数红外点温仪还配备了记录装置或输出打印设备。

(5) 附件　指电源和瞄准装置。配备瞄准装置是为了将点温仪对准被测部位，便于测量距离较远的目标。常用的瞄准装置有目镜、可见光瞄准器和激光瞄准器。

3. 点温仪的技术指标

(1) 测温范围　红外测温仪能够测量的温度上限到温度下限的区间是它的测温范围。在满足使用条件的情况下，为了减少测温误差并降低成本的最佳方法是不要选择过宽的测温范围。

(2) 距离系数 K_L　红外点温仪的关键技术性能之一是距离系数。距离系数、检测角（又称视场角）和光路图是红外点温仪会聚能量的“光路”通道的三种不同表达方式。距离系数是指被测目标的距离 L 与光学目标的直径 d 之比，即

$$K_L = L/d \tag{7-2}$$

如图 7-4 所示，距离系数越大，表示在相同测距的情况下被测目标的尺寸可以更小；也就是说在检测相同大小的目标时，测量距离可以更远。

检测角是以角度大小反映测量距离与光学目标直径的关系的。

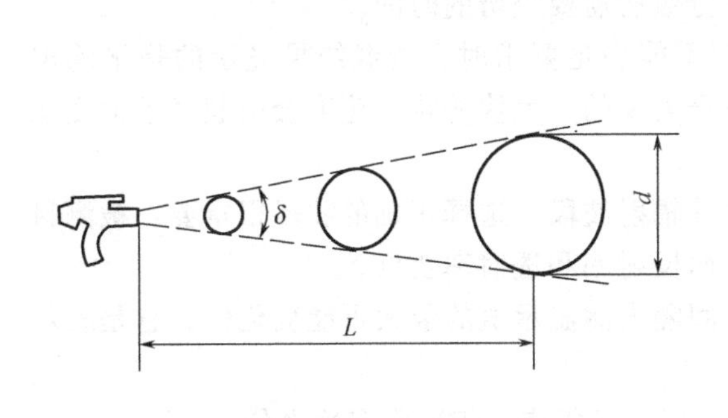

图 7-4　红外点温仪距离系数示意图

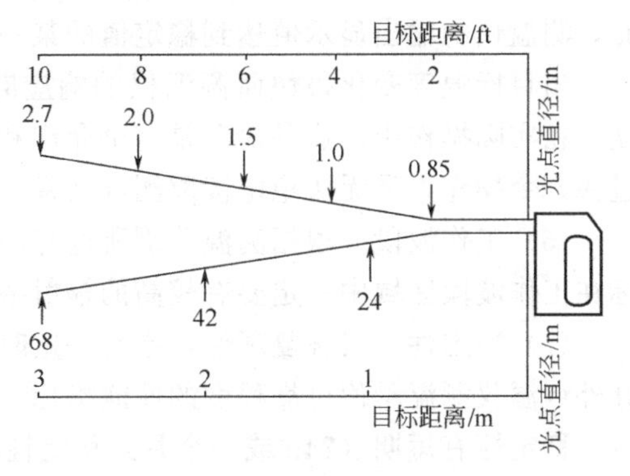

图 7-5　红外点温仪的视场图

红外点温仪的距离系数与其检测角δ(rad)近似成反比关系，即

$$\delta \approx d/L = 1/K_L \tag{7-3}$$

目前，红外点温仪的产品说明书中都会给出它的光路图，它是以图形方式表示测距与该位置对应的光学目标直径的关系，是点温仪的视场图（图 7-5）。

通过光路图可以很直观的理解以下两点。

① 要使点温仪正确反映被测目标的真实温度，被测目标直径一定要大于（或等于）相对于该测距时的光学目标直径，仪表才能全部接收到来自被测目标表面发射的能量，这种情况才可称为“被测目标充满视场”。

② 如果被测目标不能充满视场，则仪表接收到的能量不仅仅是被测目标表面发射的能量，还将部分来自背景的能量接收进来。这种情况被称为“距离系数不足”。随着测距的增长，测量结果受背景辐射的影响越大。

(3) 瞄准方式　使用红外点温仪对目标进行瞄准的方式一般分为两种，即可见光的光学聚焦瞄准和激光定位瞄准。

可视光学瞄准是按望远镜的光学原理寻找被测目标的，测温时只要将仪器目镜的中心线“十”对准被测目标的中心位置即可。

激光定位瞄准的工作原理是以半导体发射的激光束红点代表仪器光学目标的中心，测温时把激光红点瞄准到被测目标上即可。但要注意，激光红点所能射到的距离不表示点温仪可测的距离，可测距离仍应按照上述的距离系数考虑决定。

(4) 测温精度　红外点温仪的测温精度定义为对温度标准值的不确定度或允许误差，一般可分为三种，即绝对误差、相对误差和引用误差。

绝对误差是指实测值与真实值或标准值之差。例如，当红外点温仪的测温范围为 0～300℃时，若测温精度是绝对误差±3℃，就表示测温仪在任何测量值中所含的误差绝对值都小于或等于 3℃。

相对误差和引用误差虽然在表示的形式上相同，即是指绝对误差与量程上限之比的百分数，但含义不同，如用相对误差形式表示时，当红外点温仪的测温精度为测量值的±2%，就是表示当测量值 100℃时，测量值误差不超过±2℃，当测量值为 200℃时，测量值误差不超过±4℃。

用引用误差表示测温精度时，当测温精度为±1% 时，测量满量程为 500℃，则表示在任何测量值时的误差都不超过±5℃。

(5) 响应时间　测温仪的响应时间定义为被测温度从室温突变为测温范围的上限温度时，测温仪的输出显示值达到稳定值的某一百分数所需要经历的时间。

当目标温度变化很快而测温仪的响应时间不能满足要求时，测温结果显示的是平均温度。在实际操作中，这种情况是完全允许和符合需要的。太快的响应速度会引起显示值变化过快，令操作人员无法稳定读取测温结果。

(6) 工作波段　根据测温范围所选择的红外辐射波段。选择正确的波段很重要，被测目标在工作波段区域中一定要有较高的辐射率，而反射率和透射率要低。

(7) 稳定性　又称复现性，指在一定时间间隔内测温示值的最大可能变化值。它是表示红外点温仪测温示值可靠程度的性能指标。

稳定性有短期（24h 或一个月）稳定性和长期（半年或一年）稳定性之分。

4. 红外点温仪的使用方法

只有正确地使用红外点温仪才能得到可靠的测温结果。红外点温仪在标定时虽然能满足精度的要求，但在现场使用时往往难以保证测温精度。为了保证测量精度，首先要将辐射率值调整准确，还要消除周围的热源干扰，减少目标表面的反射率，对点温仪所在环境温度进行补偿。使用点温仪时应注意以下几点。

① 便携式的红外点温仪在使用时必须处于“热稳定状态”，这是指当仪器从包装箱中取出时或使用场所环境变化时，应先把仪器在现场环境下放置一定时间，用以消除仪器本体与环境温度因热交换而产生的机体内温度的不稳定性。一般塑壳仪器需 30min 左右，金属壳仪器约需 10 分钟。

② 用于在线监测固定安装的红外点温仪，要防尘、防潮、防震、防过热，这就要求仪器的外壳要有良好的密封性能，并要注意使用环境的好坏。当点温仪在高于 40℃环境中长期使用时，应该有必要的过热保护，可以在点温仪的感温部分加装风冷或水冷夹层外罩。

③ 防止环境介质的影响。由于红外点温仪进行非接触式测温，在仪器到被测目标的距离中，也就是红外辐射的传输路途中，往往可能出现水蒸气、CO、CO_2、SO_2 等各种气体和烟尘的选择性吸收和散射，将使目标辐射衰减，造成测温误差。如环境介质干扰误差超过测温仪基本误差的 1/3～1/2 时，必须采取措施，如选择一定波段的单色测温仪或光纤测温仪。

④ 注意消除环境辐射的影响。当被测物体周围有其他高温物体、光源和太阳辐射时，不论这些辐射是直接还是间接进入测量光路，必然造成测温误差。所以，在测量过程中，首先要避免辐射直接进入光路，尽量使被测目标充满测温仪的视场；对于环境辐射的间接干扰，可以遮挡目标以消除对强背景辐射的反射。

⑤ 正确进行发射率的修正。根据被测目标的具体情况，选取合适的发射率是极其重要的。可以从已有的经验和资料中选出与被测目标材料、表面状况和温度范围相应的发射率值，以此来进行发射率的调节修正，也可自行测定实际的发射率值。

（二）红外线行扫描仪

红外线行扫描仪，简称红外行扫描仪，如果利用手持式红外点温仪对被测物体进行人工扫描，则可形成对被测物体的一维温度分布检测，这就是红外行扫描仪的基本原理。实际的红外行扫描仪不仅有一条反映被测物体一维温度分布的迹线，而且将其叠加到目标的可见光图像上。所以，红外行扫描仪与红外点温仪相比，不仅结构要复杂些，而且功能也有了明显的提高；与红外热像仪相比，虽然其功能达不到热像仪的水平，但相比之下，行扫描仪的结构简单、价格便宜、不需制冷、使用方便、输出信号易于判读、报警和照相。

1. 红外行扫描仪的基本构成

如图 7-6 所示为红外行扫描仪的工作原理图，从中可以看出，红外行扫描仪的基本构成包括以下几部分：

① 扫描镜（一个能透过可见光而反射红外辐射的平面镜）；

② 红外聚光镜；

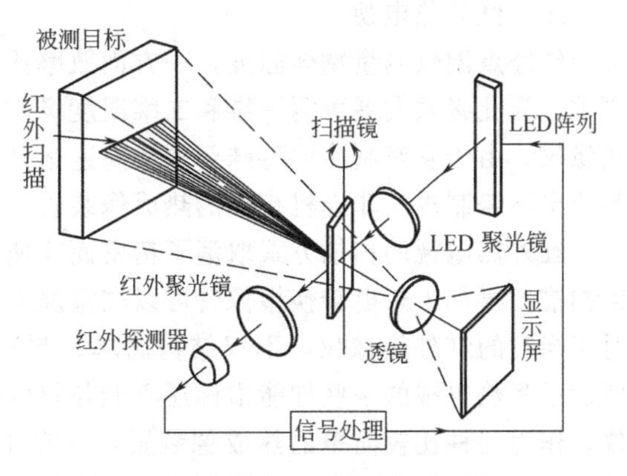

图 7-6 红外行扫描仪的原理图

③ 红外探测器；

④ 信号处理电路；

⑤ 发光二极管阵列；

⑥ 发光二极管聚光镜；

⑦ 透镜；

⑧ 显示屏。

2. 红外行扫描仪的工作原理

当红外行扫描仪工作时，行扫描仪对准被测物体，其扫描镜在两个止挡间作周期性的摆动进行扫描。扫描镜的一面将被测目标的可见光透射过去，使操作人员能够观察到视场内目标的可见光图像；扫描镜的另一面则把目标的红外辐射反射到红外聚光镜上，经过会聚到达红外探测器。被测物的红外辐射由红外探测器转换为相应的电信号，再经放大处理后送到发光二极管阵列使二极管发光，二极管对应的信号幅度越高，其发光的位置也越高。发光二极管阵列的光束再经过扫描镜的反射到达显示屏，从而在显示屏上显示出被测物体的可见光图像与一条供读出温度用的红色热模拟迹线的叠加图像。

图 7-7 给出了一种红外行扫描仪的结构示意图。红外行扫描仪的光路系统采用可见光和红外辐射两路，被测物体通过可见光镜头在毛玻璃上形成可见图像；而物体发射的红外辐射会聚到红外探测器上，转换成的电信号经放大后送往微机中央处理器处理，在此利用微机和内设精确参考黑体进行温度标定，并对扫描线上各点温度绝对值进行计算，最后送到液晶模块实现温度分布显示及采样点数字温度显示，使其具有图像保持功能。被测物体的一维温度分布迹线与其可见光图像在呈 45°的半透镜上重合，操作人员可通过大视场目镜观察或拍摄记录。为了提高扫描仪的测温精度，在显示屏上设有两条参考线，下参考线作为基线固定在被测目标的最低温度处，上参考线是所选定标度挡的最大信号，因此，两条参考线之间的热模拟迹线瞬时幅度就表示出目标相应部位与目标最低温度处的温差。

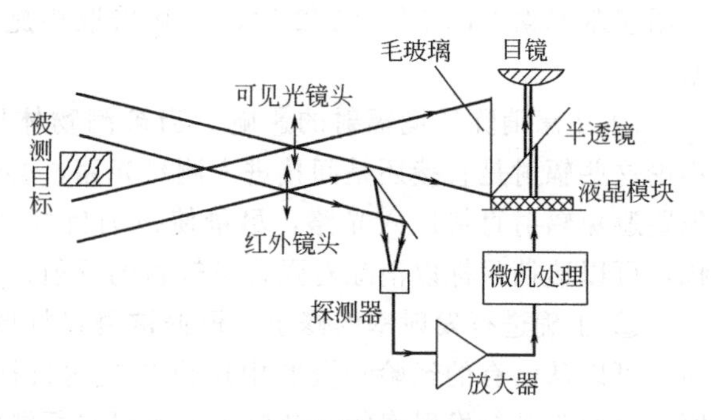

图 7-7　红外行扫描仪结构图

三、红外热电视

红外点温仪测量物体温度，一方面效率比较低且很烦琐，另一方面在很多场合不能满足要求，为此必须发展可测一维和二维温度场的仪器。对于早期就开始应用于工业领域的红外热像仪，由于它对制冷的特殊要求和高速运动下光机扫描装置的复杂性，人们不断努力试图制造出不需制冷又非光机扫描的热成像装置。

红外热电视的扫描方式取消了精密而高速的光机扫描装置，采用了人们比较熟悉的电子束扫描；再加上热电转换摄像管可以在室温下工作，因而也不需要制冷，所以红外热电视相对于当时的红外热像仪，不仅结构简单、制造和维修都很方便，而且设备成本低、使用方便。尽管热电视的一些性能指标还不能与热像仪相媲美，但它的性能已远远超过了红外点温仪，作为一种比较简单的热成像装置，它在工业领域的现场检测中还是有相当广泛的应用的。随着器件性能的不断发展提高，红外热电视的总体性能指标有了长足的进步，越来越适合使用要求。

（一）红外热电视的基本结构及工作原理

1. 红外热电视的基本结构

红外热电视是利用热电转换效应的原理制成的热成像装置，它的核心器件是红外热电转换摄像管，其次还有扫描器、同步器、前置放大器、视频处理器以及电源、A/D转换器、图像处理器、显示器等。红外热电视的基本结构框图见图7-8。

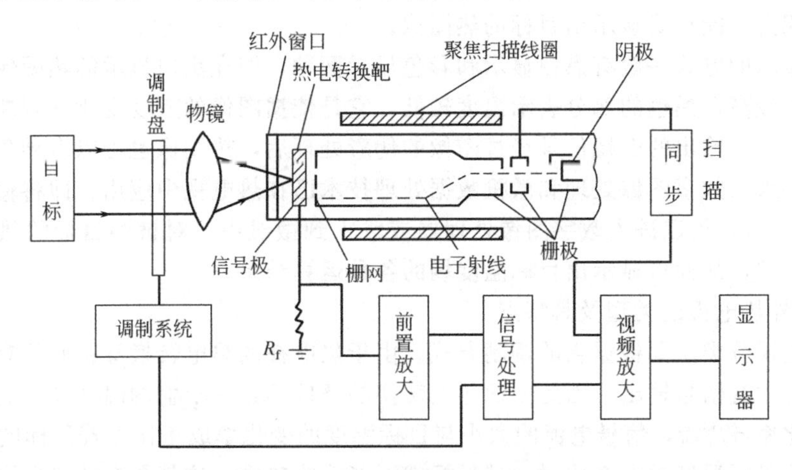

图7-8 红外热电视基本结构

热电转换摄像管简称PEV，它是红外热电视的“眼睛”，主要由透镜、靶面和电子枪三部分组成。透镜是红外热电视的“窗口”，红外辐射通过透镜被选择性地吸收。一般透镜的材料选用3～5μm或8～14μm这两个可透过红外辐射波段的晶体，如单晶锗（Ge）或单晶硅（Si）。

靶面的作用是把通过透镜的红外辐射进行热电转换。靶面的材料选用热电转换材料，例如硫酸三甘肽（TGS）、钽酸锂，这类材料具有随温度的变化而正比产生电压信号的特性。用这样的晶体材料制成的薄片作为热电转换管的靶面，它就具备了热电转换的功能。

靶面的材料决定了摄像管的技术性能，TGS材料是热电转换管优良的靶面材料。为了适应热电视更高的技术要求，在TGS材料的基础上发展出了很多扩展型的新型材料，例如DTGS，它是由TGS氘化后形成的，其居里温度从原来的49℃提高到61℃，从而大大扩展了热电转换管的应用范围。

电子枪的作用是产生电子束扫描靶面，用以中和因热电转换效应形成的靶面电荷。

2. 红外热电视的工作原理

当被测目标的红外辐射经热电转换管的透镜聚集到靶面，由于靶面晶体材料是“非中心对称”的极化晶体，它只有一个极化轴，当接收的红外辐射使极化轴的温度发生变化时，就会在垂直于极化轴的晶面上出现极化电荷。若靶面信号板和扫描靶面正好处于垂直极化轴的两个晶面上，当靶面发生变化时，在靶面上就会产生电位起伏的信号，这种信号的大小与被测目标红外辐射能量分布组成的图像相对应。与此同时，电子束在扫描电路的控制下对靶面进行行扫描、场扫描，从而中和了靶面上生成的电荷，在靶面信号板上的回路中产生相应的脉冲电流，该电流流经负载时形成视频信号输出。由于热释电管产生的信号电流很小，远低于普通电视摄像管产生的信号电流，因此必须用高增益低噪声的特殊预放器对热电转换的电信号进行放大处理。此后再经视频处理电路加工，并在视频放大电路内混入同步信号以形成全电视信号输出。

热电视扫描电路提供的行扫描、场扫描过程，它与普通电视摄像时电子束在光电靶面上扫描规律完全一样，即进行水平方向上的行扫描和垂直方向上的场扫描，扫描制式也是标准的电视制式，中国的电视制式是50场/秒，每帧625行。而国外的电视制式会有所不同，这是需要注意的，因为输出的全电视信号要通过显示器去显示，只有显示器的制式与输入的电视信号制式相同才能正确显示出目标的热图像。

热图像显示的方式一般有黑白显示和彩色显示两种，即在黑白显示的热图像中，白色的部分表示温度较高，黑色的部分表示温度较低，它是依据图像的灰度变化来判断目标表面温度分布的状况。当输出的电视信号经过图像的伪彩处理后，热图像也可以多种色彩显示温度的高低。近年来，数字图像处理和微机数据处理技术已在热电视中应用，即将输出的视频信号经A/D转换后，可以进入数字图像处理器或输入到微机中，对被测目标的热图像信号根据需要进行处理，从而可显示出目标温度场的各种运算结果。

（二）红外热电视的类型及其特点

红外热电视分类主要根据它的调制方式。由于热电视的热电转换管靶面只有在红外热辐射不断变化时才有信号输出，因此靶面热电转换的条件不是热辐射的温度 T，而是取决于目标温度的变化率 $\mathrm{d}T/\mathrm{d}t$，信号电流的大小与目标温度的变化率成正比。若目标的温度变化率为零，即被测目标温度没有变化时，其目标就不能形成热像，这就是有的热电视摄像机对准目标不再运动时热像将会消失的根本原因。为了获得稳定的目标热图像，红外热电视必须进行调制。目前，红外热电视调制的方式主要是平移调制型和斩波调制型两种，此外还有回转跟踪调制型和瞬变调制型等。

1. 平移调制型

平移调制型红外热电视实际上并没有对接收的目标红外辐射进行调制。但是由于热电转换靶面只对变化的入射辐射有响应，因此使用平移调制型红外热电视时，在观测运动中的目标时可以不动，仪器即可生成热像。而当观测静止不动的目标时，为了产生目标热图像，必须相对被测目标平移摇动仪器，所以会给使用者带来一定的不便。另外，平移调制型热电视还会在热图像上产生拖尾和沾污现象，造成热像失真或清晰度不高，妨碍准确测温。但由于这种热电视的结构简单、灵敏度高、价格便宜，应用仍然很广。

2. 斩波调制型

斩波调制型红外热电视只比平移调制型多了斩波调制盘及其相关电路装置。它的原理结构框图见图7-9。

斩波调制装置的引入，为在不摇动热电视的情况下，使静止不动的目标红外辐射周期性地入射到热电转换管的靶面上成为可能。由直流电动机驱动调制盘转动，调制盘是一个在其边缘开孔的圆盘，当调制盘旋转时就实现了对红外入射辐射的调制，因而在热电转换管靶面上的温度和表面电荷也随着产生周期性的变化，与此同时经电子束扫描和处理后，即可输出反映目标表面温度分布的视频信号。

3. 回转跟踪型

回转跟踪型热电视是在平移型热电视的透镜与热电转换管之间增加了一套回转机构，回转机构见图7-10。

回转机构由盘上开有半周小槽的齿轮圆盘、剖面为楔形的光楔片和传动部件组成。

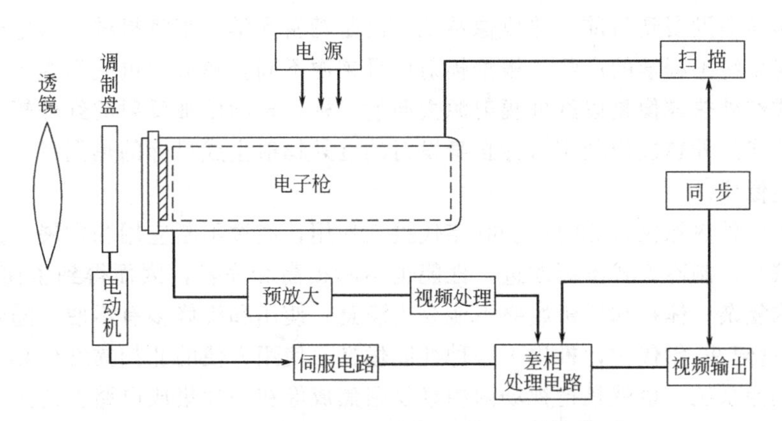

图 7-9　斩波调制型红外热电视原理结构框图

回转跟踪型红外热电视具有热图像稳定、仪器体积小、光路和电路的安装调控容易和使用方便的特点。

4. 瞬变调制型

瞬变调制型热电视的工作方式与电子快门用于照相的方式相似，它将瞬时拍摄的一幅目标热图像定格后进行分析，可以测量到图像上任意一点的温度。由于图像稳定、无拖尾和沾污现象，便于用单片机进行处理，还因为考虑了目标发射率和环境温度等参数的影响，故测温的准确度较高。但瞬变调制型热电视的缺点就是所获取的热图像不是目标的实时值，也不能连续地跟踪和照相。

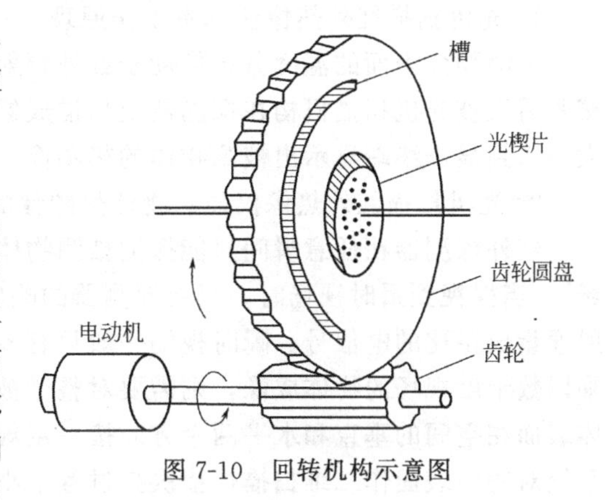

图 7-10　回转机构示意图

（三）红外热电视的主要技术性能

红外热电视的主要技术性能指标如下。

① 测温范围。指仪器测定温度的最低限与最高限的温度值范围。

② 工作模式。指红外热电视的调制方式是平移调制型、斩波调制型还是其他方式。

③ 最小可辨温差。又称温度分辨率，表示红外热电视对温度辨别的能力。

④ 空间分辨率。指红外热电视在任意空间频率下的温度分辨率。整机的空间分辨率参数包括了物镜、摄像管、视频电路和显示器各个分辨率的综合参数。

⑤ 目标辐射率范围。指对不同辐射率被测目标的响应范围。

⑥ 测温准确度。指红外热电视测温的最大误差与仪器的量程之比。

⑦ 工作波段。指红外热电视的波长响应范围，一般是 3～5μm 或 8～14μm。

⑧ 红外物镜。指红外热电视镜头的焦距范围。即指焦距对通光孔径的倍数，表示了物镜的视场角。

⑨ 扫描制式。指显示器的电视制式。

⑩ 显示方式。指显示器的显示为黑白还是彩色。

⑪ 最大工作时间。指红外热电视可以连续工作的时间。

四、红外热像仪

红外测温仪的发展经历了从简单到复杂的过程，从点、线的温度测量到对物体形状和表面的温度分布检测发展到目前的热成像系统，已是精密光学、精密机械、微电子学、新型红外光学材料与系统工程学的产物。根据辐射信号来源不同，热成像可分为主动式和被动式两大类。主动式红外热成像是以红外辐射源去照射目标，再利用被反射的红外辐射生成目标的热图像。被动式红外热成像利用目标自身发射的红外辐射生成目标的热图像。下面介绍的是被动式红外热像仪。

光机扫描红外热像仪自20世纪60年代投入使用，经过不断应用和发展，其体积、质量和功耗不断减小，制冷方式不断改进，性能也不断提高和完善，因而得到了使用者的认同。但由于其结构复杂，体积和质量始终不能令人满意，使用和维修多有不便。随着技术的飞速进步，在20世纪90年代初，推出了一种性能优良、使用方便的非扫描红外热像仪，这就是第二代红外热像系统，也就是把视场内的景物聚焦成像在一片集成电路上的焦平面热像仪。

（一）光机扫描红外热像仪

1. 光机扫描红外热像仪基本工作原理

被测物体表面的温度分布借助于红外辐射发射到红外热像仪的光学系统，它被光学系统接收后又被光机扫描机构在探测器上扫描成像，再由红外探测器转换成视频电信号，经过放大后送到显示终端显示出被测物体的热图像。

2. 光机扫描红外热像仪显示物体热图像的基本原理

红外探测器在任意瞬间只能探测被测物体表面的一小部分，这一小部分被称为“瞬时视场”，当探视到瞬时视场时，只要探测器的响应时间足够短，就会立即输出一个与接收的辐射通量成正比的电信号。瞬时视场一般只有零点几个到几个毫弧度，为了使一个具有数十度乘以数十度视场的物体成像，则需要对整个被测物体进行光机扫描，光机扫描的实质是把物体表面在空间的垂直和水平两个方向按一定规律分成很多个小的单元，扫描机构使光学接收系统对物体表面作二维扫描，依次扫过各个小单元。红外探测器在此过程中的任一瞬间只接收一个小单元的辐射，它是随着光学接收系统按时间先后依次接收二维空间中物体各小单元的辐射信息的。在整个扫描过程中，探测器的输出是一连串与扫描顺序中各瞬时视场的辐射通量相对应的电信号，即把空间二维分布的红外辐射信息变成为一维的时序电信号。此后再经放大，与同步信号合成，最终就组合成为整个物体的表面热图像。

3. 光机扫描红外热像仪的基本构成

热像仪的主要构成部分如下。

① 光学系统。即透镜，用于接收被测物体的红外辐射，根据视场大小和像质的要求而由不同光学透镜组成，起着对红外辐射会聚、滤波和聚焦等作用。红外热像仪的光学系统有反射、折射和折反射三种形式。反射式系统成本低廉、质量轻；折射式成本高但结构紧凑，像质好。

② 光机扫描机构。将被测物体观测面上各点的红外辐射通量按时间顺序排列。根据扫描光束的不同性质，光机扫描系统可分为会聚光束和平行光束；根据扫描结构所在位置的不同，可分为物扫描系统、像扫描系统和伪物扫描系统。

③ 红外探测器。能量或信息转换器，可以把红外辐射转换成电信号。由于光电探测元件需要很低的工作温度才能降低热噪声，屏蔽背景噪声，所以光机扫描的探测器必须制冷。

④ 前置放大器。放大红外探测器输出的微弱信号。

⑤ 信号处理器。将被测物体反映出的电信号处理转换成视频电信号。

⑥ 显示器。用于显示被测物体的热图像，通常采用CRT显示器或电视兼容的监视器。

⑦ 记录装置。记录被测物体的热图像，通常使用磁带、磁卡和各种照相设施。

⑧ 外围辅助装置。包括图像处理系统、同步装置、电源等。

（二）非扫描型红外热像仪——焦平面热像仪

光机扫描热像仪的成像机理是将被测目标的红外辐射线通过一套复杂的光学折射、反射装置及高速运转的机械扫描机构之后，才能到达红外探测器进行信号转换再处理成像；而焦平面热像仪革除了光机扫描热像仪复杂的光机扫描装置，它的红外探测器呈二维形状，自身具有电子自扫描功能，被测目标的红外辐射只需通过简单的物镜就将目标聚焦在底片上曝光成像，被测目标聚焦成像在红外探测器的阵列平面上，“焦平面阵列”（Focai Place Array）即此含义。非扫描型焦平面热像仪的成像机理见图 7-11。

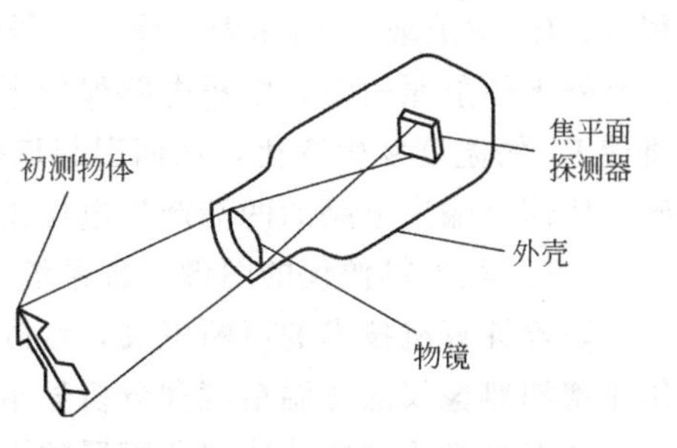

图 7-11 焦平面热像仪成像机理简图

焦平面红外探测器分为两类，它们是：

① 制冷型焦平面探测器；

② 非制冷型焦平面探测器。

由于焦平面探测器分为制冷型和非制冷型两类，所以焦平面热像仪也相应地分为两种，即制冷型焦平面热像仪和非制冷型焦平面热像仪。

（1）制冷型红外焦平面热像仪的工作原理　红外焦平面热像仪也是由红外摄像头、图像处理器及显示器等各部分组成的，见图 7-12。

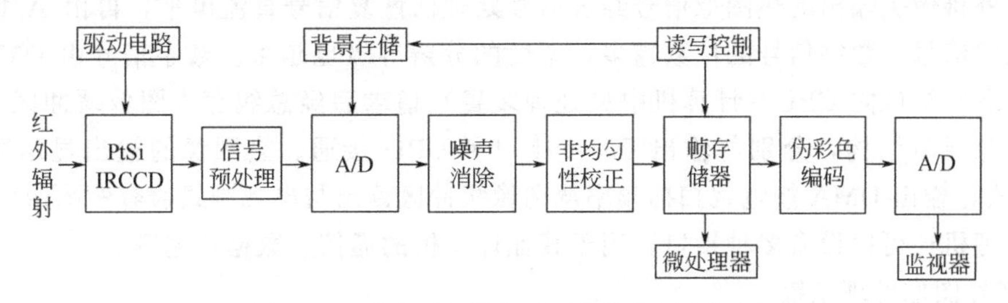

图 7-12 制冷型红外焦平面热像仪原理框图

红外摄像头结构简单，无光机扫描系统，其内装有带制冷的硅化铂红外电荷耦合器件、成像镜头、红外 CCD 驱动板。全套仪器质量仅 2kg 左右，携带使用十分方便。硅化铂红外 CCD 输出视频信号经钳位和放大等预处理后，由 A/D 转换器变成 8bit 或 12bit 的数字图像信号，然后由固定图像噪声消除电路和响应率非均匀性校正后，存入帧图像存储器中。图像信号混合了标尺和字符等数据后，经伪彩色编码和 D/A 转换后，在显示器上显示出来。显示模式具有黑白、伪彩色和等温区等方式，并能定时地读出图像所对应的物体表面温度。

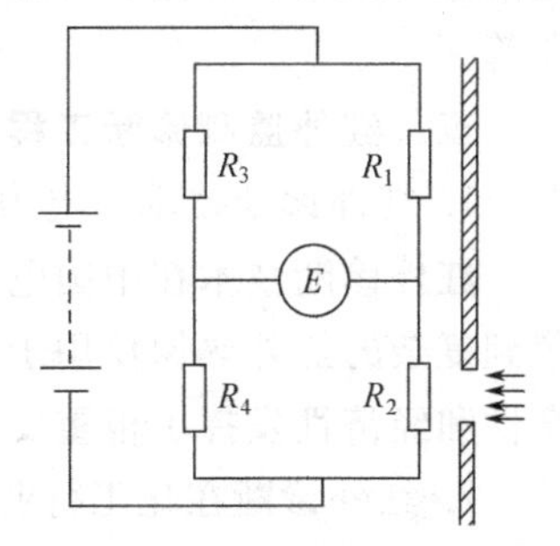

图 7-13 非制冷型红外焦平面热像仪工作原理

（2）非制冷型红外焦平面热像仪的工作原理　是利用类似热敏电阻的原理工作的。在图 7-13 所示的桥式电路中，R_1 为内置探测器，R_2 为工作探测器，R_3、R_4 是桥式平衡电路的标准电阻，E 是取样电压信号，R_1 和 R_2 两个探测器的位置摆放很近，R_1 被屏蔽，而作为工作探测器的 R_2 必须暴露在外以接收红外辐射。当工作探测器没有外来辐射照射时，电桥电路保持平衡，此时 $E=0$；而当红外辐射照射到工作探测器时，将使 R_2 的温度发生变化，从而引起该探测器的电阻阻值随温度变化，把桥式电桥的平衡打破，使信号输出电路的两端产生电压差而输出电信号。

（三）红外热像仪的图像处理系统

随着计算机技术的不断发展，红外热像仪的图像处理系统也得到不断的提高。该系统可用于增加热像仪的测温精度和分析显示功能。

性能水平不同的热像仪所配置的图像处理系统也是不同的，总的分为两种类型，其中一种是以微处理机的形式构成整个智能化热像仪的一个组成部分，另一种是作为一个独立系统形成热像仪的外围辅助设备。

1. 热像仪微处理机

热像仪微处理机的原理结构见图 7-14。

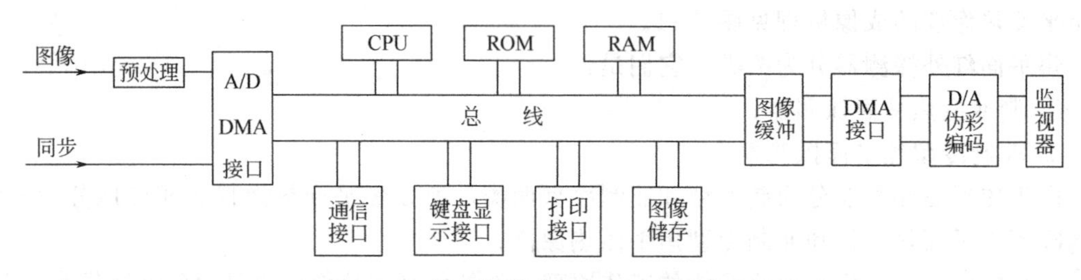

图 7-14　热像仪微处理机原理结构框图

由红外摄像头输出的热图像信号经过信号处理已恢复信号直流电平，再由 A/D 转换器转换成数字信号。数字信号的位数越多，温度的分辨等级也越多。数字信号由 DMA（直接存储器存取）接口向 CPU（计算机中央处理装置）请求后经总线存入图像缓冲区。图像缓冲区具有双通道结构，分别与输出 DMA 接口和 CPU 接通。热图像的输出显示采用高速 DMA 方式，输出 DMA 按电视扫描频率从图像缓冲区读出与电视制式兼容的图像信号。

微处理机还可以设有多种接口，用于其他计算机的通信、数据传输等。

2. 红外图像处理系统

作为红外热像仪的外围辅助设备，红外图像处理系统不但能与热像仪联机使用，还可以单独在实验室内处理现场记录的热图像信息。红外图像处理系统通常由微型计算机、相应的硬件和软件及辅助设备构成。它的功能主要有：被测目标的实时观察、测量、分析；进行对热图像的采集、存储、增强、滤波去噪、伪彩色显示、几何变换、图像运算、传送和输出打印等。

五、红外监测诊断工程实例

1. 红外诊断技术在电力行业的应用

红外诊断技术在中国电力系统的设备诊断的应用已取得了显著实效，从简单的红外点温仪到复杂的红外热像仪用于大量现场检测和设备故障的成功诊断，为提高中国电力系统的安全性和经济性发挥了很重要的作用。

2. 红外诊断在化工行业中的应用

化工生产中的大多数设备是长周期在高温、高压下运行的，还具有易燃、易爆的特性，所以对化工设备进行严格的在线监测和定期的检测是非常必要的。但当设备处于正常运行时定期对设备进行检测，会损失不必要的人力、物力，会影响生产的经济效益，为了及时发现设备存在的缺陷和故障，必须大力发展设备的在线监测和故障诊断技术。化工行业的高温作业环境决定了工作的受热设备和管道非常多，其表面的温度显示了它们散热量的大小和工作正常与否，红外测温技术正好满足了化工工业的需求。

红外诊断在化工行业中的应用范围如下：

① 对反应器、换热器、加热炉、催化装置、裂化装置、焊缝、保温材料、衬里等的故障诊断和生产流程工艺控制；

② 测量容器内液面高度、冷却器内漏及密封油检测、管线泄漏和堵塞检测。

【例 7-1】 某厂铂重整装置的冷壁反应器的外壁涂有高温变色漆，当它的温度超过200℃时，油漆会明显变色。有一套设备开工不久，就发现其中一台反应器的上部发生局部变色，说明此处衬里有缺陷或脱落造成外壁升温，解决的办法就是停工修补，但这会影响生产。为了进一步确定，多次采用红外测温仪测量，发现油漆变色部位温度仅一百多度，在安全生产范围内，由此可判断，油漆变色不是内衬脱落，可能是油漆变质。从而避免了停工造成的损失。

3. 红外诊断技术在冶金行业的应用

冶金行业由于其高温设备较多的特殊性，在红外技术实际应用方面有其特殊的优势，近年来在大力推广红外仪器方面做了大量工作。随着冶金生产设备自动化、大型化、连续化水平的提高，为确保运转的高度安全性和可靠性，对设备的现代化管理就越来越重要，红外成像技术是极其重要的手段，它可对高炉炉衬、热风炉耐火层进行检验和温度控制，可以及时发现耐火层的工作状态，避免因局部过热发生事故。

下面就红外技术在冶金行业中应用范围给予介绍。

(1) 炼铁　高炉炉衬、热风炉耐火层、铁水含硫、生产工艺、料面温度。

(2) 炼钢　转炉炉衬、炉底腐蚀、钢水包内衬、管道堵塞。

(3) 轧钢　控制轧钢工艺，达到节能、优质。

【例 7-2】 某钢铁公司一炼铁厂 7# 高炉大修投产后不久，发现其风口及上炉腹部炉皮出现过热现象，同时冷却水温差也比较大，为查清故障原因并为检修提供准确依据，在无热像仪的条件下，采用红外点温仪对上述部位进行了人工扫描，测距约为 1.5～2m，选测点 18 个，读取各点测试的最大、最小和平均温度值，画出部位图，发现有两处高温，温度分别为 111℃和 126℃。根据这个检测结果，将相应位置炉皮剖开检查，发现这两处正是炉腹立冷板间位置，已见间隙内填料层松动，松动深度分别达到了 130mm 和 170mm（总深度为 230mm），是大修时筑炉勾缝质量不良造成的，之后进行了处理，生产恢复正常。根据红外诊断结果有针对性地对高炉进行处理，减少了休风处理次数，取消了原定的停炉返修计划，保证了高炉正常生产。

4. 红外诊断技术在其他方面的应用

红外测温技术除了以上介绍的应用领域外，在医学、煤矿、地质、气象、海洋、科学、铁路考察方面，也得到了广泛应用。

现代医学证明，很多身体的病症均会引起体温异常，而这正好可以利用红外热像仪探测到。利用热像仪对乳腺癌进行诊断，因为肿块温度几乎总是较其他对称点的温度高出 1～3℃。同时还可以对烧烫伤、血管病、胎盘定位、肿瘤的早期诊断、腿部血管的静脉曲张症进行诊断、治疗。

煤炭自燃严重地威胁着煤炭工人的生命安全，并使国家的煤炭资源遭受损失。起火原因是由于漏风而使煤氧化发热造成的。一般从初期氧化到起火，温度在30～200℃内变化，由于煤的传热，实际观测到表面温度常在100℃以内，利用红外火源探测仪就能探测并预报煤巷自然起火。

在地质、气象、海洋、科学考察领域内，有很多现象伴随着温度的变化。例如有些地表浅矿床由于热容量、热导率与周围物体相差悬殊，反映在地表上有温度差异；有些矿床本身就有热量释放出来；地热和地下水反映到地面，温度也会偏高或偏低。

铁路运行的设备是单一的列车，无论是蒸汽机车、内燃机车还是电力机车，关键部位是车轴，为保障列车的安全行使，必须防止燃轴事故的发生，因此对车辆轴温的检测是很重要的。传统的检测车辆轴温的技术主要是触手检查，即手摸眼看，通过手对轴承发热的感觉，凭经验查出过热轴箱。用半导体点温计测试车轴顶针孔处的温度，若该温度超过规定的标准，则认定该轴过热。红外测温技术的优势满足了对飞驰列车车轴温度的测量要求。

小　结

1. 接触式测温是利用物体热辐射的原理进行的，非接触式测温方法又称红外测温法。红外监测与诊断技术是一门利用红外技术监测设备在运行过程中的状态，发现早期故障并诊断其原因、预报发展趋势的技术。

2. 常用的红外测温仪有红外点温仪、红外行扫仪、红外热电视和红外热像仪。

(1) 在实际应用中，热像仪与点温仪配合使用，热像仪多用于高级的诊断和大范围复杂的检测；点温仪则多用于检测单一的连接点或对小面积进行简易监测诊断。

(2) 红外热电视检测效率高于红外点温仪，价格低于热像仪，并且工作不需要制冷，和红外点温仪配合使用能有效的提高现场简易诊断的水平和层次。

习　题

一、单选题

1. 红外热像仪可用于（　　）。

A. 振动监测　　B. 温度监测　　C. 裂纹监测　　D. 磨损监测

2. 不属于接触式测温仪表的是（　　）。

A. 膨胀式温度计　　B. 红外测温仪　　C. 压力表式温度计　　D. 热电偶温度计

3. 常用的红外测温设备不包括（　　）。

A. 红外测温仪　　B. 红外热电视　　C. 红外热像仪　　D. 热电偶温度计

二、判断题

（　　）**1.** 红外测温设备是利用物体存在红外辐射的原理工作的。

（　　）**2.** 红外测温监测技术仅用来监测带电设备。

三、思考题

1. 简述接触式测温和非接触式测温的异同。

2. 黑体与灰体最主要的区别是什么？

3. 红外探测器的作用是什么？分为哪两类？

4. 红外点温仪由哪几部分组成？各自的主要作用是什么？

5. 红外点温仪会聚能量的“光路”通道的三种不同表达方式是什么？

6. 简述红外点温仪测温精度的三种表达方式并说明之。

7. 简述红外行扫描仪的工作原理。

8. 红外热电视由哪些元件组成？各自的作用是什么？

9. 红外热电视调制的方式主要是平移调制和斩波调制两种，简述两种调制方式。

10. 红外热像仪与红外测温仪相比，其先进性表现在哪些方面？

11. 简述光机扫描红外热像仪的基本构成。

12. 简述光机扫描红外热像仪基本工作原理。

13. 试举例说明红外测温在日常生活中的应用。

第八章　其他诊断技术

除了振动诊断技术、油液污染诊断技术和温度诊断技术外，超声和声发射诊断技术在设备状态监测与故障诊断技术中也占有重要的地位。随着计算机技术的发展，诊断专家系统也日趋完善。本章将介绍超声和声发射诊断技术及诊断专家系统基本原理。

第一节　超声和声发射诊断技术

超声和声发射诊断技术是无损探伤中常用的方法。在机械故障诊断中，不仅能对构件材料本身的缺陷进行诊断，而且在机器运行中能对材料的微观形变、开裂以及裂纹的发生和发展的状态进行监测。

一、超声诊断技术

利用声波检测物品质量是一种古老的方法。在日常生活中，经常可以看到人们用手拍打西瓜来判断西瓜的生熟，铁路工人用锄头敲击火车车轮以检查车轮是否开裂或松脱，买花盆、瓷器时，利用撞击声判断它们的好坏以及医生利用听诊器看病等，这都是声波检测的例子。在人类利用超声波之前，生物早已利用超声波了，蝙蝠在飞行时发出 30～120kHz 的超声波脉冲，利用反射波辨别方向、捕捉食物。海豚能发出 50kHz 的超声波。超声波检测与上述方法没有本质上的差别，简单地说，超声波检测就是先用发射探头向被检物内部发射超声波，用接收探头接收从缺陷处反射回来（反射法）或穿过被检工件后（穿透法）的超声波，并将其在显示仪表上显示出来，通过观察与分析反射波或透射波的时延与衰减情况，即可获得物体内部有无缺陷以及缺陷的位置、大小及其性质等方面的信息。

1. 超声波基础

人们日常所听到的各种声音是由于各种声源的振动通过空气等弹性介质传播至耳膜引起耳膜振动，进而牵动听觉神经产生听觉。但并不是任何频率的机械振动都能引起听觉。只有当频率在一定的范围内的振动才能引起听觉。人们把能引起听觉的机械波称为声波，频率在 20～20000Hz 之间。频率低于 20Hz 的机械波称为次声波。频率高于 20000Hz 的机械波称为超声波。次声波、超声波不能引起听觉。

超声探伤所用的频率在 0.5～10MHz 之间。对钢等金属材料的检验，常用的频率为 1～5MHz。

超声波之所以被广泛地应用于无损检测，是基于超声波的如下特性。

(1) 方向性好　超声波是频率很高、波长很短的机械波。在无损探伤中，使用的波长为毫米数量级。超声波像光波一样具有良好的方向性，可以定向发射，在被检材料中发现缺陷。

(2) 能量高　超声波探伤频率远高于声波，而能量（声强）与频率平方成正比。因此超声波的能量远大于声波的能量。如 1MHz 的超声波的能量相当于 1kHz 的声波的 100

万倍。

(3) 能在界面上产生反射、折射和波形转换　在超声波探伤中，特别是超声波脉冲反射法探伤中，利用了超声波具有几何声学的一些特点，如在介质中直线传播，遇界面产生反射、折射和波形转换等。

(4) 穿透力强　超声波在大多数介质中传播时，传播能量损失小、传播距离大、穿透能力强。在一些金属材料中其穿透能力可达数米。这是其他探伤手段所无法比拟的。

2. 超声波检测的应用

超声波检测的应用是多方面的，既可用于锻件、棒材、板材、管材以及焊缝等的检测，又可用于厚度、硬度以及材料的弹性模量和晶粒度等的检测，超声波检测的适用范围见图8-1。目前超声波在工业上的主要应用为大型锻件缺陷的诊断、铸件缺陷的诊断、焊缝缺陷的诊断、岩体与混凝土工程超声波诊断等。

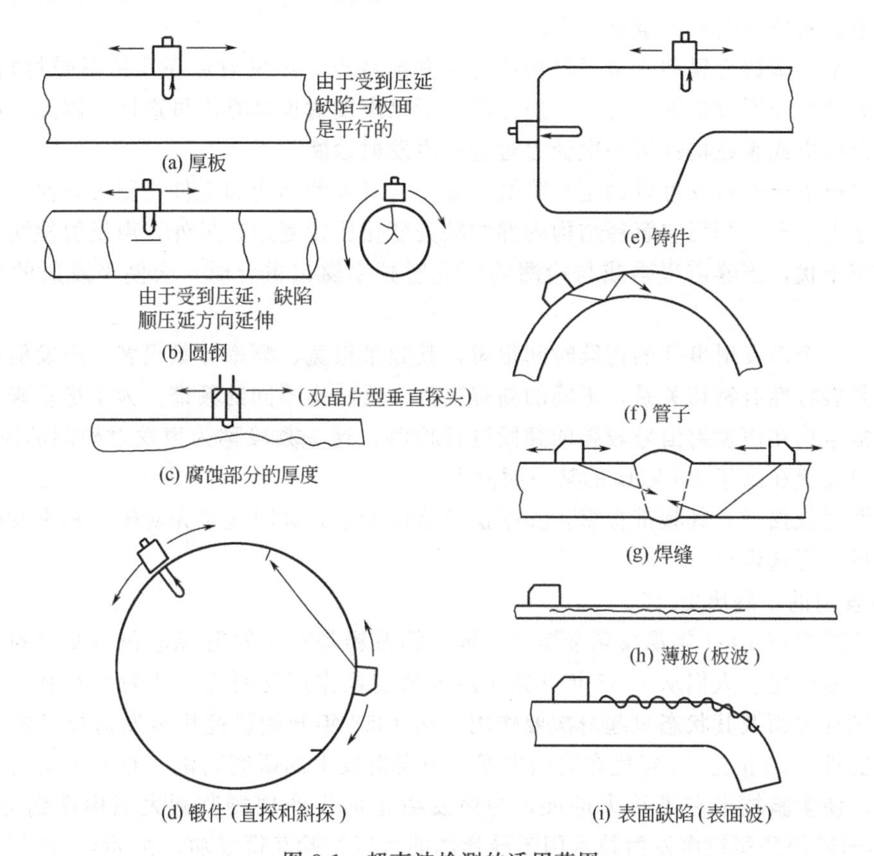

图 8-1　超声波检测的适用范围

二、声发射诊断技术

1. 声发射检测的基本原理

当材料受内力或外力作用产生变形或断裂或者构件在受力状态使用时，以弹性波形式释放出应变能的现象称为声发射。实验表明，各种材料声发射的频率范围很宽，从次声频、声频到超声频，所以，声发射也称为应力波发射。多数金属材料塑性变形和断裂的声发射信号很微弱，需要灵敏的电子仪器才能检测出来。用仪器检测、分析声发射信号和利用声发射信号推断声发射源机构的技术称为声发射技术。

声发射诊断是声学检测中的重要方法。其基本原理是必须有外部条件，如力、电磁、温度等因素的作用，使材料内部结构发生变化，如晶体结构滑移、变形或裂纹扩展等，才能产生能量释放使声发射出来。因此，声发射的诊断是一种动态无损检测法，是依据材料内部结构、缺陷或潜在缺陷处于运动变化的过程中材料本身发出的弹性波而进行无损检测的。这一特点使其区别于超声等其他无损诊断方法。超声诊断特点是向构件发射超声波，缺陷被动地反射超声波。因此，超声波诊断与缺陷是否处于运动状态无关。噪声分析法是接收来自被测对象的声音，多数是旋转件的噪声，分析其频率变化，从而推测旋转件内部是否有故障和缺陷。从广义上讲，声发射也包括噪声分析法。

声发射信号来自缺陷本身，故可用声发射法诊断缺陷的程度，同样大小和性质的缺陷，由于所处的位置和所受应力状态的不同，对结构的损伤程度也不同，所以它的声发射特征也有差别。了解来自缺陷的声发射信号，就可以对缺陷的安全性进行跟踪监测，这是声发射技术优于其他诊断技术的一个重要特点。

另外，绝大多数金属和非金属材料都有声发射特点，声发射诊断几乎不受材料的限制。由于材料的变形和裂纹扩展等的不可逆性质，所以声发射也具有不可逆性。因此，必须知道材料的受力历史或者在构件第一次受力时进行声发射诊断。

利用多通道声发射仪可以确定缺陷的位置，这对大型结构和工件检测很方便。但声发射检测到的是电信号，利用它解释结构内部的缺陷变化比较复杂。另外，声发射检测环境常有很强的噪声干扰，当噪声很强或与检测的声发射频率窗口重合时，会使声发射的应用受到限制。

通常，一个声发射事件的持续时间很短，其频带很宽、频率分量很多。声发射事件的频率分量与断裂特性有密切关系，不同的断裂事件，反映出不同的频谱。为了尽量避开强噪声的干扰，常常选在声发射信号较强的频段进行检测，这一频段称为声发射检测的频率窗口。频率窗口应设置在高于 400kHz 的某一频段上。

当声发射较强时，其频带很窄，频率窗口难以选准，此时应事先对噪声和声发射信号进行频谱分析，再选窗口。

2. 声发射的发展历史

德国的凯塞在 1953 年观察到金属锌、铜、铝及铅都有声发射现象和声发射的不可逆效应，后称凯塞效应。人们从 1955 年开始对声发射现象作广泛研究，认为声发射来自内在的机制，而试样表面及其状态只起着次要作用。从 1958 年开始研究用声发射技术检测金属中滑移的可能性。20 世纪 60 年代在美国出现了声发射技术的研究高潮。有人把实验频率提高到 1MHz，使实验技术有了重大进展，为声发射走向生产现场监测大型构件创造了条件。1964 年美国通用公司把声发射技术用于导弹体的水压试验获得成功。20 世纪 60 年代后期出现商品声发射仪器，提出了标准化及验收标准问题。20 世纪 70 年代声发射的发展热潮转到日本，成立了声发射学会，其后前苏联，英国等也相应地开展了研究工作。中国从 1973 年开始声发射应用的研究，生产出声发射仪。声发射技术主要解决构件或材料何时出现损伤，在什么地方出现什么性质的损伤，其严重程度如何。为此，必须解决怎样从接收到的声发射信号判断声发射源的性质以及如何发声的问题。这又要求人们深入广泛地研究各种材料的声发射特性，发展新的信号处理方法和源定位技术以及新型声发射仪。电子计算机技术的飞速发展和对随机噪声、信号的处理方法的进一步完善，给声发射技术带来新的排除噪声的方法，扩大了其应用范围。

3. 声发射技术的应用

目前，声发射技术已经应用和可能应用的方面如下。

(1) 材料的塑性形变　包括确定试件承受的最大荷载、弹性极限、位错机理与应力应变曲线的关系，复合材料结合情况，鲍兴格效应等。

(2) 材料的断裂力学　包括裂纹的增长速度与临界应力强度因子的关系，氢脆，应力腐蚀，辐照脆化等。

(3) 焊接试验及监控　包括焊接裂纹的检查与评价，焊点大小与强度，焊接技巧，分析焊接电弧。

(4) 耐压试验与监控　如导弹与发动机外壳，压力容器和管路耐压试验，核反应堆安全检验。

(5) 结构件试验　如飞机及其部件，桥涵、建筑及电缆破断等。

(6) 冶金和材料评价　如相变与钢的回火温度及组织的关系，时效现象。

(7) 地震学和岩石力学　如岩石的力学试验，混凝土性能试验，岩土工程稳定性及破坏事故预测及评价等。

(8) 其他应用　如陶瓷裂纹检查，阳极化薄膜厚度的测定，电解气泡的控制，测定冲击载荷等。

第二节　诊断专家系统

一、诊断专家系统的原理和组成

人工智能（Artificial Intelligence，简称 AI）是 1956 年在美国由麦卡锡（J. McCarthy），明斯基（M. L. Minsky）等人首先提出的利用计算机去模仿和执行各种拟人任务的一个分支。目前，人工智能研究只能应用计算机去解决一些特殊的智能问题。主要研究领域有如下两个方面。

① 大脑功能的模拟。如自然语言的理解、机器人、自动智能程序设计、问题求解程序、机器学习、专家系统等。

② 大脑构造和运行机制的模拟。如人工神经网络，它是模拟大脑神经元处理信息和相互联结的模式在大规模集成电路（VLSI）技术基础上而形成的一种复杂网络系统。这一方向目前已成为人工智能研究的热点和前沿课题之一。

在人工智能领域，专家系统最引人注目。被称为“专家系统”，是指在很高深的专业工作中，它在功能上与人类专家的作用相当。一个专家系统是一组计算机软件系统，它具有相当数量的权威性知识，具备学习功能，并且能够采取一定的策略，运用专家知识进行推理，解决人们在通常条件下难以解决的问题。

一个专家系统主要由知识库、推理机、数据库、学习系统、上下文、征兆提取器和解释器组成，见图 8-2。

1. 专家系统各部分简介

(1) 知识库　是用来存放专家知识、经验、书本知识和常识的存储器。在知识库中，知识是以一定的形式来表示的。知识的表示方法有许多种，常用的有逻辑表示、语义网络表示、规则表示、框架表示和子程序表示等。用产生式规则表达知识方法是目前专家系统中应

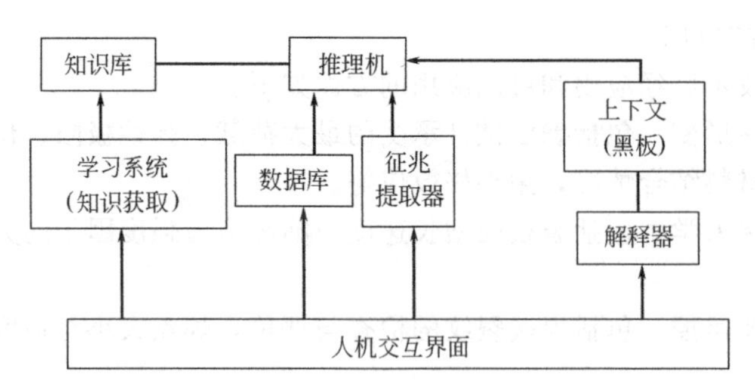

图 8-2 专家系统结构示意图

用最普遍的一种方法。

(2) 数据库 专家系统中用于存放反映系统当前状态的事实数据的场所。事实数据包括用户输入的事实、已知的事实以及推理过程中得到的中间结果等。数据库通常由动态数据库和静态数据库两部分构成。静态数据库存放相对稳定的参数，如离心式压缩机械的设计参数：额定工作转速，额定介质流量，压力，振动红、黄灯值等。动态数据库存放运行过程中的机组参数，如某天某时的工作转速、介质流量、振动幅值等。这些数据都是推理过程中不可缺少的诊断依据，数据库通常以“事实规则”的形式表达为：此时数据库也可以看作没有条件的规则，因此有些专家系统将数据库和知识库合二为一。

(3) 推理机 推理机实际上是一组计算机程序，用以控制、协调整个系统并根据当前输入的数据利用知识库的知识按一定推理策略去逐步推理直到得出相应的结论为止。通常采用的策略有三种：即正向推理，反向推理，正反向混合推理。正向推理是由原始数据或原始征兆出发，向结论方向的推理。推理机根据原始征兆，在知识库中寻找能与之匹配的规则，如匹配成功，则将该知识规则的结论作为中间结果，再去寻找可匹配的规则，直到找到最终结论。反向推理先提出假设，然后由此假设结论出发，去寻找可匹配的规则，如匹配成功，则将规则的条件作为中间结果，再去寻找可匹配的规则，直到找到可匹配的原始征兆，则反过来认为此假设成立。正反向混合推理综合了正向和反向推理的特点。采用正向推理提出若干假定目标，然后用反向推理来证实哪一个假定的目标为真。为了便于知识库的修改和扩充，达到不断地提高和更新系统性能的目的，知识库和推理机应保持相对的独立性。

(4) 学习系统（知识获取系统） 知识获取过程实际上是把“知识”从人类专家的脑子中提取和总结出来，并且保证所获取的知识的正确性和一致性，它是专家系统开发中的关键。知识源有人类专家、资料和书本等。构造专家系统是将知识源形式化并编码存入计算机中形成知识库。知识获取是构造专家系统的高难环节之一，其成就代表着专家系统的水平。

(5) 上下文（黑板） 上下文即存放中间结果的地方，给推理机提供一个笔记本记录，指导推理机工作，其功能相当于一个工作过程的“记录黑板”，可以擦除和重写。

(6) 征兆提取器 在故障诊断领域，征兆通常是采取人机交互方式，由人机交互接口送入系统中。显而易见，人机交互容易产生因人而异的弊端，同一个专家系统，因操作者水平不同会产生不同的结果。

故障诊断准确的前提是故障征兆正确。故障征兆的识别不仅重要而且难度较大，因为现代设备的动态信号不仅包含有随机因素、混沌因素等，而且常常存在并发故障的复合因素。因此，故障征兆的自动识别应是故障诊断专家系统必不可少的一个组成部分。

征兆的全自动识别有一种较简单实用的方法，就是特征参数计算。如正弦波形的识别，可以用被识别波形与正弦波的相似系数作为识别的特征参数。

(7) 解释器　透明性是专家系统性能的衡量指标之一。透明性就是专家系统能告诉用户自己是如何得出此结论的，根据是什么。解释的目的是让用户相信自己。它可以随时回答用户提出的各种问题，包括与系统推理有关的问题和与系统推理无关的系统自身的问题。它可对推理路线和提问的含义给出必要的清晰的解释，为用户了解推理过程以及维护提供方便的手段，便于使用和调试软件，并增强用户的信任感。

专家系统根据其求解的特点可分为诊断型、设计型和控制型等三种类型。诊断型专家系统是近年来新兴起的一类，刚刚起步。它要求系统具有故障监测、故障分析及决策处理等三方面的功能。近年来由于设备数量及复杂程度的增长，远远超过设备维修技术人员数量和素质训练水平的增长速度，因此发展专家系统进行支援已成为今后长期的客观需要。这一形势将会大大促进诊断专家系统的发展和研究。

2. 专家系统程序设计使用的语言

人工智能所要解决的问题，主要不是数值计算而是逻辑推理和判断，是各种知识符号的表达。因此一般的程序设计高级语言都不合适。目前适用于人工智能的语言主要有两种。

(1) Lisp 语言　Lisp 语言是美国麻省理工学院的 J. 麦卡锡在 1960 年创建的，最初是作为一个计算模型，表达了“递归方程”那样的逻辑表达式的推理机制。Lisp 最重要的特点在于它的程序结构和数据结构的一致性，由此引出了许多重要的程序设计技术，因此，它是一种具有实用价值的程序设计语言，现在，在符号处理和人工智能中，已广泛地使用了 Lisp 语言。许多人工智能专家（知识工程）认为 Lisp 语言是人工智能的汇编语言。它是人工智能理论研究的重要工具。

(2) Prolog 语言　Prolog 语言是非常简单而功能又非常强的程序设计语言。其主要优点是可以很快地编写出清楚、易读、简短且很少有错误的程序。它以逻辑程序设计为基础，以处理一阶谓词演算为背景，是一种表达力丰富和具有独特的非过程型语言，因此发展很快。目前已出现了多种版本，其中 Turbo-Prolog 是最新的一种。新开发的大多数专家系统都采用这种语言。

二、诊断专家系统的实际应用

一切需要处理知识的地方都可以采用专家系统，对于一些需要用专家的特殊经验进行推理的问题，采用专家系统尤其重要。专家系统主要用于诊断、监测、分析、解释、预测、证明、设计、调试、修理、教学和控制等各个方面，现在，专家系统的应用已渗入到各种领域，医学是专家系统应用最早也是数目最多的领域，如 1977 年用于医疗诊断的 MYCIN 系统。地质和石油是应用专家系统经济效益最大的领域，如 1979 年用于矿藏勘探的 PROSPECTOR 系统，该系统曾于 1982 年在美国发现一座开采价值超过一亿美元的铜矿。军事领域和化学领域也是应用专家系统较早的领域。目前专家系统的应用范围更加广泛，已扩展到空间技术、建筑设计和设备诊断等方面。研制的水平也进一步提高。用于设备诊断的专家系统就有几十种之多，主要是针对设备在监控、诊断、维修三个方面的专家系统。

1. 监控方面

美国西屋研究中心和卡内基·梅隆大学合作研制了一台汽轮发电机监控专家系统。这个系统现在已用来监视德州三家主要发电厂的七台汽轮发电机组的全天工作状况。该专家系统能快速、精确地分析仪表送来的信号，然后立即告诉操作人员应采取什么动作，在汽轮发电机上装有传感器和监控仪表与远处的计算机连接，计算机根据由汽轮机和发电机专家的经验编制的程序分析温度、压力、速度、振动和射频辐射等数据，然后判断机组是正常工作还是不正常或有故障苗头，并告诉维修人员应如何采取防范和预防措施，这套系统的最终发展目标是将整个电厂（包括汽轮机、发电机、锅炉）都连到24小时连续运行的诊断专家系统上。

2. 诊断方面

诊断高压马达的框架基系统COMEX以及诊断空调机的规则基系统PRODOGI已在日本研制出来，这是用于机器故障诊断的实验系统。由于许多电气设备由电路、管道和运动机械部件组成，研制专家系统时必须考虑各种故障因素，如绝缘问题、过热、磨损、材料疲劳等。

3. 维修方面

通用电气公司研制出的内燃-电力机车排故计算机辅助系统，叫CATS-1（又名DELTA）。

为了查找问题，排故系统首先显示机车可能出现的各种故障范围，当用户选定某一个特殊范围时，系统询问用户一系列详细问题。同时每一步都给出解释，并在适当的时候在屏幕上显示图形。最后，当排故系统查出故障原因后，它又给出特定的修理指导。

中国自20世纪80年代中期开始起步，至今在诊断型专家系统的理论和实践方面都取得了较快的进展，特别是在汽轮发电机组和旋转机械诊断系统研制方面出现了可喜的成果。如大型化肥厂五大机组中二氧化碳压缩机组的故障诊断系统（FDSZG系统）和大化肥六大机组故障诊断专家系统（DMFDS系统）。这对中国设备诊断技术的发展是一个很大的推动。

三、诊断专家系统的问题及发展

机械故障诊断是一门建立在多学科基础上的综合性技术，随着科学技术的进步，很多新理论、新技术、新方法不断涌现出来，其中影响较大的有模糊诊断法、灰色诊断法及最新发展起来的设备故障神经网络诊断技术和小波变换等，这些必将对故障诊断技术的发展产生深刻的影响，但由于这些最新的理论和技术成果大多有待完善，目前还处于探索试验阶段。为了开阔视野，在此亦简略地介绍这方面的进展情况。

1. 设备故障的灰色诊断

灰色诊断法是灰色系统理论在故障诊断中的应用。该理论是中国学者邓聚龙教授于1982年提出的，目前已成功应用在科技及社会经济领域。灰色诊断法是应用灰色系统理论对故障的征兆模式和故障模式进行识别的技术。灰色系统理论认为，客观世界是信息的世界，既有大量已知信息，也有不少未知信息及非确知信息。未知的、非确知的信息是黑色的；已知信息称为白色的；既含有未知信息又含有已知信息的系统，称为灰色系统。一台运行中的设备就是一个复杂的灰色系统。当机械设备系统发生故障（输入）时，必然有一些征兆（输出）会表现出来，但也有非确知的征兆，因此是灰色系统。可以利用灰色系统理论使这些征兆明确，完成故障诊断的任务。

2. 神经网络诊断技术

人工神经网络（Artificial Neural Networks，简称ANN）是在现代神经生理学和心理学的研究基础上，模仿人的大脑神经元结构特性建立的一种非线性动力学网络系统，它由大量的简单的非线性处理单元（类似人脑的神经元）高度并联、互联而成，具有对人脑某些基本特性的简单的数学模拟能力。目前已经提出的神经网络模型大约有几十种。

神经网络理论的研究是从1943年研究二维神经元值模型开始的。经历了近半个世纪的发展，20世纪80年代神经网络的研究进入第二个高潮期。正是此时，开始了神经网络在故障诊断领域中的应用研究。目前，国内外已经建立了一些基于神经网络的诊断系统。由于它具有自学习性（或可训练）、很强的容错性，具有可逼近任意非线性函数的能力和在处理一些人工智能问题时具有独特的优点。因而，在故障诊断领域中显示出了极大的应用潜力。

人工神经网络在故障诊断领域的应用主要集中于三个方面：一是从模式识别角度应用神经网络，作为分类器进行故障诊断；二是从预测角度应用神经网络，作为动态预测模型进行故障预测；三是从知识处理角度建立基于神经网络的诊断专家系统。

3. 小波分析简介

小波分析（Wavelets Analysis）是从20世纪80年代中期发展起来的一种新方法。数学家们把它看成是一百多年来调和分析研究的一个新的里程碑，而工程界，特别是在信号处理、图像识别等学科领域，人们则把它看作是近年来在工具和方法上的重大突破，因此正以极大的兴趣注视着其发展和应用情况。信号分析和处理技术是故障诊断方法的基础，因此小波分析方法的进展无疑将会极其深刻地影响诊断技术的发展。

小波分析是傅里叶（Fourier）分析思想的继承和发展。傅里叶分析的本质在于将一个相当任意的函数$f(x)$分解为一系列不同频率的谐波函数（$\sin x$ 和 $\cos x$）的线性叠加，是一种全频域分析。其最明显的不足之处在于缺乏空间局部性。而在许多工程实际问题中，人们所关心的却往往是信号在局部范围内的特征。在机械故障诊断中，人们所关心的主要是设备因故障而引发的信号突变，而不是设备在正常运转条件下的信号。尽管加窗可以突出信号的局部特征，但一旦窗函数取定，则其形状和大小也就随之确定，这样人们只能得到信号在窗区间内的总信息。如果在信号内有短时（相对于窗）、高频成分，此时傅里叶变换并非很有效。缩小时窗宽度和取样间隔固然能使人们了解到更多的信息，但这将使计算变得更为复杂。小波分析发展了加窗傅里叶变换的局部化思想，它的窗宽随频率增高而缩小，从而可实现对高频信号较高的频率分辨率，而对低频信号有更长的时间分析长度，较好地实现了对信号全貌及其局部特征的双重分析，小波分析在机械故障诊断中的应用主要基于其对非平稳信号的优良分析性能。作为一门新兴的学科和分析工具，小波理论还将不断丰富和完善。

小　结

1. 超声诊断接收的信号是缺陷被动反射的超声波；声发射诊断接收的信号是缺陷运动变化过程中材料本身发出的弹性波。

2. 诊断型专家系统具有故障监测、故障分析及决策处理等三方面的功能。

习　题

一、单选题

1. 超声波的频率范围为（　　）。

A. 低于20Hz　　B. 高于10000Hz　　C. 高于20000Hz　　D. 低于10Hz

2. 下列哪个不是超声波具有的特性（　　）。

A. 方向性好　　B. 能量衰减　　C. 穿透力强　　D. 能反射

二、判断题

(　　) 1. 声发射技术根据声发射信号的强弱判断缺陷的程度。

(　　) 2. 声发射具有可逆性。

三、思考题

1. 超声波的基本特性有哪些？
2. 超声波探伤有哪些主要方法？他们应用于什么场合？
3. 什么是声发射？简述怎样用声发射技术对工程构件进行检测？
4. 声发射技术有什么特点？
5. 简述诊断专家系统的原理。
6. 诊断专家系统应用在哪些方面？

附　　录

一、旋转机械常用故障诊断标准

1. ISO 2372&ISO 3945 机械振动标准

ISO 2372 和 ISO 3945 两个标准（附表 1）主要用于旋转机械的振动监测。柔性支撑是指其第一自然频率低于主激励频率，即在机器转速以下；而刚性支撑结构的第一自然频率高于主激励频率。振动强度范围中 dB 按下式计算

$$L_V = 20\lg\left(\frac{V_{rms}}{V_0}\right) \qquad (附\text{-}1)$$

式中，L_V 的单位为 dB（分贝），$V_0 = 10^{-5}$mm/s。

附表 1　ISO 2372&ISO 3945 机械振动标准

<table>
<tr><th colspan="3">振动强度范围</th><th colspan="4">ISO 2372</th><th colspan="2">ISO 3945</th></tr>
<tr><th>分级范围</th><th>V_{rms}/(mm/s)</th><th>dB</th><th>Ⅰ级</th><th>Ⅱ级</th><th>Ⅲ级</th><th>Ⅳ级</th><th>刚性基础</th><th>柔性基础</th></tr>
<tr><td>0.28</td><td>0.28</td><td>89</td><td rowspan="3">A 良好</td><td rowspan="4">A</td><td rowspan="5">A</td><td rowspan="6">A</td><td rowspan="5">优</td><td rowspan="6">优</td></tr>
<tr><td>0.45</td><td>0.45</td><td>93</td></tr>
<tr><td>0.71</td><td>0.71</td><td>97</td></tr>
<tr><td>1.12</td><td>1.12</td><td>101</td><td rowspan="2">B 允许</td></tr>
<tr><td>1.8</td><td>1.8</td><td>105</td><td rowspan="2">B</td></tr>
<tr><td>2.8</td><td>2.8</td><td>109</td><td rowspan="2">C 较差</td><td rowspan="2">B</td><td rowspan="2">良</td></tr>
<tr><td>4.5</td><td>4.5</td><td>113</td><td rowspan="2">C</td><td rowspan="2">B</td><td rowspan="2">良</td></tr>
<tr><td>7.1</td><td>7.1</td><td>117</td><td rowspan="7">D 不允许</td><td rowspan="2">C</td><td rowspan="2">可</td></tr>
<tr><td>11.2</td><td>11.2</td><td>121</td><td rowspan="5">D</td><td rowspan="2">C</td><td rowspan="2">可</td></tr>
<tr><td>18</td><td>18</td><td>125</td><td rowspan="4">D</td><td rowspan="4">不可</td></tr>
<tr><td>28</td><td>28</td><td>129</td><td rowspan="3">D</td><td rowspan="3">不可</td></tr>
<tr><td>45</td><td>45</td><td>133</td></tr>
<tr><td>71</td><td></td><td>137</td></tr>
</table>

注：Ⅰ级——小型机械，15kW 以下电机等；Ⅱ级——中型机械，15～75kW 电机等；Ⅲ级——刚性安装的大型机械等（10～200r/min）；Ⅳ级——柔性安装的大型机械等（10～200r/min）。

2. 石化行业常用机械振动标准

德国标准 VDI 2056《机械振动标准》（附表 2）、英国标准 BS4675《机械振动标准》（附表 4）和中国标准 GB/T 11347—1989《大型旋转机械振动烈度现场测量与评定》（附表 6）在发电、石化工业的机组振动监测中用的较多。

附表 5 为国际电工委员会（IEC）的蒸汽透平振动标准，其中规定的振动值为峰-峰值，测定方向规定为轴承座上沿轴直径方向测得的振动。标准规范指出，“在汽轮机振动高于表中相应规定值情况下，也可能持续良好地运行”。从标准本身看，它相当于“良好”这一档。

附表 3 为美国石油标准 API 611《一般炼油厂用通用蒸汽涡轮机振动标准》中规定的振动标准，其为振动容许值（峰-峰值）。

附表 2　VDI2056 机械振动标准

<table>
<tr><th>振动烈度 V_{rms}/(mm/s)</th><th>50Hz 当量振幅/μm</th><th>K 组</th><th>M 组</th><th>G 组</th><th>T 组</th></tr>
<tr><td>0.25</td><td>1.25</td><td rowspan="3">良好</td><td rowspan="4">良好</td><td rowspan="5">良好</td><td rowspan="6">良好</td></tr>
<tr><td>0.45</td><td>2.0</td></tr>
<tr><td>0.71</td><td>3.15</td></tr>
<tr><td>1.12</td><td>5.0</td><td rowspan="2">可用</td></tr>
<tr><td>1.8</td><td>8.0</td><td rowspan="2">可用</td></tr>
<tr><td>2.8</td><td>12.5</td><td rowspan="2">尚可</td><td rowspan="2">可用</td></tr>
<tr><td>4.5</td><td>20.0</td><td rowspan="2">尚可</td><td rowspan="2">可用</td></tr>
<tr><td>7.1</td><td>31.5</td><td rowspan="5">不可</td><td rowspan="2">尚可</td></tr>
<tr><td>11.2</td><td>50.0</td><td rowspan="4">不可</td><td rowspan="2">尚可</td></tr>
<tr><td>18.0</td><td>80.0</td><td rowspan="3">不可</td></tr>
<tr><td>28.0</td><td>125.0</td><td rowspan="2">不可</td></tr>
<tr><td>45.0</td><td>200.0</td></tr>
</table>

注：Ⅰ、Ⅱ、Ⅲ、Ⅳ分别与表 1 中的Ⅰ、Ⅱ、Ⅲ、Ⅳ组相同。

附表 3　API611 通用蒸汽涡轮机振动标准

转子转速/(r/min)	振动容许值(双振幅)/μm	
	轴承	轴(轴承附近)
4000 以下	25	50
4000～6000	18	37.5

附表 4　BS4675 机械振动标准

<table>
<tr><th>振动烈度 V_{rms}/(mm/s)</th><th>K 组</th><th>M 组</th><th>G 组</th><th>T 组</th></tr>
<tr><td>45</td><td rowspan="5">不允许</td><td rowspan="5">不允许</td><td rowspan="4">不允许</td><td rowspan="3">不允许</td></tr>
<tr><td>28</td></tr>
<tr><td>18</td></tr>
<tr><td>11.2</td><td rowspan="2">还可以</td></tr>
<tr><td>7.1</td><td rowspan="2">还可以</td></tr>
<tr><td>4.5</td><td rowspan="2">还可以</td><td rowspan="2">还可以</td><td rowspan="2">可以</td></tr>
<tr><td>2.8</td><td rowspan="2">可以</td></tr>
<tr><td>1.8</td><td rowspan="2">可以</td><td rowspan="2">可以</td><td rowspan="6">好</td></tr>
<tr><td>1.12</td><td rowspan="5">好</td></tr>
<tr><td>0.71</td><td rowspan="4">好</td><td rowspan="4">好</td></tr>
<tr><td>0.45</td></tr>
<tr><td>0.28</td></tr>
<tr><td>0.18</td></tr>
</table>

注：K 组——15kW 以下的小机器；M 组——15～75kW 中型机器，在专用基础上可适用到 300kW；G 组——大型机器，安装在刚性的或重型的基础之上，其固有频率大于机器转速；T 组——与 G 组相同的机器，安装在低调频基础之上。

附表 5　IEC 蒸汽透平振动标准　μm

测点	转速/(r/min)						
	1000	1500	1800	3000	3600	6000	7200
轴承振动	75	50	40	25	21	12	6
转轴振动	150	100	80	50	42	25	12

附表 6 GB/T 11347-1989 大型旋转机械振动烈度现场测量与评定

振动烈度 V_{rms}/(mm/s)	支撑类别：刚性支撑	支撑类别：挠性支撑
0.46		
0.71	A	A
0.12		
1.8		
2.8	B	
4.6		B
7.1	C	
11.2		C
18.0		
28.0	D	
46.0		D
71.0		

3. 电动机器振动标准

电动机也属于旋转机械。它是一种原动机，为它制定了标准后，便于单机检测，有利于加强对电动机的维护和管理。

附表 7 中的 ISO 2373 由国际标准化组织制定，DIN 45665 是德国制定的标准，GB 10068.1-2—1988《电动机振动速度有效值限值》(附表 8) 是中国制定的。

附表 7 ISO 2373 和 DIN 45665 电动机器振动标准 V_{rms} mm/s

质量等级	速度/(r/min)	中心高 H/mm		
		80～132	132～225	225～400
N(正常级)	600～3600	1.8	2.8	4.5
R(良好级)	600～1800	0.71	1.12	1.8
	1800～3600	1.12	1.8	2.8
S(特佳级)	600～1800	0.45	0.71	1.12
	1800～3600	0.71	1.12	1.8

附表 8 GB 10068.1-2—1988 电动机振动速度有效值限值 mm/s

标准转速/(r/min)	弹性悬置			刚性安装
	轴中心高 H/mm			
	45～132	>132～225	>225～440	>400
600～1800	2.8	2.8	2.8	2.8
1800～3600	1.8	2.8	4.5	2.8

二、往复机械振动标准

目前用于往复机械振动诊断的标准较少，下面只介绍中国的两个标准，见附表 9 和附表 10。

附表 9　GB 7777—1987 往复活塞压缩机械振动烈度分级表

振动烈度分级	振动速度有效值或当量振动速度/(mm/s)		振动烈度分级	振动速度有效值或当量振动速度/(mm/s)	
	大于	到		大于	到
112.11	112.071	112.112	4.5	2.8	4.5
112.18	112.112	112.18	7.1	4.5	7.1
112.28	112.18	112.28	11.2	7.1	11.2
112.45	112.28	112.45	18.0	11.2	18.0
112.71	112.45	112.71	28.0	18.0	28.0
112.12	112.71	112.12	45.0	28.0	45.0
112.8	112.12	112.8	71.0	45.0	71.0
2.8	1.8	2.8	112.0	71.0	112.0

附表 10　GB 7777—1987 往复活塞压缩机械振动标准

类　别	压缩机结构型式	振动烈度 V_{rms}/(mm/s)
Ⅰ	对称平衡	≤18.0
Ⅱ	角度式(L 型、V 型、W 型、扇型)/对置式	≤28.0
Ⅲ	立式、卧式	≤45.0
Ⅳ	非固定型	≤71.0

三、轴承振动值判据

如附表 11 所示，在加拿大国家规范 CDA/MS/NVSH107 中，规定了 12 类机器上各类滚动轴承的绝对振动值，滑动轴承可参考使用。其中速度单位分贝值（VdB）与（mm/s）的换算关系可按式（附-1）计算。但式中参数 $V_0=10^{-6}$mm/s。

此标准中还将各类机器按新旧进行区分，使用期大约为 10^2～10^3h；“检查界限值”指当达到此水平时，需要进行检查或进行倍频程分析；“修理界限值”指当超过这个水平时，不管在任何一个倍频程分析中，均须立即修理。另外，标准中所给出的燃气轮机、汽轮机、齿轮箱、泵、电机 5 类机器均按功率大小进行了分级，其功率单位采用 HP，1HP=0.746kW。

长寿命为 1000～10000h。

短寿命为 100～1000h。

附表 11　CDA/MS/NVSH107 轴承振动值（振动速度）判据

机器种类	新机器				旧机器(全速、全功率)			
	长寿命		短寿命		检查界限值		修理限值	
	VdB	mm/s	VdB	mm/s	VdB	mm/s	VdB	mm/s
燃气轮机								
＞20000HP	138	7.9	145	18	145	18	150	32
6～20000HP	128	2.5	135	5.6	140	10	145	18
≤5000HP	118	0.79	130	3.2	135	5.6	140	10
汽轮机								
＞20000HP	125	1.8	145	18	145	18	150	32
6～20000HP	120	1.0	135	5.6	145	18	150	32
≤5000HP	115	0.56	130	3.2	140	10	145	18
压气机								
自由活塞	140	10	150	32	150	32	155	56
高压空气、空调	133	4.5	140	10	140	10	145	18
低压空气	123	1.4	135	3.5	140	10	145	18
电冰箱	115	0.56	135	5.6	140	10	145	18

续表

机器种类	新机器				旧机器(全速、全功率)			
	长寿命		短寿命		检查界限值		修理限值	
	VdB	mm/s	VdB	mm/s	VdB	mm/s	VdB	mm/s
柴油发电机组	123	1.4	140	10	145	18	150	32
离心机 油分离器	123	1.4	140	10	145	18	150	32
齿轮箱								
>10000HP	120	1.0	140	10	145	18	150	32
10～10000HP	115	0.56	135	5.6	145	18	150	32
≤10HP	110	0.32	130	3.2	140	10	145	18
锅炉(及辅机)	120	1.0	130	3.2	135	5.6	140	10
发电机组	120	1.0	130	3.2	135	5.6	140	10
泵								
>5HP	123	1.4	135	5.6	140	10	140	10
≤5HP	118	0.79	130	3.2	140	10	140	10
风扇								
<1800r/min	120	1.0	130	3.2	135	5.6	140	10
>1800r/min	115	0.56	130	3.2	135	5.6	140	10
电机								
>5HP或>1200r/min	108	0.25	125	1.8	130	3.2	120	1.0
≤5HP或<1200r/min	103	0.14	125	1.8	130	3.2	120	1.0
变流机								
>1kW·A	103	0.14	—	—	115	0.56	120	1.0
≤1kW·A	100	0.10	—	—	110	0.32	115	0.56

习题答案

第一章　绪　　论

一、单选题

1. D　2. A　3. D　4. A　5. A

二、判断题

1. ×　2. ×　3. √　4. √

第二章　振动理论概述

一、单选题

1. A　2. B　3. B　4. D　5. A　6. A　7. B

二、判断题

1. √　2. ×　3. √　4. √　5. √　6. ×　7. ×　8. ×　9. ×
10. √　11. √

第三章　振动诊断技术

一、单选题

1. D　2. B　3. A　4. A　5. D　6. B　7. C　8. A　9. A　10. C
11. D　12. B　13. B　14. A　15. B

二、判断题

1. √　2. √　3. √　4. ×　5. √　6. ×　7. ×　8. ×　9. ×
10. √　11. ×　12. √

第四章　常用设备状态监测仪器

一、单选题

1. C　2. B　3. D　4. B

二、判断题

1. √　2. √　3. ×　4. ×　5. ×

第五章　机器故障诊断实例

一、单选题

1. D　2. A　3. D　4. C　5. C　6. D　7. C　8. C　9. B　10. B
11. C　12. D　13. B　14. A　15. C　16. A　17. B

二、判断题

1. ×　2. √　3. √　4. ×　5. √　6. √　7. √

第六章　油液污染诊断技术

一、单选题

1. D　2. D　3. D　4. B　5. A

二、判断题

1. √　2. ×　3. √　4. √

第七章　温度诊断技术

一、单选题

1. B　2. B　3. D

二、判断题

1. √　2. ×

第八章　其他诊断技术

一、单选题

1. C　2. B

二、判断题

1. √　2. ×

参 考 文 献

[1] 徐敏．设备故障诊断手册．西安：西安交通大学出版社，1998．.
[2] 陈克兴，李川奇．设备状态监测与故障诊断技术．北京：科学技术文献出版社，1991.
[3] 屈维德．机械振动手册．北京：机械工业出版社，1992.
[4] 陈大禧．大型回转机械诊断现场实用技术．北京：机械工业出版社，2002.
[5] 李敏．设备现场诊断的开展方法．北京：机械工业出版社，1985.
[6] 屈梁生．机械故障诊断学．上海：上海科学技术出版社，1986.
[7] 虞和济．故障诊断的基本原理．北京：冶金工业出版社，1989.
[8] 易良榘．简易振动诊断现场实用技术．北京：机械工业出版社，2003.
[9] 盛兆顺，尹琦岭．设备状态监测与故障诊断技术及应用．北京：化学工业出版社，2003.
[10] 廖伯瑜．机械故障诊断基础．北京：冶金工业出版社，1995.
[11] 艾志清．化工机器检修技术．北京：化学工业出版社，1997.
[12] 李国华，张永忠．机械故障诊断．北京：化学工业出版社，1999.
[13] 崔宁傅．设备诊断技术——振动分析及其应用．天津：南开大学出版社，1988.
[14] 林英志．设备状态监测与故障诊断技术．北京：北京大学出版社，2007.